职业教育"十三五"改革创新规划教材

机械加工技术

李家吉　主　编
曾祥蒩　吴顶东　孙　怡　副主编

清华大学出版社
北　京

内 容 简 介

本书是职业教育“十三五”改革创新规划教材，依据教育部2014年颁布《中等职业学校机械加工技术专业教学标准》，并参照相关的国家职业技能标准编写而成。

本书主要内容包括机械加工的基本概念、金属切削加工的基本知识、机床、夹具、机械加工工艺规程的制定、典型零件的加工、装配工艺基础、设备维修工艺基础和先进加工技术。本书配套有电子教案、多媒体课件等丰富的网上教学资源，可免费获取。

本书可作为中等职业学校机械类专业教材，也可作为岗位培训用书。

图书在版编目(CIP)数据

机械加工技术/李家吉主编. —北京：清华大学出版社，2017
(职业教育“十三五”改革创新规划教材)
ISBN 978-7-302-45482-3

Ⅰ. ①机…　Ⅱ. ①李…　Ⅲ. ①金属切削—中等专业学校—教材　Ⅳ. ①TG506

中国版本图书馆CIP数据核字(2016)第275231号

责任编辑：刘士平
封面设计：张京京
责任校对：袁　芳
责任印制：沈　露

出版发行：清华大学出版社
网　　址：http://www.tup.com.cn，http://www.wqbook.com
地　　址：北京清华大学学研大厦A座　**邮　　编**：100084
社 总 机：010-62770175　**邮　　购**：010-62786544
投稿与读者服务：010-62776969，c-service@tup.tsinghua.edu.cn
质量反馈：010-62772015，zhiliang@tup.tsinghua.edu.cn
课件下载：http://www.tup.com.cn，010-62770175-4278
印 装 者：北京嘉实印刷有限公司
经　　销：全国新华书店
开　　本：185mm×260mm　**印　　张**：15　**字　　数**：343千字
版　　次：2017年3月第1版　**印　　次**：2017年3月第1次印刷
印　　数：1～2000
定　　价：32.00元

产品编号：072533-01

FOREWORD

前言

本书是职业教育“十三五”改革创新规划教材，依据教育部2014年颁布《中等职业学校机械加工技术专业教学标准》中“机械加工技术”课程的“主要教学内容和要求”，并参照相关的国家职业技能标准编写而成。通过本书的学习，可以使学生掌握必备的机床、夹具、刀具、工件组成的工艺系统、设备的操作与维护及典型零件的加工方法等知识与技能。本书在编写过程中吸收企业技术人员参与，紧密结合工作岗位，与职业岗位对接；选取的案例贴近生活、贴近生产实际；将创新理念贯彻到内容选取、教材体例等方面。

本书在编写时努力贯彻教学改革的有关精神，严格依据教学标准的要求，努力体现以下特色。

(1) 在编写理念上，按照行业发展的新趋势对就业者专业能力的新需求，结合中等职业学校教学实际与学生认知特点，突出针对性和实用性，立足加强学生对知识点和基本技能的理解和掌握。改变单一的“考学生”的教学观念，树立如何引导、服务和帮助学生掌握知识的新理念。引导学生积极主动地交流与探讨，造就创新与探讨的开放式教学环境。

(2) 在内容上，继承传统教材核心内容，准确匹配知识、能力和素质三者之间的关系，保证学生全面发展，适应培养高素质劳动者需要，合理协调基础理论知识与基本技能之间的密切关系，将不同的知识连贯起来，培养一专多能、复合型人才，体现学生的“柔性”发展需要，更好地适应学生在就业过程中的转岗需要以及二次就业需要，适应终身学习需要，为学生工作后进一步发展奠定必要的基本知识与基本技能基础。

(3) 在编写体例上，通过“单元知识导入”介绍现场金属加工工艺流程相关设备及零件，突出实践性和指导性，拉近现场与课堂教学的距离，丰富学生的感性认识，引领学生学习。通过“课前知识导入”转变学生角色，激发学习兴趣。通过“课后习题”巩固专业知识，培养专业能力。通过“知识拓展”丰富学生们的专业知识。

(4) 在学习案例上，遵循“适度、够用”原则，为机械大类各专业培养目标服务，注重“通用性教学内容”与“特殊性教学内容”的协调配置，体现出新编教材对机械大类各不同专业既有“统一性”要求，又有选择上的“灵活性”或“差异性”，尽量满足不同专业的培养目标需要。

(5) 在教学实施上,引导学生在实训车间或企业生产现场开展设备认识学习,使缺少活泼性的学习内容表现出通俗性、生动性、实用性和指导性等,以此激发学生对该课程的学习热情和学习兴趣,强化理实一体化教学,构建理论与应用之间的“桥梁或纽带”,培养创新能力和自学能力。

本书建议学时为104学时,具体学时分配见下表。

单　元	建议学时	单　元	建议学时
单元1	4	单元6	20
单元2	18	单元7	4
单元3	18	单元8	2
单元4	12	单元9	2
单元5	24		
总　计	104		

本书由天津劳动保障技师学院李家吉担任主编,河源技师学院曾祥萯、茂名技师学院吴顶东、惠州市技师学院孙怡担任副主编。编写分工为:李家吉编写单元2、单元3、单元5、单元7、单元8,曾祥萯编写单元4,吴顶东编写单元1、单元9,孙怡编写单元6。参加编写工作的还有天津劳动保障技师学院郭建明、李彪,惠州市技师学院张许梅等。全书由李家吉统稿。

本书在编写过程中参考了大量的文献资料,在此向文献资料的作者致以诚挚的谢意。由于编写时间及编者水平有限,书中难免有错误和不妥之处,恳请广大读者批评指正。了解更多教材相关信息请关注微信号:Coibook。

编　者

2016年9月

CONTENTS

目录

绪 论

一、本课程的性质和任务

“机械加工技术”是机械加工技术、机械制造技术专业的一门核心课程，它是以机械加工工艺为主线，将金属切削机床、金属切削原理与刀具、机床夹具设计、机械制造工艺等几门机械专业传统的课程融为一体，注重技术应用能力培养的课程。

机械加工的生产实际是以工艺过程为基础的，而其他方面的内容是为了保证工艺过程的实现。旧课程体系是分门独立的，各门课程各行其职，分头讲述，并未完全按照生产实践当中的设备、工艺装备去实施教学。这样既浪费了时间，又与生产实践相脱节，不利于学生综合能力的培养。本课程在内容体系安排上，克服了旧有的学科性课程体系的弊端，通过典型轴、套、箱体、齿轮等工件的加工，将工艺、机床、夹具、刀具有机地结合在一起，从而加强了综合职业能力的培养。

二、课程的特点

(1) 实践性强、灵活性大是本课程的重要特点。学习本课程时，要重视实践性教学环节，如实验、实训、实习等。生产中的实际问题是千差万别的，生产的产品不同，生产类型不同，现场条件不同，其加工方法也不一样。学习本课程时，关键是要掌握本课程的基本理论和基本知识，并灵活运用去处理机械加工过程中的优质、高效、低消耗这三者的关系。

(2) 综合性强是本课程的又一重要特点。本书在机械加工工艺系统、典型工件加工、装配工艺基础等单元编写了综合训练课题。综合训练是以学生自主学习为目的、直接体验的、研究探索的学习方式。其指导思想是注意引导学生热爱学习，参与社会，走进科学，让学生在自主活动中、在实践中综合地运用所学的知识和自己的经验，学会和掌握发现问题、解决问题的基本技能，培养学生的创新精神及与他人合作、为他人服务的意识。教师在实施中给予学生具体的指导并逐渐放手，让学生自主地去完成课程任务。

三、机械加工技术的发展趋势

加工技术是当代科学技术发展的重要领域之一，是产品更新、生产发展、市场竞争的重要手段，各发达国家纷纷把先进加工技术列为国家的高新关键技术和优先发展项目给予了极大的关注。在国际国内的激烈竞争中，具有适应市场要求的快速响应能力并能为市场提供优质的产品，对于增强市场竞争能力是非常重要的因素，而快速响应能力和产品质量的提高，主要是取决于加工水平。机械加工技术的发展趋势表现在以下三个方面。

(1) 向高柔性化和自动化方向发展。随着国际市场竞争越来越激烈，机电产品的更新周期越来越短，多品种的中小批生产将成为今后生产的一种主要类型。如何解决中小批生产的自动化问题是摆在我们面前的突出问题。因此，以解决中小批生产的自动化为主要目标的柔性制造技术越来越受到重视，如CNC(计算机数控)、CAD/CAM(计算机辅助设计/计算机辅助制造)、FMS(柔性制造系统)的应用越来越广泛，目前，正在大力发展CLMS(计算机集成制造系统)，使整个生产过程在计算机控制下，不仅实现了自动化，而且实现了柔性化、智能化、集成化，使产品质量和生产率大大提高，生产周期缩短，产生了很好的经济效益。

(2) 向精密加工和超精密加工方向发展。在现代高科技领域中，产品的精度越来越高，有的尖端产品加工精度达到0.001μm，即纳米(nm)级，促使加工精度由微米级向亚微米级和纳米级发展。精密、超精密以及纳米级加工技术涉及加工设备、工艺、刀具、检测计量等手段，是一个机械加工的系统工程。

(3) 向高速切削、强力切削方向发展。目前数控车床主轴转速已达5000r/min，加工中心主轴转速已达20000r/min以上，磨削速度普遍已达40～60m/s，高速的已达80～120m/s。

四、学习本课程的目的和要求

本课程的学习使学生具备高素质劳动者和初、中级专门人才所必需的机械加工技术基本知识和基本技能，为提高全面素质和综合职业能力，创新精神与实践能力，增强适应职业多元化能力和继续学习打下一定的基础。为实现这一目的，本课程的学习要求主要有以下几个方面。

(1) 掌握金属切削的基本原理及一般机械加工方法。

(2) 掌握金属切削机床的结构特点及应用范围等基本知识。

(3) 具有实施一般零件机械加工工艺规程的能力，初步具有分析、解决机械加工中质量问题的能力。

(4) 具有选择、使用、调试、维护一般机床和工艺装备的能力。

单元1

机械加工的基本概念

单元知识导入

如图1-1、图1-2所示，机械是由零件装配而成的，而零件可用毛坯或型材经机械加工而成。机械加工是一种用加工机械对工件的外形尺寸或性能进行改变的过程。按被加工的工件处于的温度状态分为冷加工和热加工。

图1-1　齿轮类零件

图1-2　工程机械

一般在常温下加工，并且不引起工件的化学或物相变化称冷加工。一般在高于或低于常温状态的加工，会引起工件的化学或物相变化称热加工。冷加工按加工方式的差别可分为切削加工和压力加工。热加工常见有热处理、锻造、铸造和焊接。

1.1　基本概念

知识目标

(1) 了解机械加工工艺过程的组成。

(2) 了解生产纲领和生产类型。

能分析机械加工工艺过程。

课前知识导入

机械是怎么加工出来的？具有一定规模的机械加工企业大多设有工艺员，工艺员需根据加工产品的特征，考虑本企业生产设备、产品生产批量等各类要素编制机械加工工艺。

作为生产工艺员，在编制产品的加工工艺前必须熟悉机械加工工艺过程的基本组成要素，了解各种生产类型及其特征，并且能够依据这些专业知识并结合本企业的生产专业化水平、生产能力等要素，合理编制产品的机械加工工艺。图 1-3 所示为典型的生产过程。

(a) 汽车生产过程

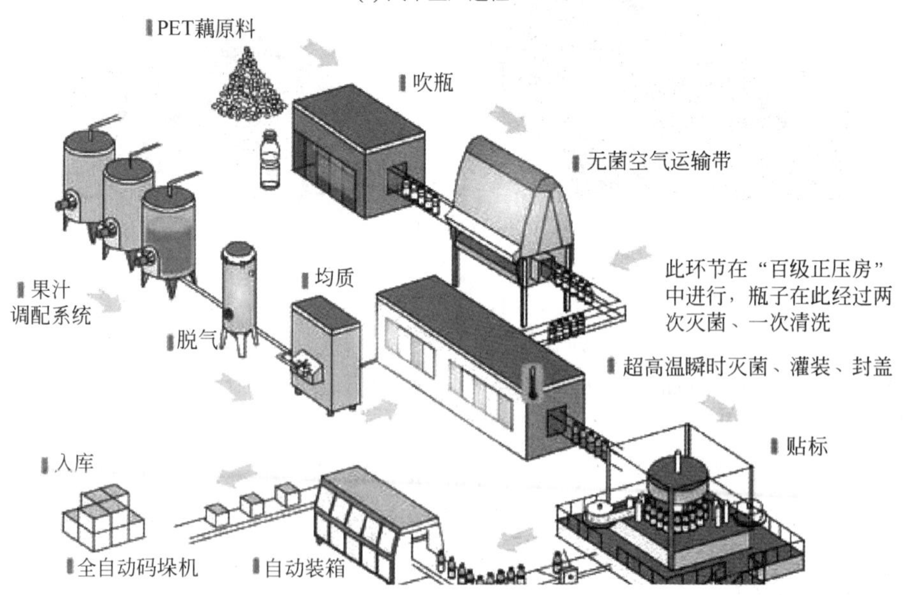

(b) 萃取茶热罐装生产线

图 1-3 机械生产过程

一、生产过程与工艺过程

1. 生产过程

机械的生产过程是指从原材料(或半成品)制成产品的全部过程。对机械生产而言包括原材料的运输和保存,生产的准备,毛坯的制造,零件的加工和热处理,产品的装配及调试,油漆和包装等内容。生产过程的内容十分广泛,现代企业用系统工程学的原理和方法组织生产和指导生产,将生产过程看成是一个具有输入和输出的生产系统。

2. 工艺过程

在生产过程中,凡是改变生产对象的形状、尺寸、位置和性质等,使其成为成品或者半成品的过程称为工艺过程。它是生产过程的主要部分。工艺过程又可分为铸造、锻造、冲压、焊接、机械加工、装配等工艺。例如毛坯的铸造、锻造和焊接;改变材料性能的热处理;零件的机械加工等,都属于工艺过程。采用机械加工的方法按一定顺序直接改变毛坯的形状、尺寸及表面质量,使其成为合格零件的工艺过程称为机械加工工艺过程。它是生产过程的重要内容。

生产过程和工艺过程的关系如图1-4所示。

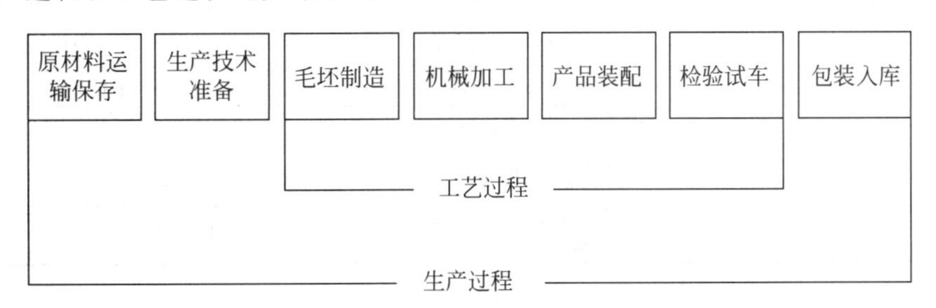

图1-4 生产过程和工艺过程的关系

二、机械加工工艺过程的组成

零件的机械加工工艺过程由许多工序组合而成,每个工序又可分为安装、工位、工步和进给等。

工序是工艺过程的基本组成单位,是指在一个工作地点,对一个或一组工件所连续完成的那部分工艺过程。构成一个工序的主要特点是不改变加工对象、设备和操作者,而且工序的内容是连续完成的。工序的四个要素(工作地、工人、工件与连续作业),若其中任一要素发生变更,则构成了另一道工序。

一个工艺过程需要包括哪些工序,是由被加工零件的结构复杂程度、加工精度要求及生产类型决定的。如图1-5所示的阶梯轴,因不同的生产批量,就有不同的工艺过程及工序,如表1-1与表1-2所示。

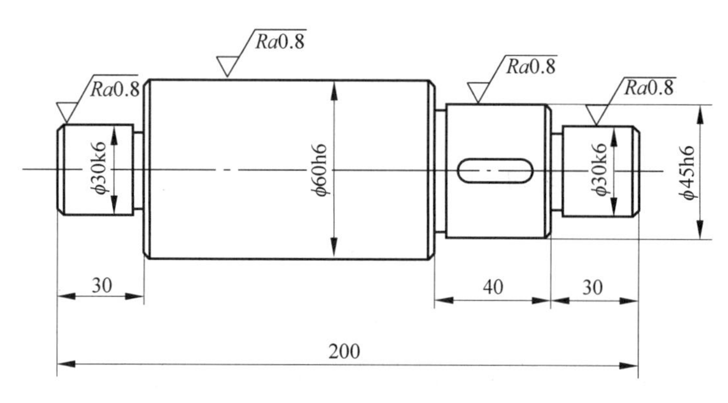

图 1-5 阶梯轴

表 1-1 阶梯轴加工工艺过程(单件小批量生产)

工序号	工 序 内 容	设 备
1	车端面、钻中心孔、车外圆、切退刀槽与倒角	车床
2	铣键槽	铣床
3	磨外圆	磨床
4	去毛刺	钳工台

表 1-2 阶梯轴加工工艺过程(大批量生产)

工序号	工 序 内 容	设 备
1	铣端面、打中心孔	铣钻复合机床
2	粗车外圆	车床
3	精车外圆、切退刀槽与倒角	车床
4	铣键槽	铣床
5	磨外圆	磨床
6	去毛刺	钳工台

1. 安装

安装是指工件每经一次装夹后所完成的那部分工序。在一道工序中,工件在加工位置上至少要装夹一次,但有的工件也可能会装夹几次。如表 1-2 中的第 2、3 及 5 工序,须调头经过两次安装才能完成其工序的全部内容。为了减少误差,提高生产率,零件在加工过程中应尽可能减少装夹次数。

2. 工位

工位是指工件在机床上占据每一个位置所完成的那部分工序。为减少装夹次数,常采用多工位夹具或多轴(多工位)机床,使工件在一次安装中先后经过若干个不同位置顺次进行加工,如图 1-6 所示。

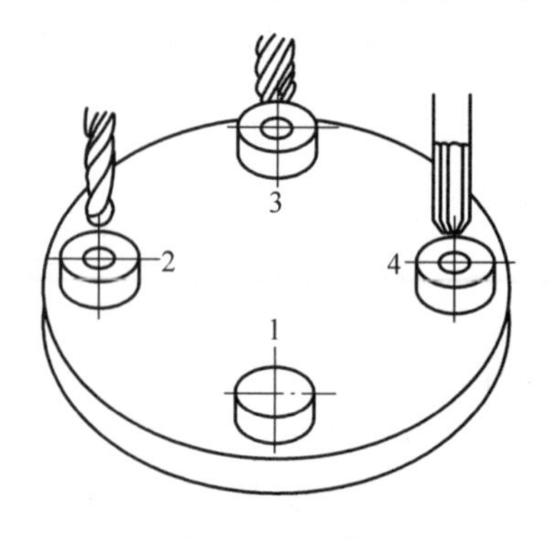

图 1-6 工位

1—装卸工件;2—钻孔;3—扩孔;4—铰孔

3. 工步与复合工步

工步是指在同一个工位上，要完成不同的表面加工时，其中加工表面、切削速度、进给量和加工工具都不变的情况下，所连续完成的那一部分工艺过程。一个工序可以包括一个或几个工步。为提高生产率，用几把刀具同时加工一个工件的几个表面的工步称为复合工步，如图 1-7 所示。

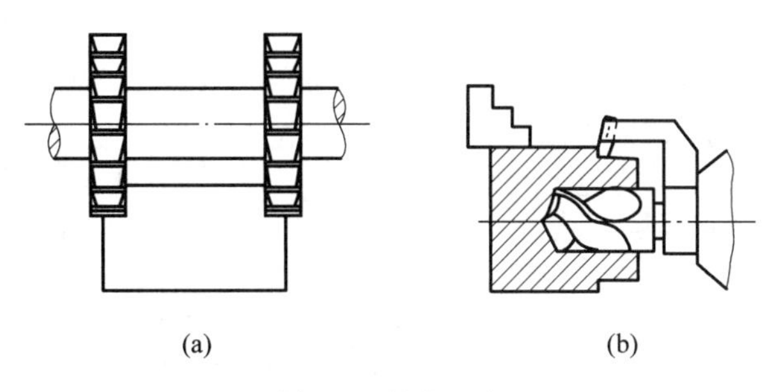

图 1-7　复合工步

4. 进给

在一个工步中，如果要切掉的金属层很厚，可分几次切削，每切削一次就称为一次进给。如图 1-8 所示车削阶梯轴的第二工步中，就包含了两次走刀。

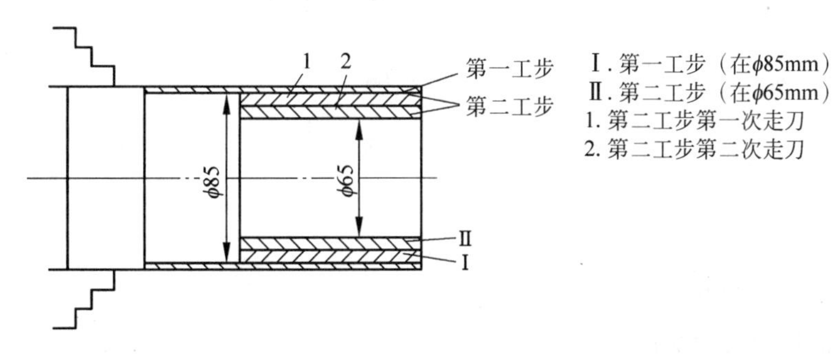

图 1-8　车削阶梯轴

1.2　工件的定位基准

（1）了解基准概念。

（2）了解设计基准和工艺基准。

能识别工艺基准的类型。

课前知识导入

通常，设计部门在完成产品设计后必须将产品的所有零件图交付给工艺员，由工艺员编制出该零件的加工工艺。工艺员接到产品设计图纸后首先要根据图纸选择定位基准。作为工艺员就必须了解何为基准？基准的类型有哪些？如何确定基准？如图 1-9 所示，各基准分别是什么？通过本节的学习，以上这些问题都将迎刃而解。

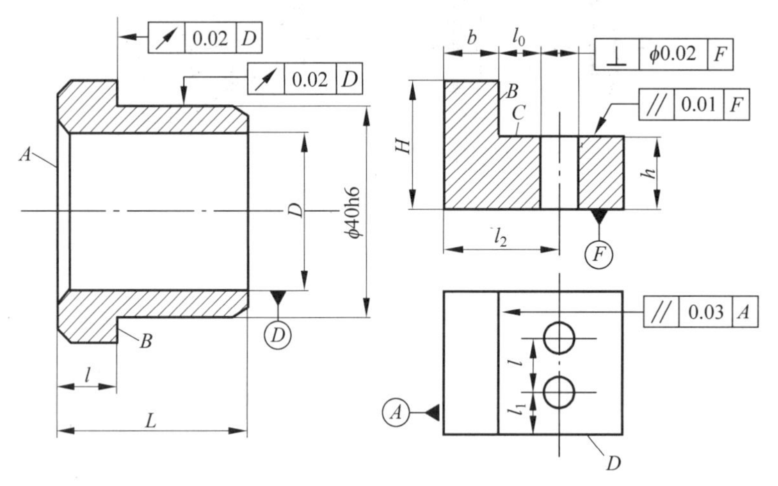

图 1-9 基准分析

学习内容

一、基准的概念

基准是机械制造中应用十分广泛的一个概念，机械产品从设计时零件尺寸的标注、制造时工件的定位、校验时尺寸的测量，一直到装配时零部件的装配位置确定等，都要用到基准的概念。

机械加工中所说的基准就是用来确定生产对象上几何关系所依据的点、线或面。

二、基准的分类

根据作用和应用场合不同，基准可分为设计基准和工艺基准两大类。前者用在产品零件的设计图上，后者用在机械加工的工艺过程中。

1. 设计基准

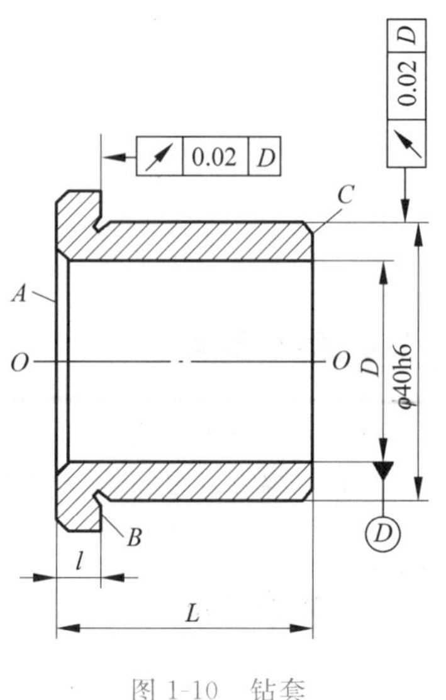

图 1-10 钻套

设计基准是在零件图上所采用的基准，是标注设计尺寸的起点。如图 1-10 所示，轴心线 $O—O$ 是各外圆和内孔的设计基准,端面 A 是端面 B、C 的设计基准。

2. 工艺基准

工艺基准是在工艺过程中使用的基准。工艺过程是一个复杂的过程,按用途不同工艺基准又可分为定位基准、工序基准、测量基准和装配基准。

(1) 定位基准　在加工中用作定位的基准称为定位基准。它是工件上与夹具定位元件直接接触的点、线或面。如图 1-10 所示的钻套,用内孔装在心轴上磨削 ϕ40h6 外圆表面时,内孔表面是定位基面,孔的中心线就是定位基准。

定位基准又分为粗基准和精基准。用作定位的表面,如果是没有经过加工的毛坯表面,称为粗基准;若是已加工过的表面,则称为精基准。

(2) 工序基准　在工序图上,用来标定本工序被加工面尺寸和位置所采用的基准,称为工序基准。它是某一工序所要达到加工尺寸(即工序尺寸)的起点。

(3) 测量基准　零件测量时所采用的基准称为测量基准。如图 1-10 所示,钻套以内孔套在心轴上测量外圆的径向圆跳动,则内孔表面是测量基面,孔的中心线就是外圆的测量基准;用卡尺测量尺寸 l 和 L,表面 A 是表面 B、C 的测量基准。

(4) 装配基准　装配时用以确定零件在机器中位置的基准称为装配基准。如图 1-10 所示的钻套,ϕ40h6 外圆及端面 B 即为装配基准。

工艺基准是在加工、测量和装配时使用的,必须是实在的。然而作为基准的点、线或面有时并不一定具体存在(如孔和外圆的中心线、两平面的对称中心面等),往往通过具体的表面来体现,用以体现基准的表面称为基面。例如图 1-10 所示钻套的中心线是通过内孔表面来体现的,内孔表面就是基面。

1.3 工　　件

知识目标

(1) 了解机械加工精度概念。
(2) 了解获得加工精度的方法。
(3) 了解影响加工精度的四大因素。

能力目标

(1) 能选择合理的方法获得加工精度。
(2) 能分析影响加工精度的因素。

课前知识导入

工件是机械加工过程中被加工对象的总称,它可以是单个零件,也可以是固定在一起的几个零件的组合体。工件的结构千差万别,但都是由一些基本表面和特形表面所组成,如图 1-11 所示。基本表面主要有内外圆柱面、平面等;特形表面主要指成形表面。工件的质量将直接影响机械产品的工作性能和使用寿命。因此,在加工制造工件时必须保证其质量。工件技术要求主要有以下几方面的内容。

图 1-11 机械零件

(1) 加工精度。

(2) 表面粗糙度及其他表面质量要求。

(3) 热处理要求和其他方面要求(如动平衡、去磁等)。

机械加工质量主要涵盖两个方面的内容,即加工精度和表面质量。只有这两方面符合设计要求,才能认为该工件是合格的。

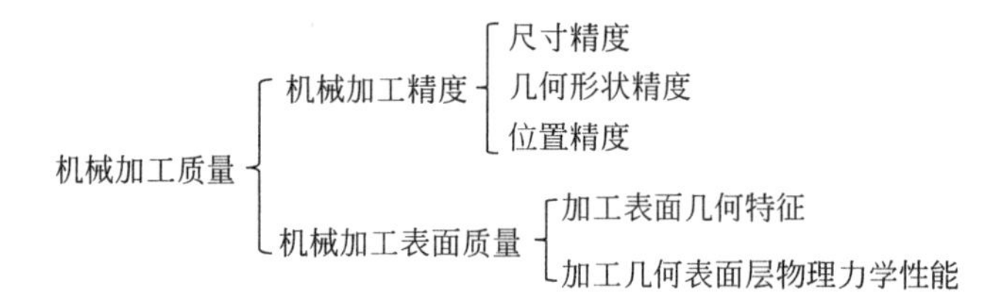

机械零件加工精度是机械零件加工质量的核心,机械零件的加工质量是保证机械产品质量的基础。在机械加工过程中,往往会有很多因素影响工件的最终加工质量,其中不同的机械加工工艺对零件加工的精度影响较大。所以,如何利用多种加工工艺使工件的精度达到质量要求,减少各种因素对加工精度的影响,就成为我们必须考虑的事情。

一、机械加工精度

1. 机械加工精度的概念

机械加工精度是指零件加工后的实际几何参数(尺寸、形状和相互位置)与理想几何参数的符合程度。实际几何参数与理想几何参数的偏离程度称为加工误差。加工误差越小,加工精度越高。所以,加工精度与加工误差是一个问题的两个提法。

2. 获得加工精度的方法

工件的加工精度包括尺寸精度、几何形状精度和表面间相互位置精度等三个方面。

(1) 获得尺寸精度的方法

① 试切法 即先试切出很小部分加工表面,测量试切所得的尺寸,按照加工要求适当调整刀具切削刃相对工件的位置,再试切,再测量,如此经过两三次试切和测量,当被加工尺寸达到要求后,再切削整个待加工表面。

② 调整法 预先用样件或标准件调整好机床、夹具、刀具和工件的准确相对位置,用以保证工件的尺寸精度。因为尺寸事先调整到位,所以加工时,不用再试切,尺寸自动获得,并在一批零件加工过程中保持不变,这就是调整法。

调整法比试切法的加工精度稳定性好,有较高的生产率,对机床操作工的要求不高,但对机床调整工的要求高,常用于成批生产和大量生产。

③ 定尺寸法 用刀具的相应尺寸来保证工件被加工部位尺寸的方法称为定尺寸法。它是利用标准尺寸的刀具加工,加工面的尺寸由刀具尺寸决定。即用具有一定的尺寸精度的刀具(如铰刀、扩孔钻、钻头等)来保证工件被加工部位(如孔)的精度。

定尺寸法操作方便,生产率较高,加工精度比较稳定,几乎与工人的技术水平无关,生产率较高,在各种类型的生产中广泛应用。例如钻孔、铰孔等。

④ 主动测量法 在加工过程中,边加工边测量加工尺寸,并将所测结果与设计要求的尺寸比较后,或使机床继续工作,或使机床停止工作,这就是主动测量法。

目前,主动测量中的数值已可用数字显示。主动测量法把测量装置加入工艺系统(即机床、刀具、夹具和工件组成的统一体)中,成为其第五个因素。主动测量法质量稳定、生产率高,是发展方向。

⑤ 自动控制法 这种方法是把测量、进给装置和控制系统组成一个自动加工系统,加工过程依靠系统自动完成。

(2) 获得几何形状精度的方法

① 轨迹法 也称刀尖轨迹法,依靠刀尖的运动轨迹获得形状精度的方法称为轨迹法。即让刀具相对于工件作有规律的运动,以其刀尖轨迹获得所要求的表面几何形状。刀尖的运动轨迹取决于刀具和工件的相对成形运动,因而所获得的形状精度取决于成形运动的精度。数控车床、数控铣床,普通车削、铣削、刨削和磨削等均属轨迹法。

② 成形法 利用成形刀具对工件进行加工的方法称为成形法,如图 1-12 所示。即用成形刀具取代普通刀具,成形刀具的切削刃就是工件外形。成形刀具替代一个成形运动。成形法可以简化机床或切削运动,提高生产率。成形法所获得的形状精度取决于成形刀具的形状精度和其他成形运动的精度。

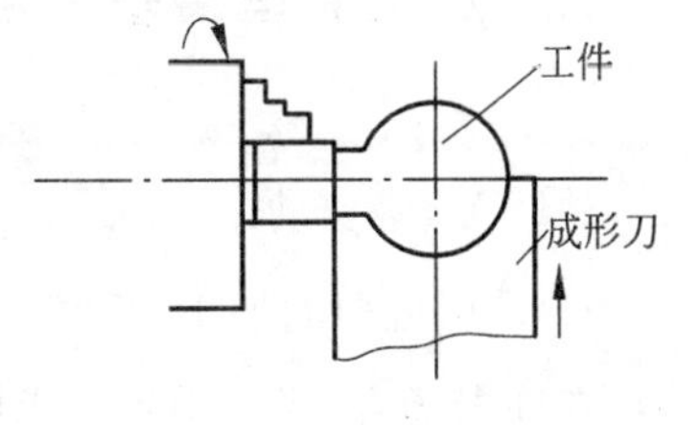

图 1-12 成形法加工

③ 仿形法 刀具按照仿形装置进给对工件进行加工的方法称为仿形法。仿形法所

得到的形状精度取决于仿形装置的精度和其他成形运动的精度。仿形车、仿形铣等均属仿形法加工，如图1-13所示。

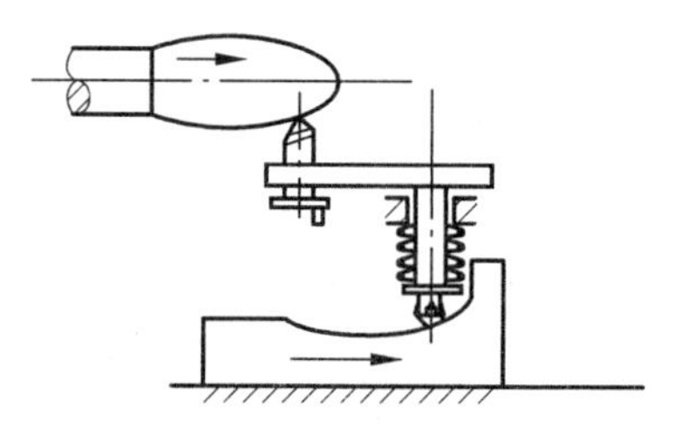
图1-13 仿形法加工

④ 展成法(范成法) 利用工件和刀具作展成切削运动进行加工的方法称为展成法。展成法所得被加工表面是切削刃和工件作展成运动过程中所形成的包络面，切削刃形状必须是被加工面的共轭曲线。它所获得的精度取决于切削刃的形状和展成运动的精度等，如图1-14所示。这种方法用于各种齿轮齿廓、花键键齿、蜗轮轮齿等表面的加工，其特点是刀刃的形状与所需表面几何形状不同。例如齿轮加工，刀刃为直线(滚刀、齿条刀)，而加工表面为渐开线。展成法形成的渐开线是滚刀与工件按严格速比转动时，刀刃的一系列切削位置的包络线。

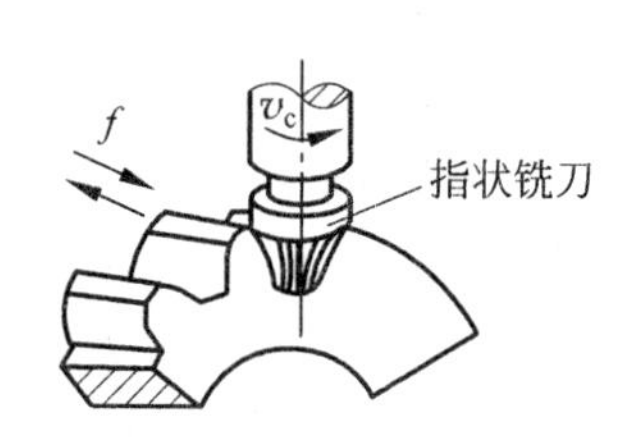

图1-14 展成法加工

(3) 获得表面间相互位置精度的方法

加工面的相互位置精度(简称位置精度)是指零件上的各加工面之间或加工面相对于基准面的平行度、垂直度、同轴度等。获得相互位置精度的方法有以下两种。

① 一次安装法 是指零件在同一次安装中，加工有相互位置要求的各个表面，从而保证其相互位置精度。精度的高低取决于机床的运动精度。

② 多次安装法 是指零件有关表面的相互位置精度由加工表面与定位基准面之间的位置精度来保证。精度取决于机床运动之间、机床运动与工件装夹后的位置之间或机床的各工位之间的相互位置的正确性。

二、加工原理误差

加工原理误差是指在加工过程中由于采用了近似的加工方法、近似的传动或近似的刀具轮廓而产生的加工误差。

1. 采用近似的加工运动造成的误差

在许多场合，为了得到要求的工件表面，必须在工件或刀具的运动之间建立一定的联系。从理论上讲，应采用完全准确的运动联系。但是采用理论上完全准确的加工原理有时使机床或夹具极为复杂，致使制造困难，反而难以达到较高的加工精度，有时甚至是不可能做到。如在车削或磨削模数螺纹时，由于其导程 $t=\pi m$，π 是无理数，在用配换齿轮来得到导程数值时，就存在原理误差。

2. 采用近似的刀具轮廓造成的误差

用成形刀具加工复杂的曲面时，要使刀具刃口做得完全符合理论曲线的轮廓，有时非常困难，往往采用圆弧、直线等简单近似的线型代替理论曲线。如用滚刀滚切渐开线齿轮时，为了滚刀的制造方便，多用阿基米德基本蜗杆或法向直廓基本蜗杆来代替渐开线基本蜗杆，从而产生了加工原理误差。

三、工艺系统的几何误差

1. 机床误差

加工中刀具相对于工件的成形运动一般都是通过机床完成的，因此工件的加工精度在很大程度上取决于机床的精度。机床制造误差对工件加工精度影响较大的有：主轴回转误差、导轨误差和传动链误差。

2. 刀具、夹具的误差

机械加工中常用的刀具有一般刀具、定尺寸刀具和成形刀具。刀具误差对加工精度的影响随刀具的种类不同而不同。

一般刀具(如车刀、镗刀及铣刀等)的制造误差，对加工精度没有直接的影响。

定尺寸刀具(如钻头、铰刀、拉刀及槽铣刀等)的尺寸误差，直接影响被加工零件的尺寸精度。

成形刀具(成形刀、成形铣刀以及齿轮滚刀等)的误差，主要影响被加工面的形状精度。而刀具的磨损会直接影响刀具相对被加工表面的位置，造成被加工零件的尺寸误差。

夹具的作用是使工件相对于刀具和机床具有正确的位置，因此夹具的制造误差对工件的加工精度(特别是位置精度)有很大影响。

夹具的制造误差由定位误差、夹紧误差、夹具的安装误差、导引误差、分度误差以及夹具的磨损组成。夹具的磨损会引起工件的定位误差。

毛坯的选择

选择毛坯包括选择毛坯的材料、类型与制造方法三个方面。加工零件图一般都由设计部门提供，相关零件的材料都已经在设计部门予以确定。因此，在零件加工工艺编制过程中，选择零件的毛坯主要考虑毛坯类型与制造方法两个问题。

一、选择毛坯的类型

机械零件因其使用场合不同，毛坯类型也有很大差异，必须合理选择。常见毛坯的类型及用途见表 1-3。

表 1-3 常见毛坯的类型及用途

类 型	外 形	用 途
铸件		用于形状复杂的零件，有铸铝件、铸钢件和铸铁件等
锻件		用于强度要求较高且形状比较简单的零件，如轴类、盘类零件等
型材		分热轧与冷拉两类。热轧型材用于一般零件，冷拉型材用于尺寸小而精度高的场合，特别适用于自动机床加工(能自动送料与夹紧)
焊接件		用于大型毛坯件，焊接毛坯的最大缺点是变形大
冷冲压件	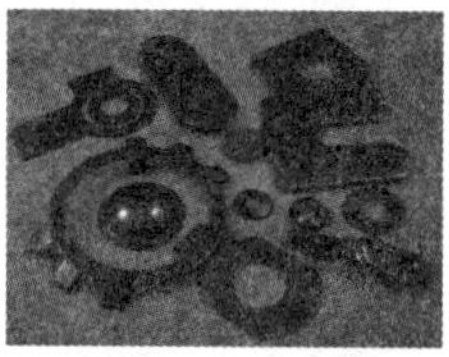	用于形状比较复杂的板料零件的毛坯
其他材料		挤压、粉末冶金类毛坯，用于少许加工或不需要加工的中等复杂程度的零件，如不带螺纹的小型结构件等

二、选择毛坯的考虑因素

由于零件材料在设计阶段已经确定，所以选择零件毛坯时主要考虑以下四个因素。

1. 零件的材料

通常，铜、铝、铸铁类零件不能使用锻件，而适宜选用铸件；钢类零件为保证其强度与硬度，应优先选用锻件；规格统一、尺寸精度与表面精度要求不高时，在不影响零件性能的前提下，可优先考虑使用型材。

2. 零件结构的形状与尺寸

回转体零件台阶直径不大时，可选用圆棒料；直径差异较大时，应选用锻件；小尺寸的毛坯可以选用模锻、压铸等，薄壁、复杂型腔的零件不能用砂型铸造。

3. 生产批量的大小

生产批量大时，应选用高精度、高生产率的毛坯制造方法，以降低生产成本，提高生产率与经济效益。

4. 企业现有的生产条件

企业现有的生产条件包括企业装备情况、生产场地、生产工艺水平及员工的技术水平等。

课后习题

一、填空题

1. 机械的生产过程是指________的全部过程。

2. 零件的机械加工工艺过程由许多工序组合而成，每个工序又可分为________、________、________和进给等。

3. 工件是机械加工过程中________的总称。

4. 工件的加工精度包括________、________和表面间相互位置精度等三个方面。

二、选择题

1. 在加工中用作定位的基准，称为(　　)。

A. 定位基准　　B. 设计基准　　C. 装配基准

2. 在同一个工位上，要完成不同的表面加工时，其中加工表面、切削速度、进给量和加工工具都不变的情况下，所连续完成的那一部分工艺过程叫(　　)。

A. 工序　　B. 工步　　C. 工装

3. 实际几何参数与理想几何参数的偏离程度称为(　　)。

A. 加工精度　　B. 加工误差　　C. 加工偏差

4. 切削过程中，工件表面的成形运动，是通过一系列的传动机构来实现的，传动机构越多，传动路线越长，则传动误差(　　)。

A. 越大　　B. 越小　　C. 不变

三、简答题

1. 什么是基准？如何分类？

2. 什么叫加工精度？加工精度包括哪些方面？

3. 获得尺寸精度的方法有哪些？

4. 什么叫加工原理误差？它包括哪些内容？

5. 工艺系统的几何误差包括哪些？

单元2

金属切削加工的基本知识

单元知识导入

图 2-1 所示的轿车和工程机械是我们在生产生活中常见的机械产品。这些机械设备产品主要都是由零件、部件组合而成的。而将金属坯件转换成零件，并最终形成产品，都离不开金属切削加工这一重要环节。

(a) 汽车

(b) 工程机械

图 2-1 常见的机械产品

金属切削加工是依靠刀具和工件之间的相对运动，从工件上切去多余的金属部分，以获得符合工件技术要求的形状、尺寸和表面质量的加工方法。图 2-2 所示为金属切削加工零件。

机器上的零件除极少数采用精密铸造或精密锻造等无屑加工方法获得外，绝大多数零件是靠刀具切削加工获得的。在切削过程中会产生金属变形、切削力、切削热和刀具磨损等物理现象。研究这些现象的实质和规律对于提高切削加工的劳动生产率、降低成本、保证产品质量有着十分重要的意义。

(a) 轴套类零件

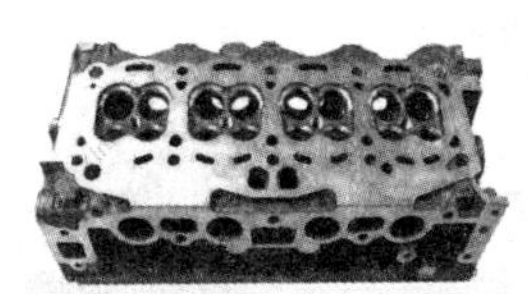

(b) 箱体类零件

(c) 曲面零件

图 2-2 金属切削加工零件

2.1 切削运动和切削要素

知识目标

(1) 熟悉切削运动的种类。

(2) 了解工件的加工表面。

(3) 掌握切削的三要素。

能力目标

(1) 能标识出切削加工过程中形成的加工表面。

(2) 能够合理选择切削用量。

课前知识导入

金属切削机床进行切削加工时，除了需要一定种类和型号的切削刀具外，机床还要提供毛坯与刀具间所必需的相对运动，来完成零件的加工。那么，机床能提供哪些类型的切削运动？又如何区分这些运动？这些运动的参数又如何选择呢？本节将带您探索这些问题的答案。

学习内容

金属切削加工的主要方法有车削、铣削、刨削、磨削和钻削等，见图 2-3。

一、切削运动

切削运动是指在切削过程中刀具和工件之间的相对运动，包括主运动和进给运动。

1. 主运动

主运动是指由机床或人力提供的主要运动，使刀具和工件之间产生相对运动，从而使

(a) 车削

(b) 铣削

(c) 磨削

(d) 钻削

图 2-3 金属切削加工的主要方法

刀具前面接近工件。所以，主运动的速度越高，消耗功率越大。

2. 进给运动

进给运动是不断地将多余金属层投入切削，使之变成切屑，并得到具有所需几何特征的已加工表面的运动，称为进给运动。

通常，切削加工的主运动只有一个，而进给运动可能有一个或数个。主运动和进给运动可以由刀具和工件分别完成，也可以由刀具单独完成，见表 2-1。

表 2-1 常见切削加工方法的切削运动

序号	图 例	加工内容	切 削 运 动
1	1 2	在车床上车削外圆	1——工件的回转运动为主运动。 2——车刀的纵向移动为进给运动
2	1 2	在铣床上铣削平面	1——铣刀的回转运动为主运动。 2——工件的纵向移动为进给运动

续表

序号	图　例	加工内容	切 削 运 动
3		在刨床上刨削平面	1——刨刀的往复直线运动为主运动。 2——工件的横向间歇移动为进给运动
4		在磨床上磨削外圆	1——砂轮的回转运动为主运动。 2——工件的纵向移动和转动为进给运动

3. 辅助运动

机床上除表面成形运动以外的所有运动都是辅助运动，包括机床的快进快退、送料、定位、夹紧、转位分度等运动，其功用是实现机床加工过程中所必需的各种辅助动作。

二、工件上的加工表面

在切削加工过程中，通常工件上有三个不断变化的表面，如图 2-4 所示。

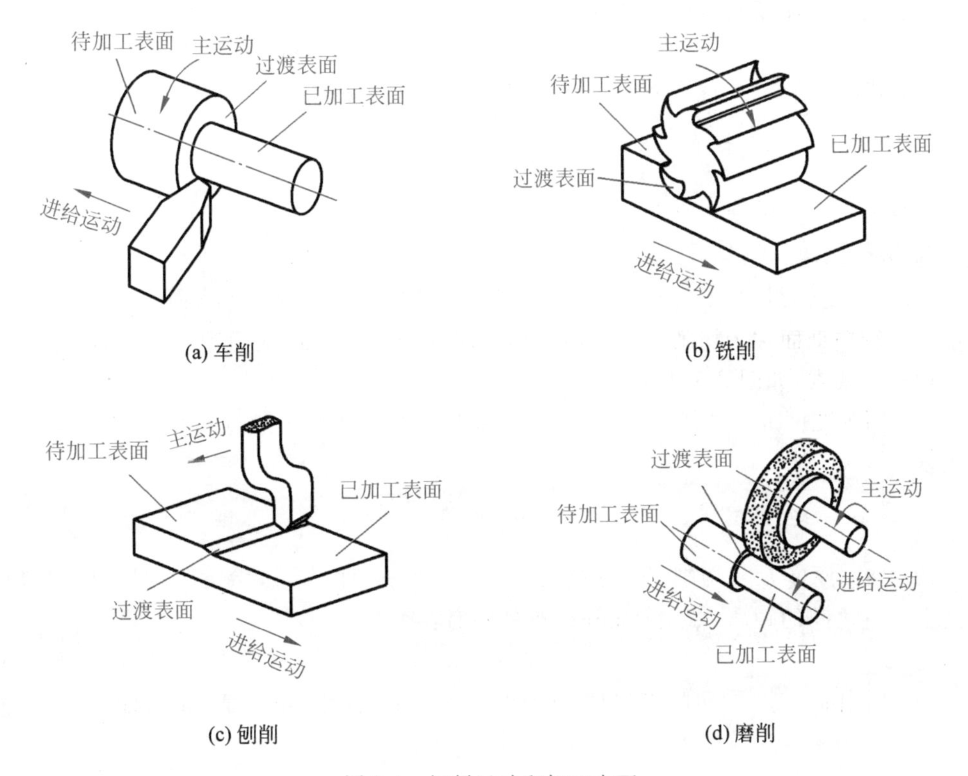

图 2-4　切削运动和加工表面

(1) 待加工表面　工件上有待切削的表面称为待加工表面。

(2) 已加工表面　工件上经刀具切削后产生的表面称为已加工表面。

(3) 过渡表面　由刀具切削刃在工件上形成的表面，即连接待加工表面和已加工表面之间的表面称为过渡表面。

三、切削要素

切削要素包括切削用量和切削层横截面要素。

1. 切削用量

切削用量包括切削速度、进给量和背吃刀量三个要素，它是调整机床、计算切削力、切削功率、时间定额及核算工序成本的重要参数。切削用量选择得合理与否，对切削加工的生产率和加工质量有着显著的影响。

(1) 切削速度 v_c　切削速度是指刀具切削刃上选定点相对于工件的主运动的瞬时速度，单位是 m/min。当主运动是旋转运动时，切削速度可按下式计算：

$$v_c = \frac{\pi d_w n}{1000}$$

式中：d_w——工件待加工表面直径(mm)；

n——主运动的转速(r/min)。

(2) 进给量 f　进给量是指刀具(或工件)在进给运动方向上相对于工件的位移量。可以用刀具或工件每转或每行程的位移量来表述和度量，单位是 mm/r(如车床)或 mm/行程(如刨床)。

进给量的大小反映着进给速度 v 的大小，关系为

$$v = fn$$

(3) 背吃刀量 a_p　背吃刀量是指待加工表面与已加工表面之间的垂直距离。

$$a_p = \frac{d_w - d_m}{2}$$

式中：d_m——工件已加工表面的直径(mm)。

2. 切削层横截面要素

切削层是指刀具与工件相对移动一个进给量时，从工件待加工表面上切除的金属层。切削层的轴向剖面称为切削层横截面。切削层横截面要素包括切削宽度、切削厚度和切削面积三个要素，如图 2-5 所示。

(1) 切削宽度 w_c　切削宽度是指刀具切削刃与工件的接触长度，单位是 mm。若车刀主偏角为 κ_r，则

$$w_c = \frac{a_p}{\sin\kappa_r}$$

(2) 切削厚度 h_c　切削厚度是指刀具或工件每移动一个进给量时，刀具切削刃相邻的两个位置之间的距离，单位是 mm。车外圆时：

$$h_c = f\sin\kappa_r$$

(3) 切削面积 A_c　切削面积是指切削层横截面的面积，单位是 mm^2，即

$$A_c = fa_p = w_c h_c$$

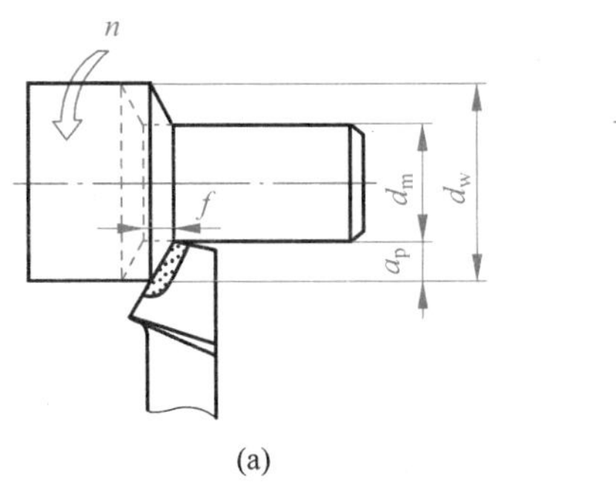

(a)

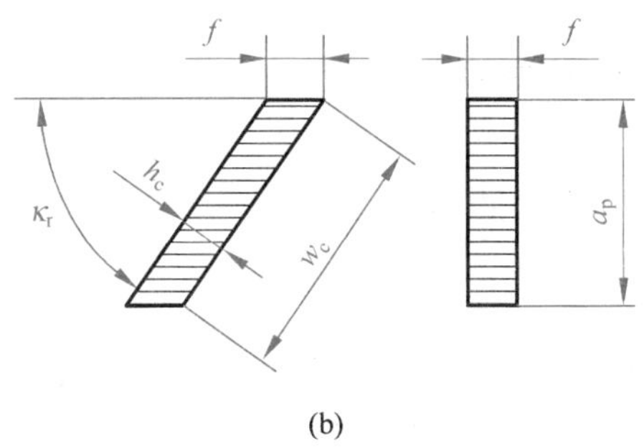

(b)

图 2-5 车削时切削层要素

2.2 切 削 液

知识目标

(1) 了解切削液及其常见类型。

(2) 了解切削液的主要作用。

(3) 了解切削液的选用原则。

能力目标

(1) 能够掌握切削液的主要作用。

(2) 能根据切削条件选用切削液。

课前知识导入

如图 2-6 所示,什么是切削液?使用切削液对切削加工有何影响?有些切削加工过程需要浇注切削液,有些不需要浇注切削液,又是为什么?切削液该如何选择?

(a) 不浇注切削液

(b) 浇注切削液

图 2-6 金属切削加工过程

一、切削液的作用

1. 润滑作用

金属切削加工液(简称切削液)在切削过程中的润滑作用,可以减小刀具前面与切屑、后面与已加工表面间的摩擦,形成部分润滑膜,从而减小切削力、摩擦和功率消耗,降低刀具与工件坯料摩擦部位的表面温度和刀具磨损,改善工件材料的切削加工性能。

2. 冷却作用

切削液的冷却作用是通过它和因切削而发热的刀具(或砂轮)、切屑和工件间的对流和汽化作用,把切削热从刀具和工件处带走,从而有效地降低切削温度,减少工件和刀具的热变形,保持刀具硬度,提高加工精度和刀具耐用度。

3. 清洗作用

在金属切削过程中,要求切削液有良好的清洗作用。除去生成切屑、磨屑以及铁粉、油污和砂粒,防止机床和工件、刀具的脏污,使刀具或砂轮的切削刃口保持锋利,不至于影响切削效果。

4. 防锈作用

在金属切削过程中,工件要与环境介质及切削液组分分解或氧化变质而产生的油泥等腐蚀性介质接触而腐蚀,与切削液接触的机床部件表面也会因此而腐蚀。此外,在工件加工后或工序之间流转过程中暂时存放时,也要求切削液有一定的防锈能力,防止环境介质及残存切削液中的油泥等腐蚀性物质对金属产生侵蚀。特别是在我国南方地区潮湿多雨季节,更应注意工序间防锈措施。

二、切削液的种类

常用的切削液分为水溶液、乳化液和切削油三大类。

1. 水溶液

水溶液是由水加入一定量的添加剂制成的。其冷却作用、清洗作用较强,润滑作用和防锈能力较差,主要用于磨削。

2. 乳化液

乳化液是仅以矿物油作为基础油的水溶性切削液。乳化液既能起冷却作用,又能起润滑作用。浓度低的乳化液冷却、清洗作用强,适于粗加工和磨削加工使用;浓度高的乳化液润滑作用强,适于精加工时使用。

3. 切削油

切削油主要成分是矿物油,少数采用植物油或复合油。切削油的主要作用是润滑,它可大大减少切削时的摩擦热,降低工件的表面粗糙度值。

三、切削液的加注方法

(1) 浇注法　使用方便、应用广泛,但冷却效果较差,切削液消耗量较大。

(2) 喷雾法　将切削液经雾化后,喷到切削区域,雾状液体在高温的切削区域很快就被汽化,因而冷却效果显著,切削液消耗量较少。

(3) 高压法　将切削液经高压泵压出,浇注到切削区域,当加工深孔或较难加工材料时,用此法较好。

四、切削液的选用原则

切削液能很好地改善机械切削加工效果,但是在实际生产过程中,还必须依据工件材料、刀具材料、加工要求、加工方法等因素综合考虑,正确选择和使用切削液。

2.3　金属切削刀具

知识目标

(1) 了解刀具切削部分常用材料应具备的性能。

(2) 了解刀具常用材料的种类及性能特点。

(3) 掌握刀具切削部分的几何形状。

能力目标

(1) 能正确建立刀具角度的度量平面。

(2) 能正确标注刀具角度。

(3) 能根据加工需要正确选择刀具。

课前知识导入

如图 2-7 所示,刀具是切削加工中不可缺少的重要工具,无论是普通机床,还是先进

图 2-7　刀具

的数控机床都必须依靠刀具才能完成切削加工。刀具切削部分性能的好坏取决于构成刀具切削部分的材料、切削部分的几何参数以及刀具结构的选择和设计是否合理。那么,对于不同形状的零件、不同的机床是否选用同一把刀具完成加工呢?

一、刀具材料

1. 刀具材料应具备的性能

在金属切削加工过程中,刀具切削部分是在较大的切削压力、较高的切削温度以及剧烈摩擦条件下工作的。在切削余量不均匀或切削断续的表面时,刀具受到很大的冲击与振动,切削温度也在不断变化。因此,刀具材料必须具备以下几方面的性能。

(1) 较高的硬度　刀具要从工件上切下切屑,刀具材料的硬度必须高于加工材料的硬度。通常,室温下刀具切削部分材料的硬度应在60HRC以上。

(2) 较高的耐磨性　耐磨性是材料抵抗磨损的能力。一般来讲,刀具材料硬度越高,耐磨性也越好。

(3) 足够的强度与韧性　一般用抗弯强度和冲击韧性来衡量,它们反映刀具材料抵抗断裂、崩刃的能力。强度与韧性高的材料,必然引起其硬度与耐磨性的下降。

(4) 高的耐热性与化学稳定性　耐热性是衡量刀具材料切削性能的主要标志。它是指刀具材料在高温下保持硬度、耐磨性、强度和韧性的性能,可用高温硬度表示,也可用红硬性表示。耐热性越好,材料允许的切削速度越高,表示刀具材料的切削性能越好。

化学稳定性是指刀具材料在高温下不易与加工工件材料或周围介质发生化学反应的能力,包括抗氧化、抗粘结的能力。化学稳定性越高,刀具磨损越慢,加工表面质量越好。

(5) 良好的导热性和耐热冲击性　刀具材料的导热性越好,切削热越容易从切削区扩散出去,有利于降低切削温度。耐热冲击性好的刀具材料,在切削加工时可使用切削液。

(6) 良好的工艺性能和经济性　为便于刀具制造,要求刀具材料具有良好的工艺性能,如锻造性能、热处理性能、高温塑性变形性能和磨削加工性能等。

经济性是刀具材料的重要指标之一。有的刀具虽然单件成本很高,但其使用寿命较长,平均到每个零件的成本就不一定很高,因此在选用时要考虑经济效果。此外,在自动化和柔性制造系统中也要求刀具的切削性能比较稳定、可靠,有一定的可预测性和高度的可靠性。

2. 常用刀具材料的种类和用途

金属切削加工过程中常用刀具材料主要有碳素工具钢、合金工具钢、高速钢和硬质合金等,其类型、牌号及应用场合见表2-2。

表 2-2　常用刀具材料的类型、牌号和应用场合

材料类型	常用牌号	应用场合
碳素工具钢	T8、T9、T10、T12	用于低速、尺寸小的手动刀具，如丝锥、板牙、锯条、锉刀等
合金工具钢	9SiCr、CrWMn、9Mn2V	用于手动或刃形较复杂的低速刀具，如丝锥、板牙、拉刀等
高速钢	W18Cr4V、W6Mo5Cr4V2、W9Mo3Cr4V	用于各种刃形较复杂的刀具，如麻花钻、拉刀、车刀、铣刀等
硬质合金	YG5、YT15、YW1	用于高温、高速下切削的刀具，如车刀、铣刀等

二、刀具的几何形状

刀具的种类很多，结构各异，但就切削部分而言，它们都可以看成是由外圆车刀演变而成的。现以外圆车刀为例，说明刀具切削部分的几何形状，如图 2-8 所示。

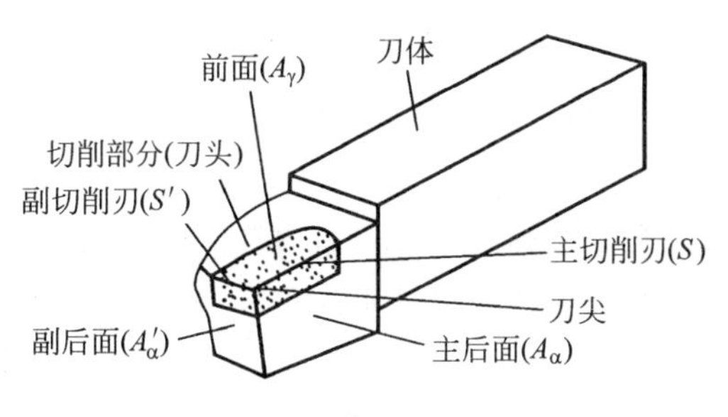

图 2-8　车刀的组成

1. 刀具切削部分的组成

(1) 前面(A_γ)　刀具上切屑滑过的表面。

(2) 主后面(A_α)　刀具上与切削表面(过渡表面)相对的表面。

(3) 副后面(A_α')　刀具上与已加工表面相对的表面。

(4) 主切削刃(S)　前面与主后面相交构成的切削刃，它担负主要的切削工作。

(5) 副切削刃(S')　前面与副后面相交构成的切削刃。它配合主切削刃完成少量的切削工作，即对已加工表面起修光作用。

(6) 刀尖　主切削刃与副切削刃的交点。它往往磨成一段很小的直线或圆弧，以提高刀尖的强度和耐磨性。

2. 辅助平面

为了定义刀具角度，在切削状态下，选定切削刃上某一点而假定的几个平面称为辅助平面，如图 2-9 所示。

(1) 基面(P_r)　过切削刃选定点并垂直于假定主运动方向的平面。

(2) 切削平面(P_s)　通过主切削刃选定点与主切削刃相切并垂直于基面的平面。

(3) 正交平面(P_0)　通过主切削刃选定点并同时垂直于基面和主切削平面的平面。

以上三个平面相互垂直，构成空间直角坐标系。

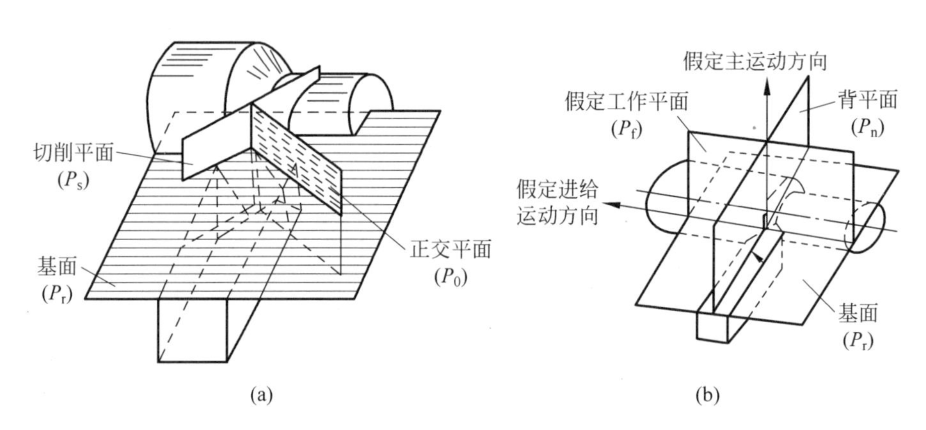

图 2-9 刀具的辅助平面

(4) 假定工作平面(P_f) 通过切削刃选定点与基面垂直,且与假定进给运动方向平行的平面。

(5) 背平面(P_n) 通过切削刃选定点并同时垂直于基面和假定工作平面的平面。

以上两个平面加上基面也可组成空间直角坐标系。

3. 刀具的几何角度

刀具的切削性能、锋利程度及强度主要是由刀具的几何角度来决定的。其中前角、后角、主偏角和刃倾角是主切削刃上四个最基本的角度,如图 2-10 所示。

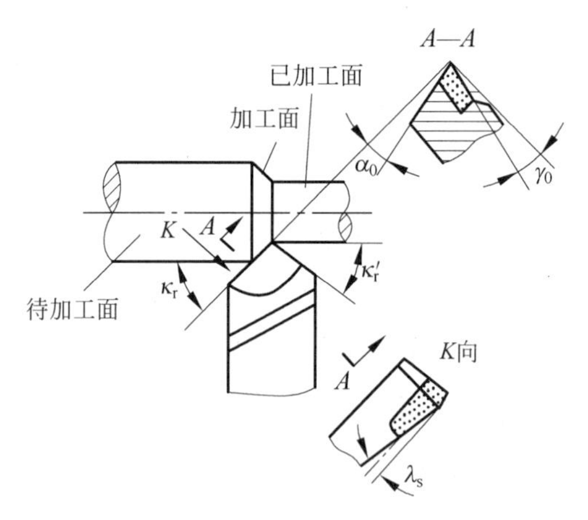

图 2-10 刀具的主要角度

(1) 在正交平面内测量的角度

① 前角(γ_0) 前面与基面间的夹角。前角的大小决定刀刃的强度和锋利程度。前角大,刃口锋利,易切削;但前角过大,强度低,散热差,易崩刃。

② 后角(α_0) 主后面与主切削平面间的夹角。后角的大小决定刀具后面与工件之间的摩擦及散热程度。后角过大,散热差,刀具寿命短;后角过小,摩擦严重,刀口变钝,温度高,刀具寿命也短。一般取 $\alpha_0=5°\sim12°$。

③ 楔角(β_0) 前面与主后面间的夹角。$\beta_0=90°-(\gamma_0+\alpha_0)$。

（2）在基面内测量的角度

① 主偏角（κ_r）　主切削平面与假定工作平面间的夹角。主偏角的大小决定背向力与进给力的分配比例和散热程度。主偏角大，背向力小，散热差；主偏角小，进给力小，散热好。

② 副偏角（κ_r'）　副切削平面与假定工作平面间的夹角。副偏角的大小决定副切削刃与已加工表面之间的摩擦程度。较小的副偏角对已加工表面有修光作用。

③ 刀尖角（ε_r）　主切削平面与副切削平面间的夹角。$\varepsilon_r = 180° - (\kappa_r + \kappa_r')$。

（3）在主切削平面内测量的角度

刃倾角（λ_s）是主切削刃与基面间的夹角。刃倾角主要影响排屑方向和刀尖强度。如图 2-11 所示，刀尖位于主切削刃上最高点，刃倾角为正，切屑滑向待加工表面，刀尖不耐冲击；刀尖位于主切削刃上最低点，刃倾角为负，切屑滑向已加工表面，刀尖可受到保护；主切削刃上各点等高时，刃倾角为零，切屑很快卷曲，刀尖抗冲击能力较强。

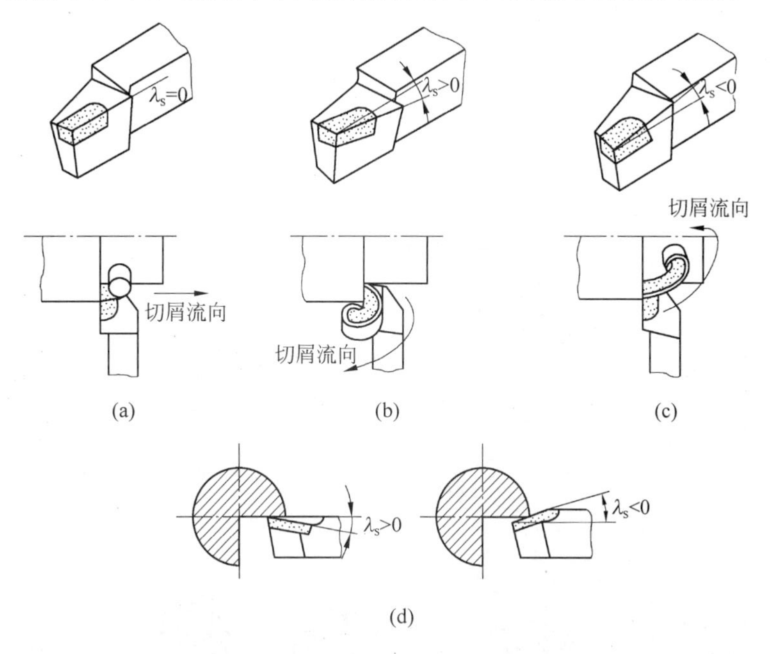

图 2-11　刃倾角的作用

三、常用刀具的种类和用途

1. 车刀

车刀是金属切削中应用最为广泛的一种刀具。车刀按用途可分为外圆车刀、端面车刀、切断刀、成形车刀、螺纹车刀等，如图 2-12 所示。车刀按其结构可分为整体车刀、焊接车刀、机夹车刀、可转位车刀和成形车刀等，如图 2-13 所示。

2. 铣刀

铣刀的种类很多，结构不一，应用范围很广，按其用途可分为加工平面用铣刀、加工沟槽用铣刀和加工成形面用铣刀三大类。常用的有圆柱形铣刀、端铣刀、三面刃圆盘铣刀、立铣刀、键槽铣刀、T 形槽铣刀、角度铣刀和成形铣刀等，如图 2-14 所示。其结构形式也有整体式、焊接式、机夹式等。

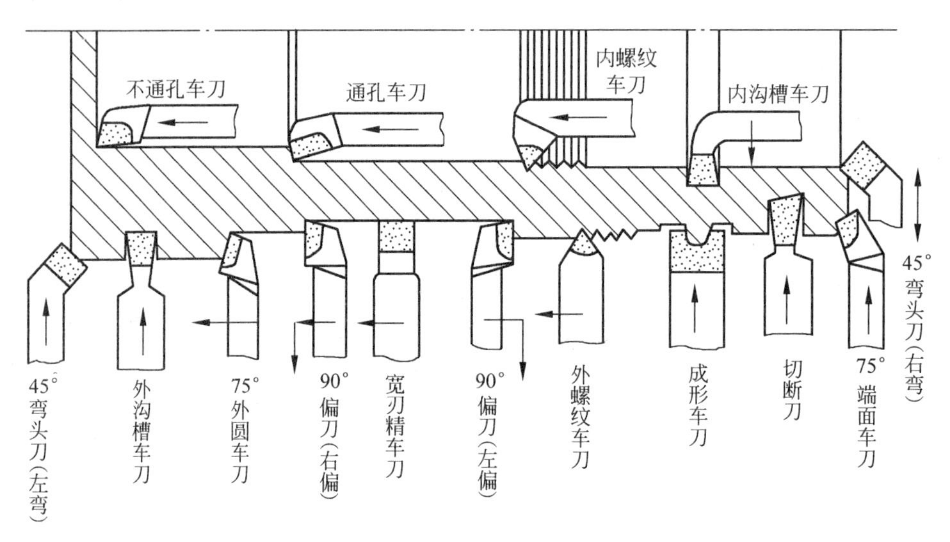

图 2-12 常用车刀及用途

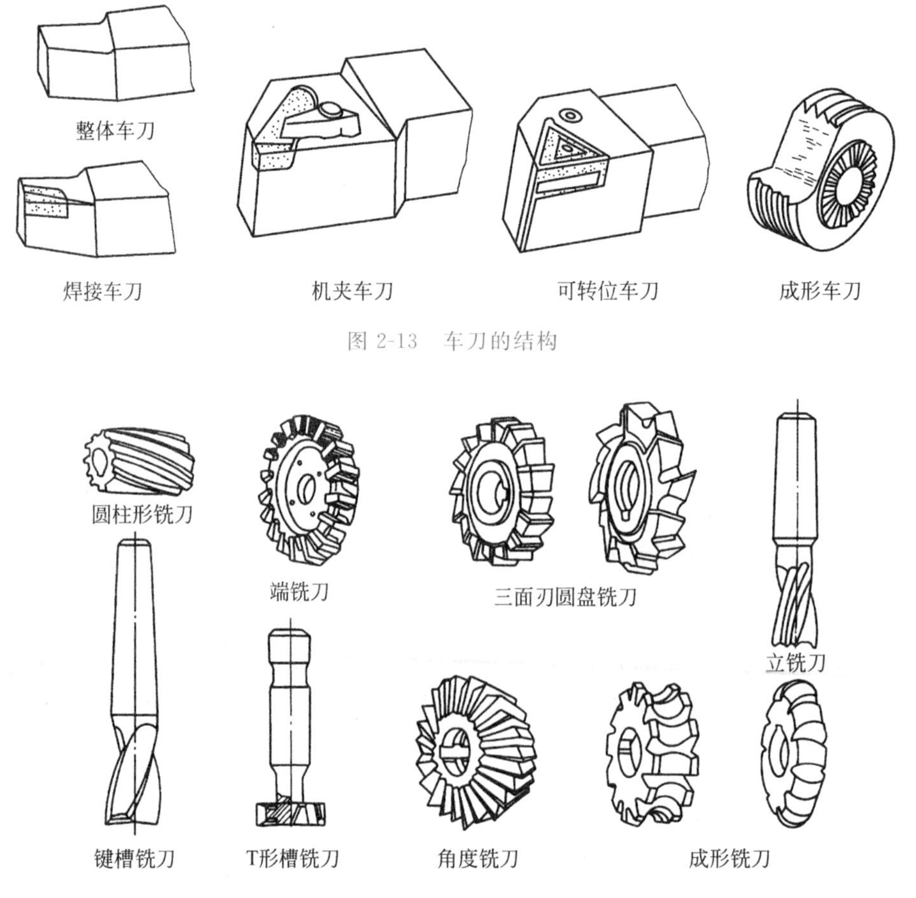

图 2-13 车刀的结构

图 2-14 常用铣刀

3. 孔加工刀具

在金属切削过程中，孔加工的比重是很大的，广泛需要使用各种孔加工刀具。孔加工刀具按其用途分为两大类：一类是从实心材料上加工出孔的刀具，如麻花钻、中心钻和深孔钻等；另一类是对已有孔进行扩大的刀具，如扩孔钻、锪钻、铰刀和镗刀等。

（1）麻花钻

麻花钻是钻削加工中使用最多、应用最广泛的刀具。麻花钻由工作部分、颈部和柄部组成，如图 2-15 所示。

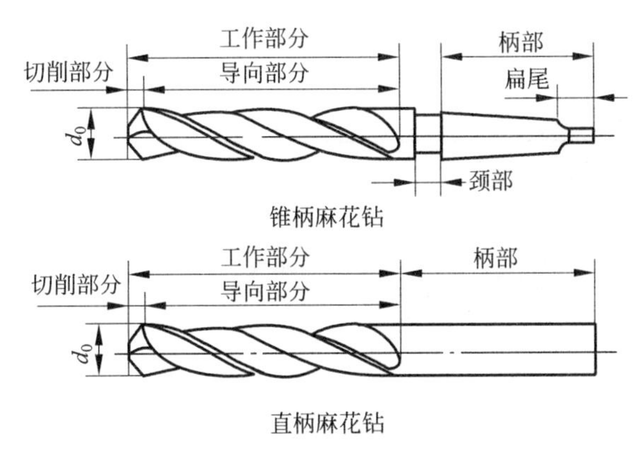

图 2-15　麻花钻的组成

柄部主要起夹持与传递转矩和轴向力作用，通常有圆柱直柄和莫氏锥柄两种。一般直径 $d \leqslant 20$mm 时可采用直柄，锥柄对直径尺寸没有具体界定，它可传递较大的转矩。

（2）铰刀

铰刀是一种尺寸精度较高的多刃刀具，有 6～12 条刀齿。其工作部分由引导锥、切削部分和校准部分组成，如图 2-16 所示。引导锥是为了便于将铰刀引入孔中；切削部分担任主要切削工作；校准部分又分为圆柱部分和倒锥部分，其圆柱部分起导向、校准和修光作用；倒锥部分起减少摩擦并防止铰刀将孔径扩大的作用。

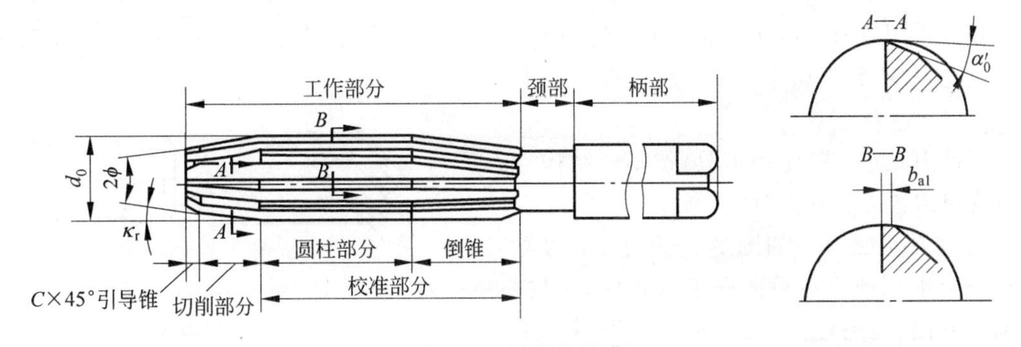

图 2-16　铰刀的组成

铰刀的种类很多,按使用方式分为机用铰刀和手用铰刀,按铰孔形状分为圆柱形铰刀和圆锥形铰刀,按铰刀容屑槽的形状分为直槽铰刀和螺旋槽铰刀,按铰刀结构分为整体式铰刀和调节式铰刀,如图 2-17 所示。

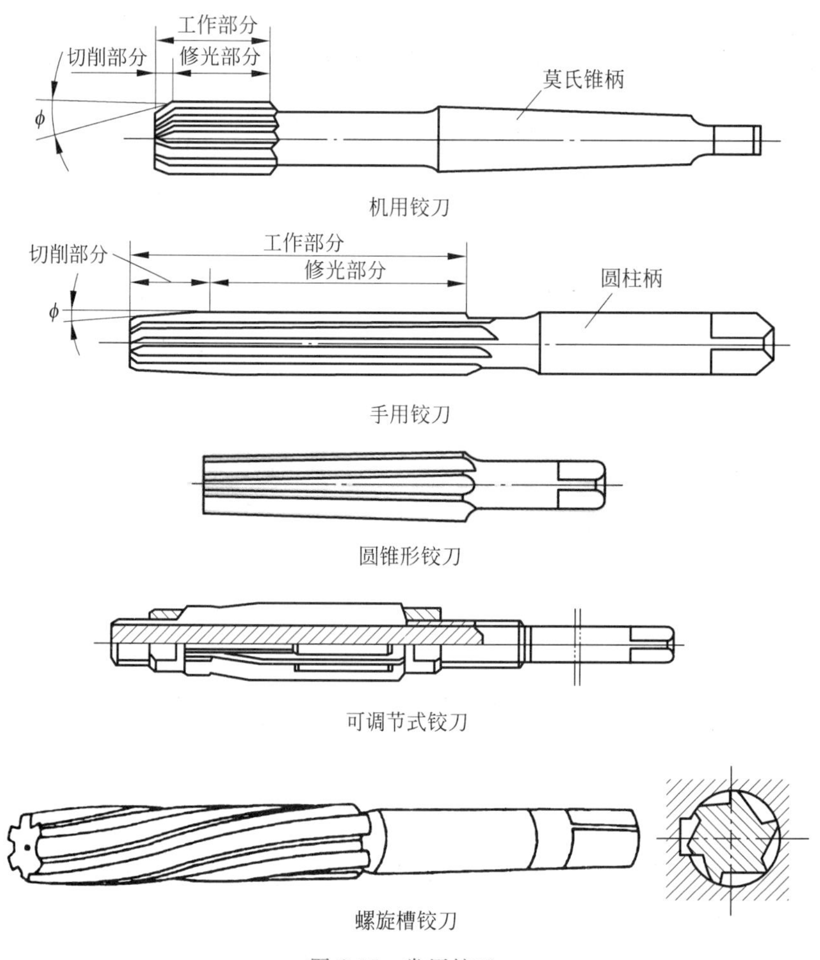

图 2-17 常用铰刀

为了测量方便,铰刀刀齿相对于铰刀中心应对称分布。机用铰刀刀齿在圆周上均匀分布。手用铰刀刀齿在圆周上不均匀分布,这样在铰刀停歇时,刀齿在孔壁上的压痕就不会重叠,并有利于切除孔壁上的高点。

(3) 镗刀

镗刀是镗孔的专用刀具,按不同结构镗刀可分为单刃镗刀和双刃镗刀。

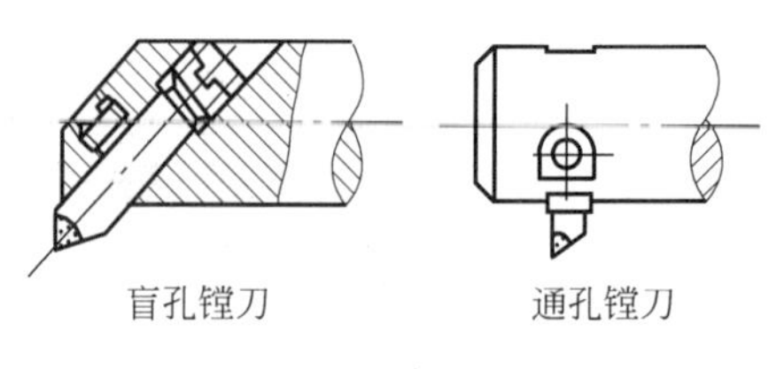

图 2-18 单刃镗刀

① 单刃镗刀 如图 2-18 所示,单刃镗刀只有一个主切削刃在单方向进行切削,结构简单、制造方便、通用性大、用一把镗刀可以加工不同直径的孔。

② 双刃镗刀　双刃镗刀可分为固定双刃镗刀和可调双刃镗刀两种，如图 2-19 所示，双刃镗刀的两刀刃在两个对称方向同时切削，故可消除由径向力对镗杆的作用而造成的加工误差。这种镗刀切削时，刀具外径是根据工件孔径确定的，结构比单刃镗刀复杂，应用于加工精度要求较高、生产批量大的场合。

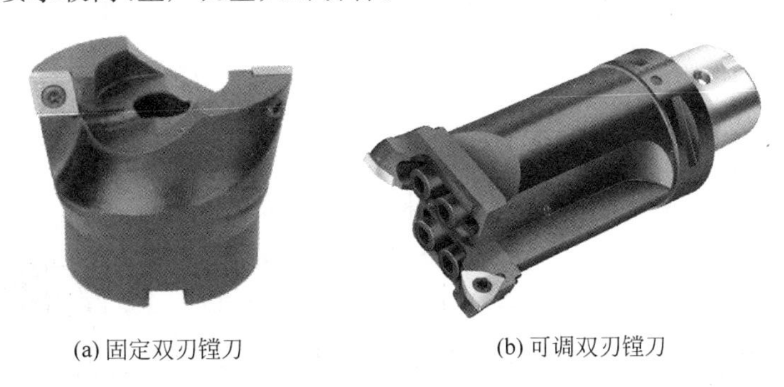

(a) 固定双刃镗刀　　(b) 可调双刃镗刀

图 2-19　双刃镗刀

固定双刃镗刀直径尺寸不能调节，刀片一端有定位凸肩，供刀片装在镗杆中定位用，刀片用螺钉或楔块紧固在镗杆中。

可调双刃镗刀的直径尺寸可在一定范围内调节。镗孔时，刀片不紧固在刀杆上，可浮动和自动定心。刀片位置由两切割刃上的切割力平衡，故可消除由于镗杆偏摆及刀片安装所造成的误差，但这种镗刀不能校准孔的轴线歪斜。

4. 刨刀

刨刀的形状和几何参数与车刀相似，因刨削是断续切削，刨刀切入工件时会受到较大的冲击力，故刨刀杆的横截面比车刀要大。常用刨刀有平面刨刀、成形刨刀、角度偏刀、宽刃刨刀及内孔刨刀等，如图 2-20 所示。

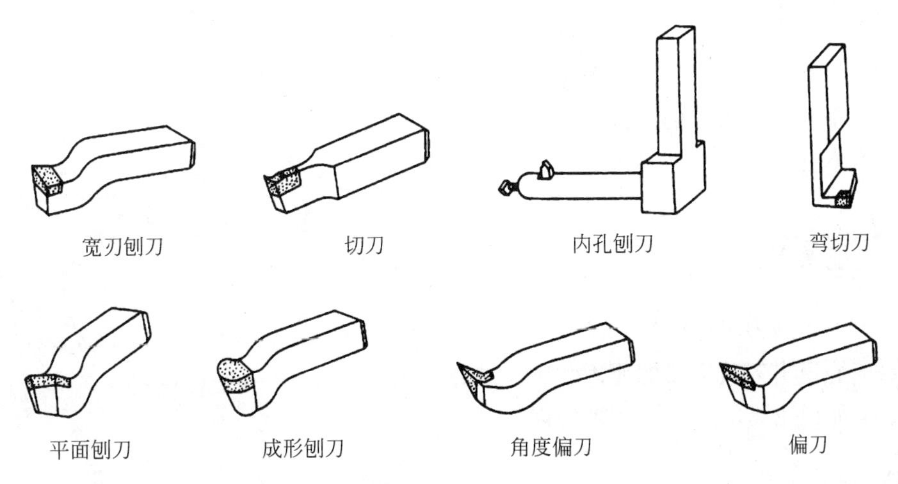

图 2-20　常用刨刀

刨刀刀杆有直杆和弯颈两种，如图 2-21 所示。直杆刨刀用于粗加工。弯颈刨刀用于精加工，这种刨刀除能缓和冲击、避免崩刃外，在受力弯曲时，刀尖还会离开加工表面而不至于“扎刀”。

5. 砂轮

砂轮是由细小而坚硬的磨粒通过结合剂粘接而成，磨粒之间遍布气隙。磨粒以其裸露在表面部分的棱角作为切削刃；气隙则在磨削过程中起容纳切屑、切削液和散逸磨削热的作用，如图 2-22 所示。

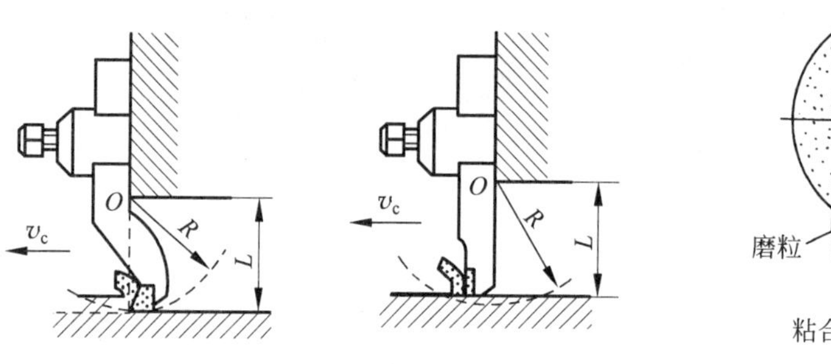

图 2-21 弯颈刨刀刨削与直杆刨刀刨削

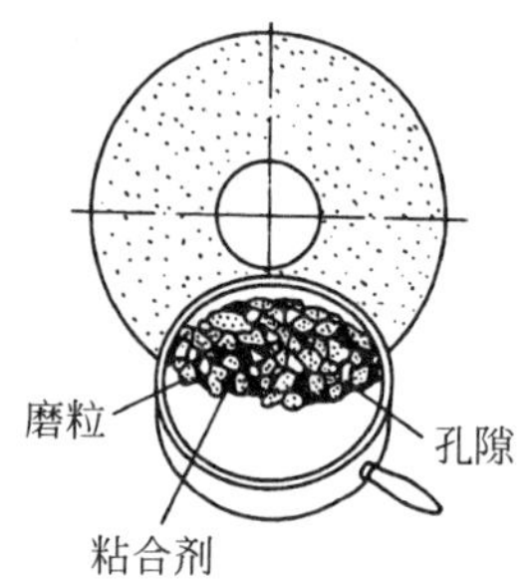

图 2-22 砂轮的组成

砂轮的特性取决于磨料、粘合剂、砂轮的组织、砂轮的硬度及砂轮的形状等因素。每种砂轮根据其自身的特性，都有一定的适用范围，故磨削时，应根据工件的材料、形状、尺寸、热处理方法和加工要求，合理选用砂轮。

2.4 刀具寿命及其影响因素

知识目标

(1) 了解刀具磨损的形式及过程。
(2) 了解刀具磨损的原因。
(3) 掌握刀具的磨钝标准。

能力目标

(1) 能判断刀具的磨钝标准。
(2) 能说出刀具磨损的原因。
(3) 能说出影响刀具耐用度的因素。

课前知识导入

在生产实践中，操作者很难用一个恒定的标准决定何时重磨车刀。常常都是根据车刀切削过程中所产生的异常现象来判断车刀的磨损情况，以确定车刀是否应该重磨，这种方式只是取决于操作者经验的丰富程度。图 2-23 所示为磨损后的刀具。通过本节内容的学习,可找到更方便、直观的标志来判断何时重磨车刀。

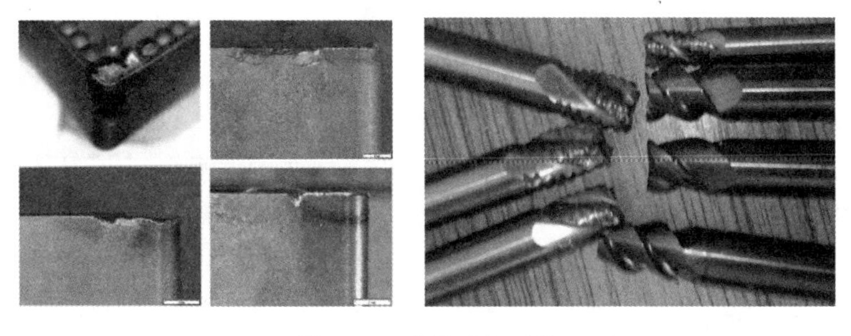

图 2-23 磨损后的刀具

一把磨好的刀具,经过一段时间切削后,刀刃由锋利逐渐变钝,如继续使用就会发现工件已加工表面粗糙度增大,切削温度升高,切屑颜色开始发生变化,甚至会产生振动或不正常的噪声。这说明刀具已严重磨损,必须重磨或换刀。

一、刀具磨损的形式

刀具正常磨损时,按其发生的部位不同可分为三种形式,如图 2-24 所示。

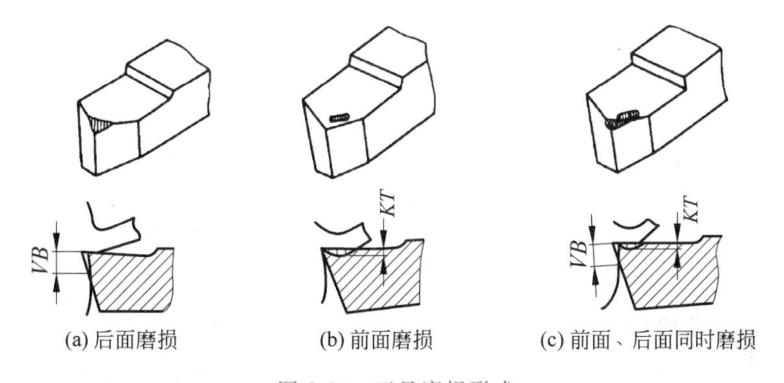

(a) 后面磨损 (b) 前面磨损 (c) 前面、后面同时磨损

图 2-24 刀具磨损形式

1. 后面磨损

如图 2-24(a)所示,在切削脆性金属或以较低的切削速度、较小的切削层厚度(h_D<0.1mm)切削塑性金属时,前面上的压力和摩擦力不大,磨损主要发生在后面上。后面磨损后,在刀刃附近形成后角接近于 0°的小棱面,用高度 *VB* 表示。

2. 前面磨损

如图 2-24(b)所示,在以较高的切削速度和较大的切削厚度(h_D>0.5mm)切削塑性金属时,切屑对前面的压力大、摩擦剧烈、温度高,磨损主要发生在前面上。磨损后在前面上切削刃口附近出现月牙洼,用月牙洼的深度 *KT* 表示。

3. 前面、后面同时磨损

如图 2-24(c)所示，发生的条件介于上述两种磨损之间。

二、刀具磨损的原因

刀具磨损与一般机械零件的磨损不同，有两点比较特殊，一是刀具前面所接触的切屑和后面所接触的工件都是新生表面，不存在氧化层或其他污染；二是刀具的摩擦是在高温、高压作用下进行的。对于一定的刀具材料和工件材料，切削温度对刀具的磨损具有决定性的影响，温度越高，刀具磨损越快。

三、刀具磨损的过程

刀具磨损的过程如图 2-25 所示，一般可分为三个阶段。

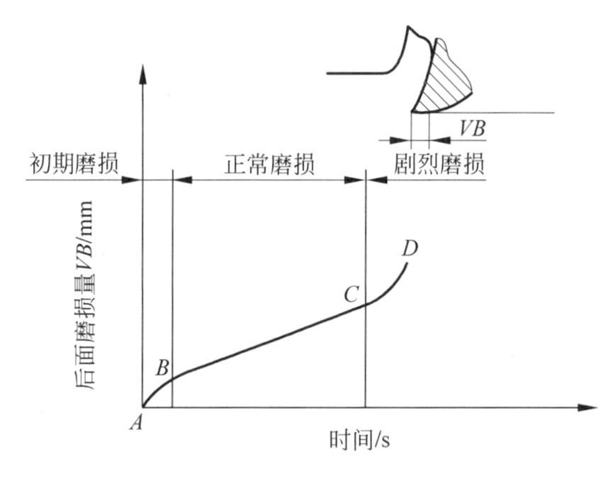

图 2-25 刀具磨损的过程

1. 初期磨损阶段(*AB* 段)

由于刃磨后的刀具表面微观形状高低不平，后面与加工表面的实际接触面积很小，故磨损较快。

2. 正常磨损阶段(*BC* 段)

由于刀具上微观不平的表层被迅速磨去，表面光洁，摩擦力减小，故磨损较慢。

3. 剧烈磨损阶段(*CD* 段)

刀具经过正常磨损阶段后即进入急剧磨损阶段，切削刃将急剧变钝。如继续使用，将使切削力骤然增大，切削温度急剧上升，加工质量显著恶化。

四、刀具磨钝标准

刀具磨损量的大小将直接影响切削力和切削温度，并使工件的加工精度和表面质量降低。因此，操作者可根据观察切屑的颜色和形状的变化、工件表面粗糙度的变化以及加工过程中所发生的不正常声响等来判断刀具是否已磨钝。在自动化生产中，也可以根据切削力的大小或切削温度的高低来判断刀具是否磨钝。

一般情况下，刀具后面都会磨损，且后面磨损量 VB 的测量也比较方便，因此，常根据后面磨损量来制订刀具的磨钝标准，即用刀具后面磨损带宽度 VB 的最大允许磨损尺寸作为刀具的磨钝标准。在不同的加工条件下，磨钝标准是不同的。例如，粗车中碳钢 $VB=0.6\sim0.8$mm，粗车合金钢 $VB=0.4\sim0.5$mm，精加工 $VB=0.1\sim0.3$mm 等。

五、刀具耐用度

在正常磨损阶段后期、急剧磨损阶段之前换刀或重磨，既可保证加工质量，又能充分利用刀具材料。

1. 刀具磨损限度

在大多数情况下，后面都有磨损，而且测量也较容易，故通常以后面磨损的宽度 VB 作为刀具磨损限度。

2. 刀具耐用度

刀具耐用度是指两次刃磨之间实际进行切削的时间，以 T(min)表示。在实际生产中，不可能经常测量 VB 的高度，而是通过确定刀具耐用度，作为衡量刀具磨损限度的标准。刀具耐用度的数值应规定得合理。对于制造和刃磨比较简单、成本不高的刀具，耐用度可定得低些；对于制造和刃磨比较复杂、成本较高的刀具，耐用度应定得高些。通常，硬质合金车刀 $T=60\sim90$min；高速钢钻头 $T=80\sim120$min；齿轮滚刀 $T=200\sim300$min。

3. 刀具寿命

刀具寿命 t 是指一把新刀具从开始切削到报废为止的总切削时间。刀具寿命与刀具耐用度之间的关系为

$$t = n \times T$$

式中：n——刀具刃磨次数。

4. 影响刀具耐用度的因素

影响刀具耐用度的因素很多，主要有工件材料、刀具材料、刀具几何角度、切削用量以及是否使用切削液等因素。切削用量中切削速度的影响最大。所以为了保证各种刀具所规定的耐用度，必须合理地选择切削速度。

2.5 车刀的刃磨

(1) 掌握车刀刃磨的步骤和方法。

(2) 掌握车刀角度的检查方法。

能力目标

(1) 会正确选择砂轮刃磨刀具。
(2) 会检查车刀的角度。

课前知识导入

子曰："工欲善其事，必先利其器。"根据加工要求，选择刀具后，怎样才能获得正确的刀具几何角度？在切削过程中，刀具会因切削刃磨损而失去切削能力，怎样才能使得刀具恢复切削能力？图 2-26 所示是刃磨工具。

图 2-26　刃磨工具

学习内容

一、砂轮的选择

刃磨车刀的砂轮大多采用平形砂轮，按其磨料不同，目前常用的砂轮有氧化铝砂轮和碳化硅砂轮两类，刃磨时必须根据刀具材料来选定。

(1) 氧化铝砂轮又称刚玉砂轮，多呈白色，其磨粒韧性好，比较锋利，硬度较低(指磨粒在磨削抗力作用下容易从砂轮上脱落)，自锐性好，适用于高速钢和碳素工具钢刀具的刃磨和硬质合金车刀刀柄部分的刃磨。

(2) 碳化硅砂轮多呈绿色，其磨粒的硬度高、刃口锋利，但脆性大，适用于硬质合金车刀的刃磨。

刃磨高速钢车刀宜采用粒度为 46～60、中软至中等硬度的白色氧化铝砂轮；刃磨硬质合金车刀宜采用粒度为 60～80、软至中软硬度的绿色碳化硅砂轮；刃磨刀杆应采用粒度为 36～46 的普通氧化铝砂轮。粗磨时，宜采用小粒度号的砂轮；精磨时，宜采用大粒度号的砂轮。

二、车刀刃磨的步骤和方法

刃磨车刀的方法有机械刃磨与手工刃磨两种。目前在中小型企业中，还是以手工刃磨为主。

现以主偏角为 90°的焊接式硬质合金车刀为例，介绍其刃磨的步骤和方法。车刀的刃磨步骤如图 2-27 所示。

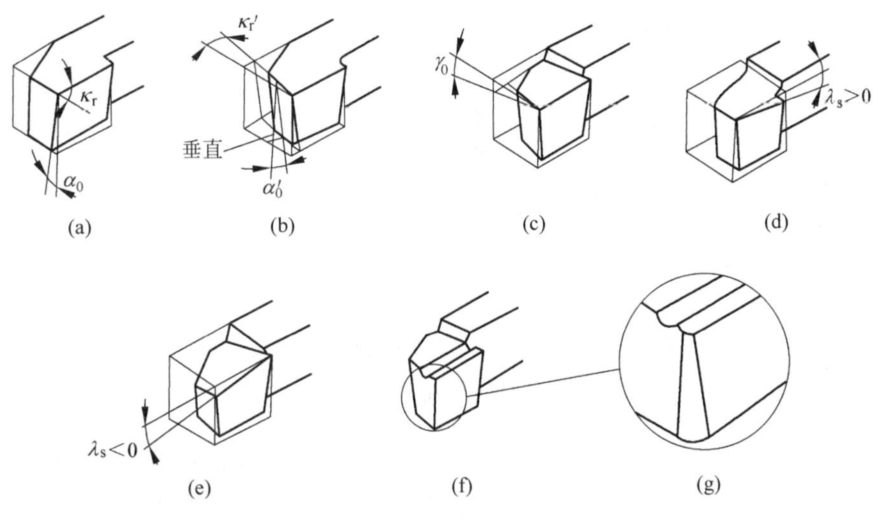

图 2-27 刃磨步骤

1. 粗磨后面

先磨去刀杆底部和后面上的焊渣，随后在刀片后面、副后面下面的刀杆部分，分别磨出一个比后角、副后角约大 2°的后角（见图 2-28），以便刃磨刀片处的后角。当砂轮刚磨到硬质合金刀片时即可结束。

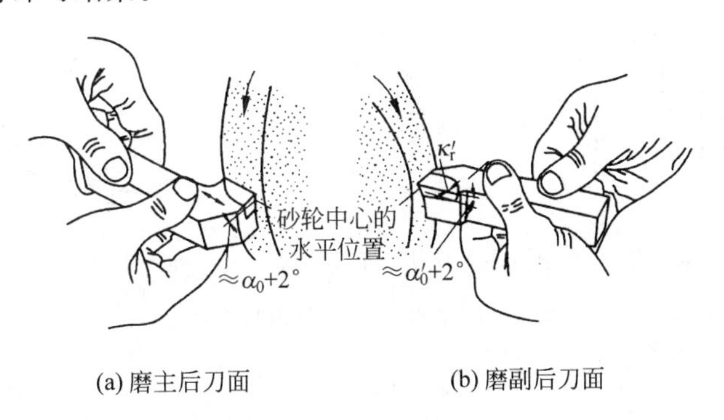

(a) 磨主后刀面　　(b) 磨副后刀面

图 2-28 磨刀杆后角

粗磨后角、副后角时，要同时控制主、副偏角。刃磨方法与磨刀杆后角一样，磨到硬质合金刀片全磨出为止。

2. 磨前面

用砂轮的端面磨去前面的焊渣，此时要控制好刃倾角。

卷屑槽一般用砂轮的棱角磨出，如砂轮棱角上圆弧过大时，要修整砂轮。刃磨的起始位置与主切削刃的距离为卷屑槽的一半左右，与刀尖的距离为卷屑槽长度的一半左右。刃磨时，车刀转过一个角度，使车刀侧面与砂轮端面交角大致等于前角。车刀要握稳，刃磨时应顺着刀杆方向缓慢移动，特别是接近刀刃时，用力要轻。注意不要把主刀刃磨掉，如图 2-29 所示。

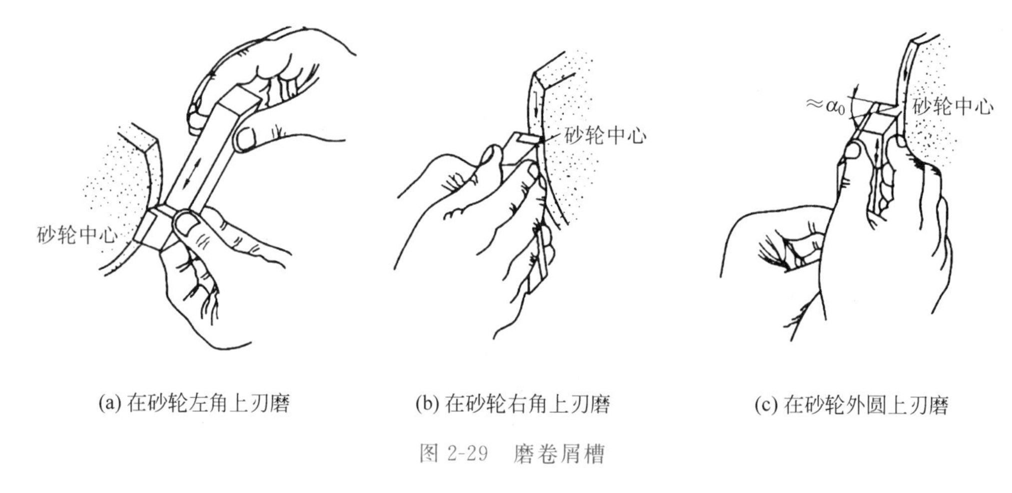

(a) 在砂轮左角上刃磨　(b) 在砂轮右角上刃磨　(c) 在砂轮外圆上刃磨

图 2-29　磨卷屑槽

为提高刀具的寿命，需磨出负倒棱。磨负倒棱要用很细的砂轮（粒度号为 100～200），并控制刃倾角 λ_s。与倒棱前角 γ_{01}。操作时，动作要非常轻微，当磨到负倒棱宽度略大于要求尺寸时，即停止，如图 2-30 所示。负倒棱也可用油石磨出。

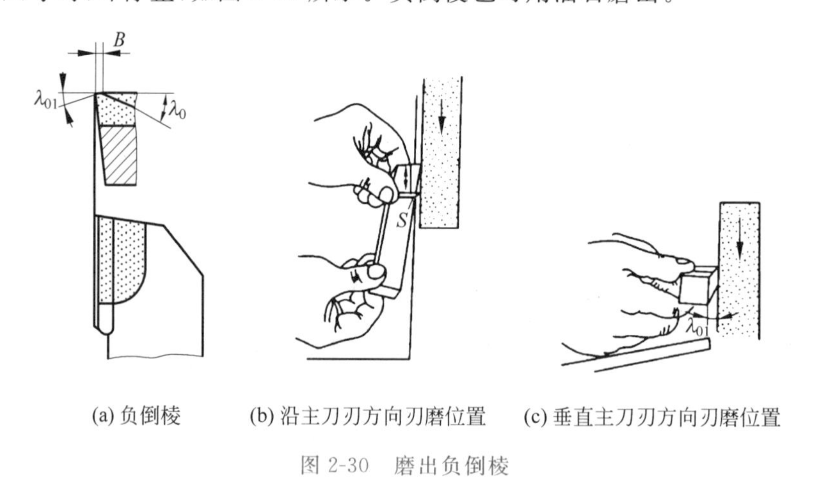

(a) 负倒棱　(b) 沿主刀刃方向刃磨位置　(c) 垂直主刀刃方向刃磨位置

图 2-30　磨出负倒棱

3. 精磨后面

砂轮机导板倾斜一个后角或副后角，将车刀后面或副后面轻轻靠住砂轮端面，沿刀刃方向缓慢移动，磨出主、副刀刃，如图 2-31 所示。

为提高刀具寿命，需磨出过渡刃（直线或圆弧过渡），为降低工件的表面粗糙度，需磨修光刃（将一段副刀刃的副偏角磨成 0°）。

三、车刀角度的检查

车刀磨好后，必须检查刃磨质量和角度是否符合要求。

先检查刃磨质量，看看刀刃是否锋利，表面是否有裂纹或明显沟痕。对于要求高的车

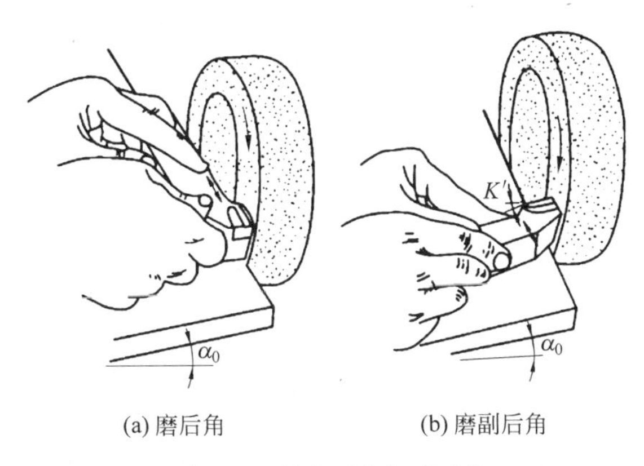

(a) 磨后角　　(b) 磨副后角

图 2-31　精磨后角与副后角

刀,可用 10～20 倍的放大镜检查。

检查角度时,可以用样板检查车刀主后角、楔角和前角;也可以用万能游标量角器或专用的量角台测量。

新型刀具材料

随着高精度、高转速数控机床的大量使用,刀具在材料、结构设计理念与方法上不断创新与发展,新型刀具材料不断推出,其中陶瓷、金刚石、立方氮化硼和涂层刀具材料等得到了广泛使用。新型刀具材料的类型、材料特性和应用场合见表 2-3。

表 2-3　新型刀具材料的类型、材料特性和应用场合

材料类型	刀片形状	材料制成	应用场合
陶瓷		主要成分是 Al_2O_3,加少量添加剂,经压制、高温烧结而成。常用的陶瓷材料有 Al_2O_3,基陶瓷和 Si_3N_4 基陶瓷两种	陶瓷刀具适用于车削、铣削和刨削等场合的高速切削,能加工硬材料、大型工件或高精度工件
立方氮化硼		由白石墨在高温高压下加入催化剂转变而成,常用符号 CBN 表示,有整体聚晶 CBN 和 CBN 复合刀片两种	CBN 具有极高的硬度与耐磨性,硬度仅次于金刚石,只适用于干切削,常用于高速切削耐热合金

续表

材料类型	刀片形状	材料制成	应用场合
金刚石		金刚石是碳的同素异形体，是自然界中最硬的材料。天然金刚石价格昂贵、使用很少。人造金刚石以石墨为原料，在高温高压下烧结而成	金刚石刀具有极高的硬度与耐磨性，刀具表面粗糙度值小，不耐高温，故不适合加工黑色金属，适用于高精度、高精密微量切削
涂层刀具材料		在强度、硬度较好的硬质合金或高速钢基体表面上，利用气相沉积法涂覆一层耐磨性好的难熔金属或非金属化合物而获得的新型刀具材料，包括氮化钛和碳化钛涂层等	涂层刀具广泛应用于各类高速切削专用的车刀、铣刀、钻头和滚齿刀具等。生产过程中所说的“黄金刀具”和“白银刀具”即为涂层刀具

选用刀具材料时，应根据切削加工的实际要求，在熟悉工件与刀具的基础上，使被选用的刀具材料与工件材料相匹配，既做到充分发挥刀具特性，又能较经济地满足加工要求。值得一提的是，加工一般材料大量使用的仍是普通高速钢与硬质合金刀具，只有在加工难加工材料时才有必要选择新的牌号或高性能高速钢刀具，加工高硬度材料或精密加工时才需要选用超硬材料刀具。

课后习题

一、填空题

1. 切削运动包括________和________。
2. 在切削过程中，通常工件上有三个不断变化的表面，________、________、________。
3. 切削用量包括________、________和背吃刀量三要素。
4. 切削液的作用包括润滑、________、________和________。
5. 切削液的种类分为________、________和切削油三大类。
6. 造成刀具磨损的主要原因是________。
7. 车刀的前角是________和________之间的夹角。
8. 刃磨高速钢车刀用________砂轮，刃磨硬质合金车刀用________砂轮。
9. 为了增加刀头强度，粗车刀的前角应取________。
10. 刀具的磨损过程一般可分为________、________和________三个阶段。
11. 刀具材料的硬度越高，耐磨性________。
12. 刃倾角 λ_s 由正值向负值变化使切向抗力 F_y ________。

13. 刀具材料的强度和韧性较差，前角应取________。

14. 加工材料的强度、硬度越高，刀具耐用度________。

15. 新型刀具材料主要有________、________和________等。

二、简答题

1. 什么叫金属切削加工？金属切削加工的主要方法有哪些？

2. 什么叫主运动？什么叫进给运动？

3. 刀具切削部分的材料应该具备哪些性能？

4. 什么是前角？有何作用？

5. 什么是主偏角？有何作用？

6. 为什么要刃磨刀尖过渡刃？有哪两种形式？

7. 影响刀具寿命的因素有哪些？

单元3

机　床

图 3-1 所示的工程机械车辆、手机外壳模具等工具在现代社会生产与生活中随处可见。它们都是由各种各样的零件装配而成，而其中大多数零件都是经过机器切削加工得到的。

(a) 工程机械车辆

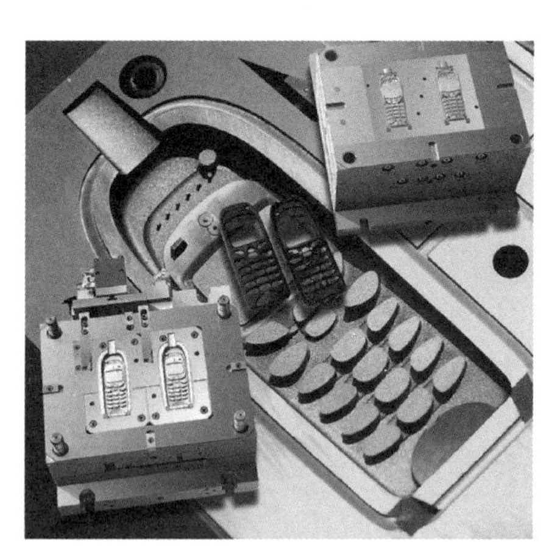

(b) 手机外壳模具

图 3-1　常见的生产车辆与生活用具

通常，把用来对金属毛坯件进行切削加工的机器称为金属切削机床，简称机床。通过人工控制进行零件加工的机床称为普通机床。常见的普通机床主要包括车床、铣床、钻床和磨床等。图 3-2 所示为使用机床生产的车间现场。

图 3-2 使用机床生产的车间现场

3.1 机床传动的基本知识

知识目标

(1) 了解金属切削机床的分类及代号。
(2) 了解机床的传动系统图。

能力目标

(1) 能讲出机床在加工过程中所需的运动。
(2) 能叙述机床的传动链。

课前知识导入

图 3-3 所示为金属切削加工应用示例。金属切削机床进行切削加工时，是通过刀具和工件之间的相对运动，切除工件上多余金属，形成具有一定形状、尺寸和表面质量的工

图 3-3 金属切削加工

件表面，从而获得所需的机械零件。各种类型机床的具体用途和加工方法虽然不同，但工作原理基本相同。

学习内容

一、金属切削机床的概念及分类

1. 金属切削机床的概念

金属切削机床是用刀具对工件进行切削加工的机器，它是切削加工的主要设备，在机械制造工业中，它担负的劳动量占40%～60%。因为它是制造机器和生产工具的机器，所以又称为工作母机，简称机床。

2. 机床的分类

(1) 基本分类方法

机床可按不同特征进行分类，最基本的是按加工方式及主要用途进行分类，目前我国机床分为12大类：车床、钻床、镗床、磨床、齿轮加工机床、螺纹加工机床、铣床、刨插床、拉床、特种加工机床、锯床和其他机床，见表3-1。

表3-1 机床分类及代号

类别	车床	钻床	镗床	磨床			齿轮加工机床	螺纹加工机床	铣床	刨插床	拉床	特种加工机床	锯床	其他机床
代号	C	Z	T	M	2M	3M	Y	S	X	B	L	D	G	Q
读音	车	钻	镗	磨	二磨	三磨	牙	丝	铣	刨	拉	电	割	其

(2) 其他分类法

① 按工件大小和机床质量分为仪表机床、中小型机床、大型机床(10～30t)、重型机床(30～100t)和超重型机床(100t以上)。

② 按加工精度分为相对精度级机床和绝对精度级机床两种。大部分车床、磨床和齿轮加工机床有3种精度产品，即3个相对精度级。相对精度级在机床别号中分别用汉语拼音字母P(普通精度级，在型号中P省略)、M(精密级)、G(高精度级)表示。有些用于高精度精密加工的机床要求加工精度很高，即使是普通精度级产品，其绝对精度级也超过Ⅳ级，这些机床通常称为高精度精密机床，如坐标镗床、坐标磨床、螺纹磨床等。

③ 按自动化程度分为手动操作机床、半自动机床和自动机床三种。半自动机床和自动机床在机床型号中分别用汉语拼音字母B和Z表示。

④ 按机床的自动控制方式分为仿形机床、数控机床和加工中心等，在机床型号中分别用汉语拼音字母F、K、H表示。

⑤ 按机床适用范围分为通用机床、专门化机床和专用机床三种。

⑥ 按机床的结构布局形式分为立式机床、卧式机床、龙门式机床等。

二、机床的基本组成

为了实现加工过程中所必需的各种运动，机床应具备以下三个基本部分。

1. 动力源

提供运动和动力的装置称为动力源，如各种电动机。可以几个运动共用一个动力源，也可以每个运动单独使用一个动力源。

2. 传动装置

传递运动和动力的装置称为传动装置。它可以改变运动性质、方向和速度，通过它将动力源与执行件或执行件与执行件之间联系起来，并保持某种确定的运动关系。机床的传动装置有机械、液压、气压、电气等多种形式。

3. 执行件

执行运动的部件称为执行件，如主轴、刀架、工作台等。其任务是带动工件或刀具完成旋转或直线运动，并保持准确的运动轨迹。

三、机床的传动链

传动链是指由动力源、传动装置和执行件按一定规律组成的传动联系。机床加工过程中所需的各种运动都是通过相应的传动链来实现的。根据性质，传动链可分为两类。

1. 外联系传动链

外联系传动链是联系动力源和执行件之间的传动链。它使执行件得到预定速度的运动，并传递一定的动力。其传动比的变化只影响生产率或表面粗糙度，不影响工件表面形状的形成。如卧式车床的从电动机到机床主轴之间的传动链是外联系传动链。

2. 内联系传动链

内联系传动链是联系两个执行件，使它们保持传动联系的传动链。其传动比要求严格，否则将影响工件表面形状的形成。例如，在卧式车床上用螺纹车刀车削螺纹时，要求主轴转一转，刀具准确移动一个螺纹的导程；否则影响螺纹的螺距误差。所以，车削螺纹传动链属于内联系传动链。

机床的传动链中使用多种传动机构，常用的有带传动、定比齿轮副、齿轮齿条、丝杠螺母、蜗杆蜗轮、滑移齿轮变速机构、离合器机构、交换齿轮、挂轮架以及电器、液压、气动和机械无级变速器等传动机构。

四、机床传动系统及传动系统图

1. 传动系统

实现一台机床加工过程中全部切削运动和辅助运动的所有传动链，就组成了一台机床的传动系统。机床有多少个运动，就有多少条传动链。

2. 传动系统图

机床传动系统图是指按照国家(GB/T 4460—2013)规定的图形符号画出机床各个传动链的综合简图。它能清晰地表示机床传动系统中各个零件及其相互连接关系，是分析机床运动、计算机床转速和进给量的重要工具。

传动系统图是用以了解及分析机床运动源与执行件或执行件与执行件之间的传动联系及传动结构的一种示意图。图 3-4 所示为 CA6140 型卧式车床的传动系统图。传动系

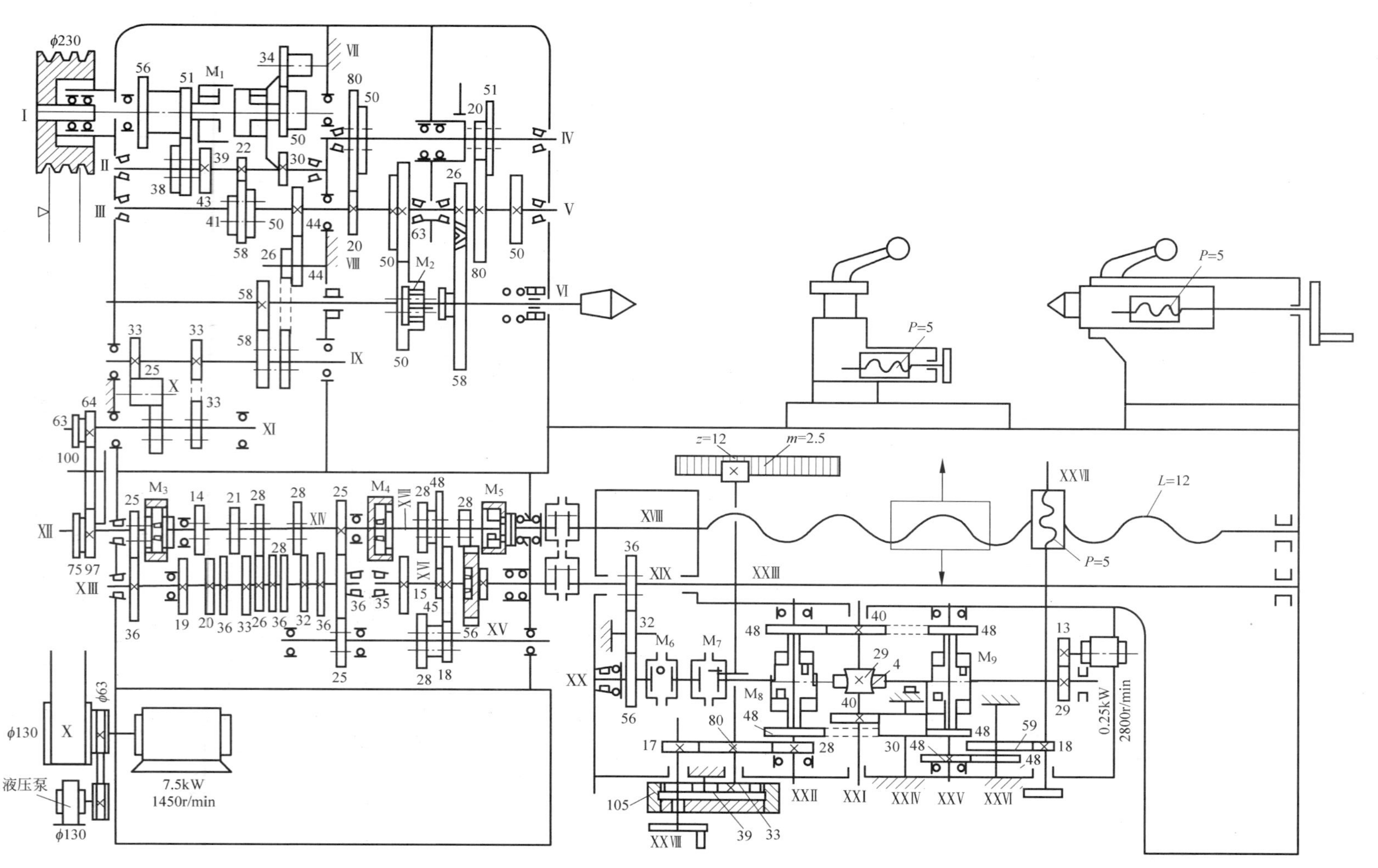

图 3-4 CA6140 型卧式车床的传动系统图

统图用规定的简图符号表示传动系统中的各传动元件，并按照运动传递顺序，以展开图形式绘在一个能反映机床外形及主要部件相互位置的投影面上。在阅读传动系统图时，首先要了解该机床所具有的执行件及其运动方式，以及执行件之间是否要保持传动联系，然后分析从运动源至执行件或执行件至执行件之间的传动顺序、传动结构及传动关系。

3.2 车 床

知识目标

(1) 了解车床的型号。
(2) 掌握车床的夹具及常用附件。
(3) 熟悉车床的分类、组成及加工范围。

能力目标

(1) 能识读车床的型号。
(2) 能叙述各类车床的特点及用途。
(3) 能说出车床的加工范围。

课前知识导入

图 3-5 所示的固定顶尖、法兰和挖掘机齿圈，类似于此的各类轴、套、盘类零件在机械设备中被广泛应用。仔细观察这些零件，都具有一个共同的特点，都是以轴线为回转中心的回转零件。对于这些零件应该选用什么机床加工？

图 3-5 轴套类零件

学习内容

车床是切削加工的主要设备，它能完成多种切削加工，因此，在机械制造中，车床是应用最为广泛的机械加工设备。

一、车床的型号

我国机床型号是按照 GB/T 15375—2008《金属切削机床型号编制方法》编制的。每一台机床的型号必须反映出机床的类别、结构特性和主要技术参数等。如 CA6140 型车床的代号和数字的含义如下。

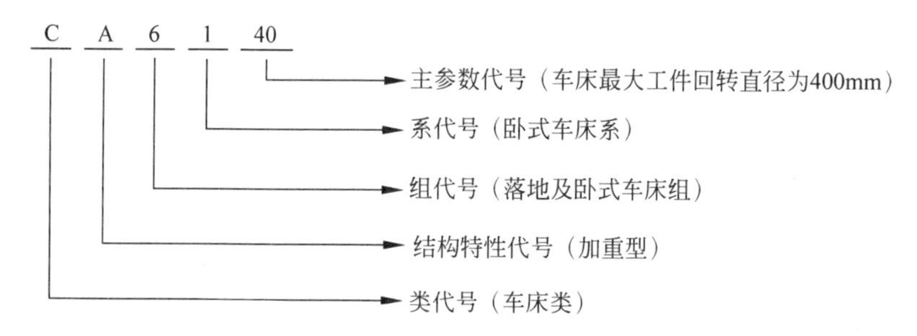

二、车床的种类

车床的种类很多，按用途和结构不同，可分为卧式车床、立式车床、转塔车床、多轴自动和半自动车床、多刀车床、仿形车床及专门化车床、数控车床、车削中心等。

1. 常用车床（卧式车床）的主要部件及功用

CA6140 型车床的外形结构如图 3-6 所示，由床身、主轴箱、交换齿轮箱、进给箱、溜板箱、刀架、尾座、床脚、丝杠、光杠、操纵杆等部分组成。

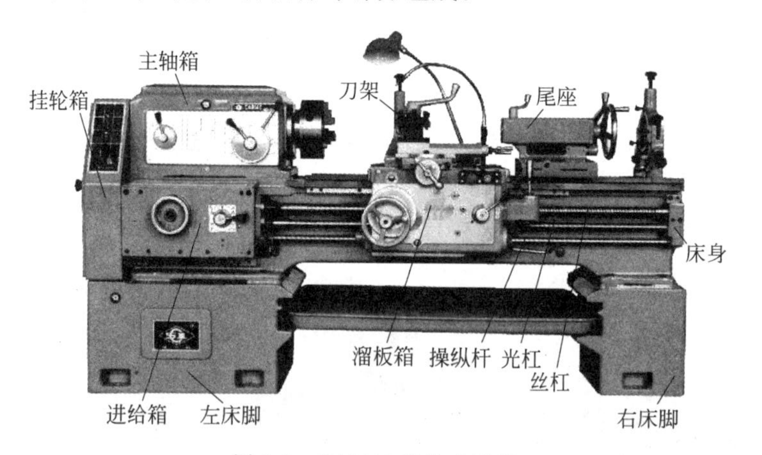

图 3-6 CA6140 型卧式车床

(1) 床身　床身是车床精度要求很高的带有导轨（山形导轨和平导轨）的一个大型基础部件，用于支撑和连接车床的各个部件，并保证各部件在工作时有准确的相对位置。

(2) 主轴箱（又称床头箱）　主轴箱支撑并传动主轴带动工件作旋转主运动。箱内装有齿轮、轴等，组成变速传动机构，变换主轴箱的手柄位置，可使主轴得到多种转速。主轴通过卡盘等夹具装夹工件，并带动工件旋转，以实现车削。

(3) 交换齿轮箱（又称挂轮箱）　交换齿轮箱把主轴箱的转动传递给进给箱。更换箱内齿轮，配合进给箱内的变速机构，可以得到车削各种螺距螺纹（或蜗杆）的进给运动，并满足车削时对不同纵、横向进给量的需求。

(4) 进给箱(又称走刀箱) 进给箱是进给传动系统的变速机构,它把交换齿轮箱传递过来的运动,经过变速后传递给丝杠,以实现车削各种螺纹;传递给光杠,以实现机动进给。

(5) 溜板箱 溜板箱接受光杠或丝杠传递的运动,以驱动床鞍和中、小滑板及刀架实现车刀的纵、横向进给运动。其上还装有一些手柄及按钮,可以很方便地操纵车床来选择诸如机动、手动、车螺纹及快速移动等运动方式。

(6) 刀架 刀架部分由两层滑板(中、小滑板)、床鞍与刀架体共同组成,用于安装车刀并带动车刀作纵向、横向或斜向运动。

(7) 尾座 尾座安装在床身导轨上,并沿此导轨纵向移动,以调整其工作位置。尾座主要用来安装后顶尖,以支撑较长工件,也可安装钻头、铰刀等进行孔加工。

(8) 床脚 前后两个床脚与床身前后两端下部联为一体,用以支撑安装在床身上的各个部件。同时通过地脚螺栓和调整垫块使整台车床固定在工作场地上,并使床身调整到水平状态。

(9) 丝杠 丝杠主要用于车削螺纹。它是车床上主要的精密件之一,为长期保持丝杠的精度,一般不用丝杠作自动进给。

(10) 光杠 光杠将进给箱的运动传递给溜板箱,使床鞍、中滑板作纵向、横向自动进给。

(11) 操纵杆 操纵杆是车床控制机构的主要零件之一。在操纵杆的左端和溜板箱的右侧各装有一个操纵手柄,操作者可以方便自如地操纵手柄以控制车床主轴的正转、反转或停车。

2. 立式车床

立式车床与卧式车床的主要区别在于,前者主轴的回转轴线是竖直的,而后者主轴的回转轴线是水平的。立式车床有一个水平回转工作台,能承受较大的质量,便于找正和装夹形状复杂且较笨重的工件,又由于工件和工作台的质量均匀地作用在工作台底座的导轨和推力轴承上,因此能长期保持其工作精度。

如图 3-7 所示,立式车床由底座、工作台、立柱、横梁、垂直刀架和侧刀架等部分组成。工作台安装在底座上,工件装夹在工作台上并由其带动作主运动(旋转运动);进给运动由垂直刀架和侧刀架来实现。两刀架的进给运动可同时进行,也可独立进行。侧刀架可沿立柱上的导轨移动作垂直进给,还可沿其刀架滑座的导轨作横向进给。垂直刀架可沿横梁上的导轨移动作横向进给,也可沿其刀架滑座的导轨作垂直进给。中小型立式车床的垂直刀架上通常带有转塔刀架,在转塔刀架上可安装几组刀具,供轮流切削之用。横梁可根据工件的高度沿立柱导轨调整位置。

3. 转塔车床

转塔车床与卧式车床相比,其结构上的主要区别在于它没有尾座和丝杠,而在尾座的位置上装有一个带溜板箱的只能在床身导轨上纵向移动且能装夹多把刀具的后刀架,故工件在一次安装后可以进行多道工序的加工,精度容易保证,效率高。转塔车床根据后刀

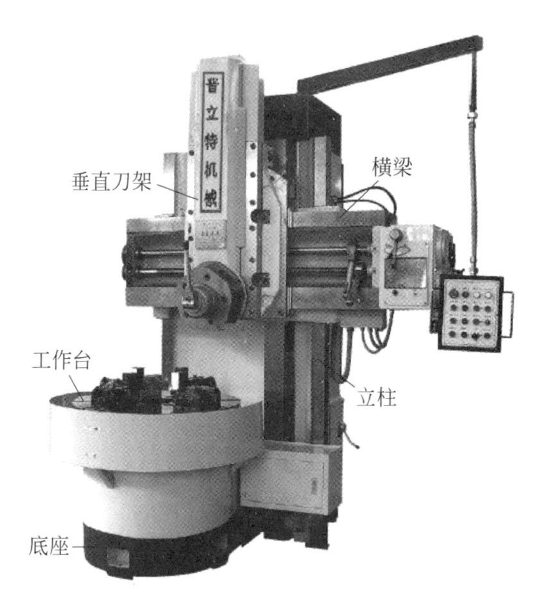

图 3-7 立式车床

架的结构不同，可以分为转塔式转塔车床和回转式转塔车床，图 3-8 所示为转塔式转塔车床的转塔刀架，图 3-9 所示为回转式转塔车床的回转刀架。这两种车床的后刀架均设有定程机构，加工到位时可以自动停止进给，并快速返回原位。

图 3-8 转塔刀架

图 3-9 回转刀架

转塔车床主要由床身、前溜板箱、后溜板箱、进给箱、主轴箱、前刀架、后刀架等部分组成。车床的主运动是由电动机经主轴箱传递给主轴并带动卡盘旋转的运动；进给运动是由主轴经进给箱传递给光杠并带动前、后溜板箱使两刀架移动来实现的。前刀架既可以在床身导轨上作纵向移动，也可以作横向移动，以适应加工较大直径的外圆柱面、内外端面及沟槽的需要。后刀架只能作纵向进给，它上面安装的多把刀具主要用于对工件进行钻、扩、铰或镗孔加工等。由于没有丝杠，所以只能用丝锥或板牙加工内、外螺纹，且加工精度较低。

4. 多刀半自动车床

多刀半自动车床是指能自动完成装卸工件及切削运动和辅助运动的车床。图 3-10 所示为液压半自动车床的外观图。它主要由床身、主轴箱、前刀架、后刀架、液压卡盘、液压装置和电气装置等部分组成。

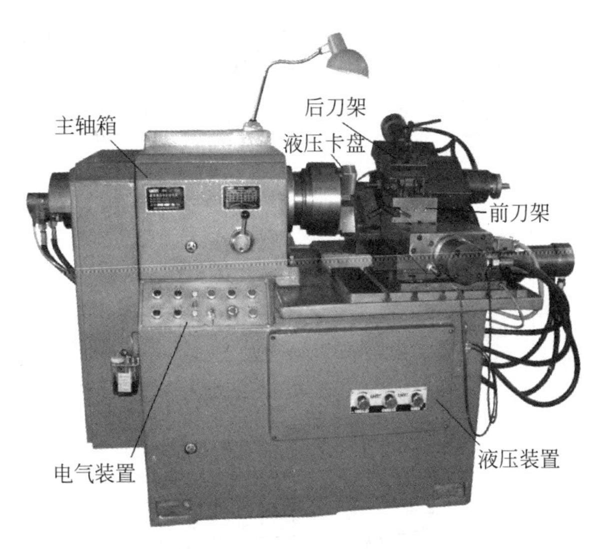

图 3-10 液压半自动车床

主轴箱正面装有操纵板、插销板(调整程序、预选转速和进给量)和一些其他供调整、操纵用的旋钮和按钮。插销板和行程开关是发布指令的装置,指令由电路、油路和一些机构传递给被控制的工作部件,控制它们的行程、速度和方向,使车床完成规定加工程序的工作循环。

三、车床的用途及加工范围

车床主要用于加工各种回转表面(内、外圆柱面,圆锥面,成形表面等)及回转体的端面,车削各种螺纹,也可用于钻孔、扩孔、铰孔,用丝锥、板牙进行内外螺纹的加工,如图 3-11 所示。车床的特点及应用见表 3-2。

表 3-2 车床的特点及应用

类型	特点及应用
卧式车床	这类车床适用于加工中小型轴、盘、套和其他具有回转表面的工件,以圆柱体为主。由于加工范围很广也称万能车床
立式车床	这类车床主要用于加工大型圆盘类零件
转塔车床	这类车床主要用于成批生产工序较多的盘套类零件及连接件的加工
多刀半自动车床	这类车床主要用于形状较复杂的盘套类零件的粗加工和半精加工,适用于成批和大量生产

四、车床附件

安装工件时,应使工件相对于车床主轴轴线有一个确定的位置,并能使工件在受到外力(如重力、切削力和离心力等)的作用时,仍能保持其既定位置不变。为了安装形状各异、大小不同的工件,车床上常备有卡盘、花盘、顶尖、中心架、跟刀架等附件,见表 3-3。

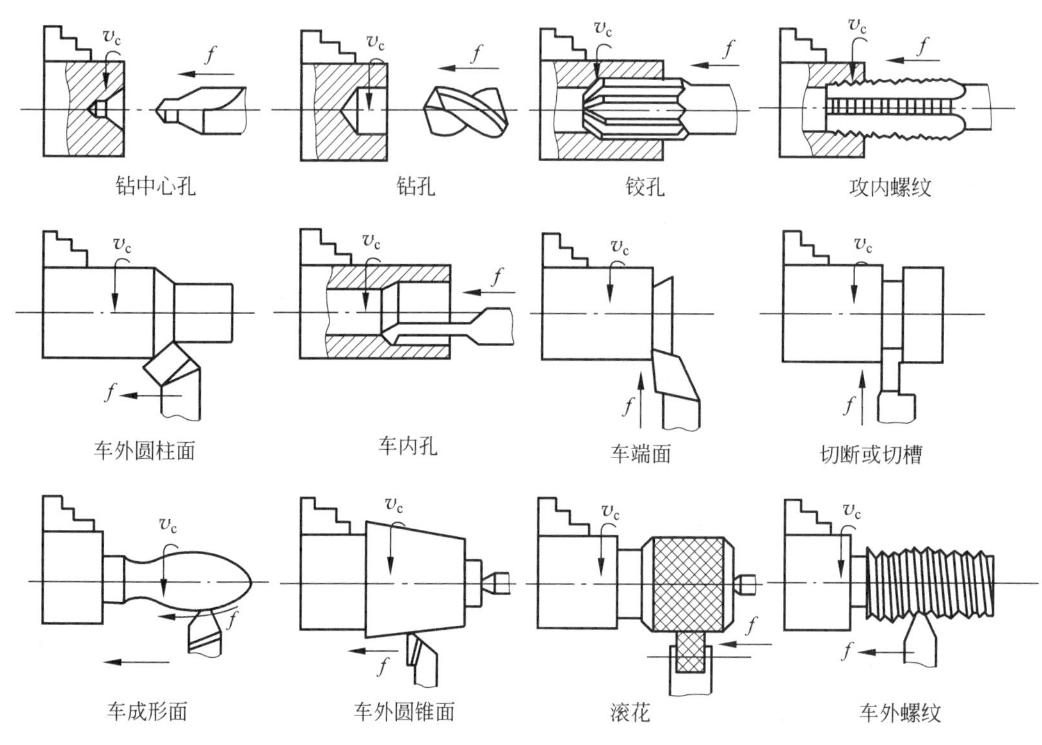

图 3-11 车床的典型加工表面

表 3-3 车床的常用附件

名称	外形	使用方法	适用范围
三爪自定心卡盘		将工件安装在三爪自定心卡盘中心,利用均布在卡盘体上的三个活动卡爪的径向联动把工件夹紧并自动定位。三爪自定心卡盘有正爪与反爪两种,当夹持直径较大的工件时,应使用反爪	具有自定心作用,主要用于夹持圆形、正三角形或正六边形等工件
四爪单动卡盘		将工件安装在四爪单动卡盘中心,利用四爪自动或单动把工件夹紧并定位。四爪单动卡盘有正爪与反爪、自动与单动多种	主要用于装夹四方块、四方形零件,也适用于轴类、盘类、偏心或不规则零件的装夹
顶尖		将顶尖装夹在尾座套筒或主轴卡盘上,采用一夹一顶或两顶尖的装夹方法加工工件	主要起支承作用,还可用于钻孔、套螺纹和铰孔

续表

名　称	外　形	使用方法	适用范围
中心架		先将工件支承处车一放置支承爪的沟槽，再将工件放在中心架上，并校正悬伸端处。使用中心架必要时需要圆整和研磨支承爪圆弧面，接触处应注润滑油	主要用于加工带有台阶的细长形阶梯轴或悬伸轴
跟刀架		先将待加工工件右侧车一段外圆，再将跟刀架安装在床鞍上，在跟刀架的两个支承爪间支承工件，跟刀架必须紧跟在车刀后面随床鞍纵向运动	主要用于加工各类细长轴，防止工件变形
花盘		一般用铸铁材料制造，可以直接用螺栓安装在车床主轴上。花盘表面均匀分布长短不等的槽，主要用来安装螺栓	主要用于加工各类轴承座、曲轴、油泵壳体等外形不规则的工件。使用花盘需要校正平衡

3.3　铣　　床

（1）了解铣床的型号。
（2）掌握铣床的夹具及常用附件。
（3）熟悉铣床的分类、组成及加工范围。

能力目标

（1）能识读铣床的型号。
（2）能叙述各类铣床的特点及用途。
（3）能说出铣床的加工范围。

课前知识导入

图 3-12 所示为变速器的传动轴，如果没有专门用于加工此类零件上的花键、齿轮的拉床、滚齿机时，应该选择什么机床加工这些部位？

学习内容

图 3-12 传动轴

铣床是用来进行铣削加工的机床，它在金属切削机床中所占的比重也是较大的，约占金属切削机床总台数的 25%。铣削加工的应用范围广泛，特别是在平面加工中，是一种生产效率较高的加工方法，在成批大量生产中，除加工狭长平面外，几乎都可以用铣代刨。

一、铣床的型号

X6132 型铣床的代号和数字的含义为：

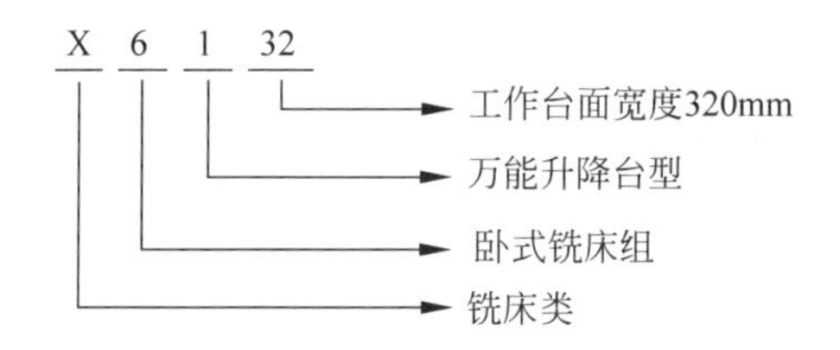

二、铣床的种类

1. 卧式万能升降台铣床的基本部件及功用

X6132 型铣床的外形结构如图 3-13 所示，它由主轴变速机构、主轴、横梁、升降台、横滑板、回转盘、工作台、进给变速机构、床身和底座、冷却及照明等部分组成。

(1) 床身和底座：机床的主体，用来安装和连接各个部件，使它们在工作时保持正确的相对位置。

(2) 主轴变速机构：实现主运动及主轴变速。

(3) 主轴：安装铣刀或飞轮。

(4) 横梁：用来安装挂架，为刀杆的另一支承端，增加刚性(卧铣时用)。

(5) 升降台：支承横溜板、回转盘和工作台，并带动它们上下直线移动。

(6) 横滑板：带动工作台作横向移动。

(7) 回转盘：处于工作台与横溜板之间，可以使工作台在水平面±45°范围内旋转角度，作斜向运动。

(8) 工作台：用来安装夹具和工件，并作纵向进给运动。

(9) 进给变速机构：改变进给量。

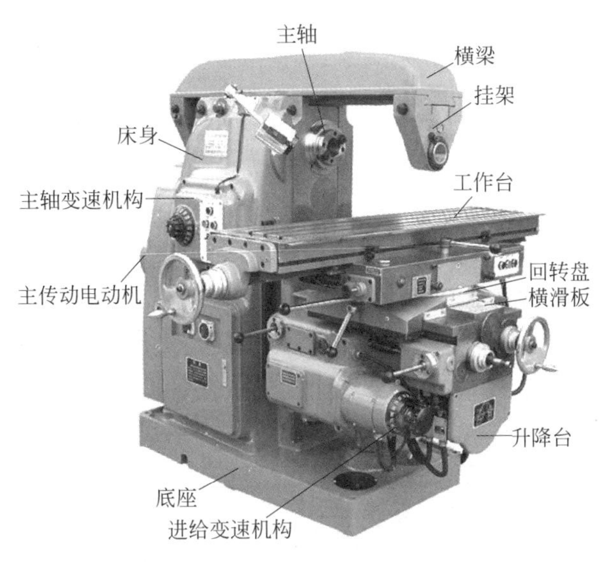

图 3-13 X6132 型铣床的外形结构

2. 立式铣床

立式铣床与卧式铣床的主要区别在于其主轴与工作台面垂直,如图 3-14 所示。它的主轴可以通过手动在一个不大的范围内(一般为 60～100mm)作轴向移动。这种铣床刚性好,生产效率高,只是加工范围要小一些。有的立式铣床的主轴与床身之间有一回转盘,盘上有刻度,主轴可在垂直平面内左右转动 45°,因此扩大了加工范围。

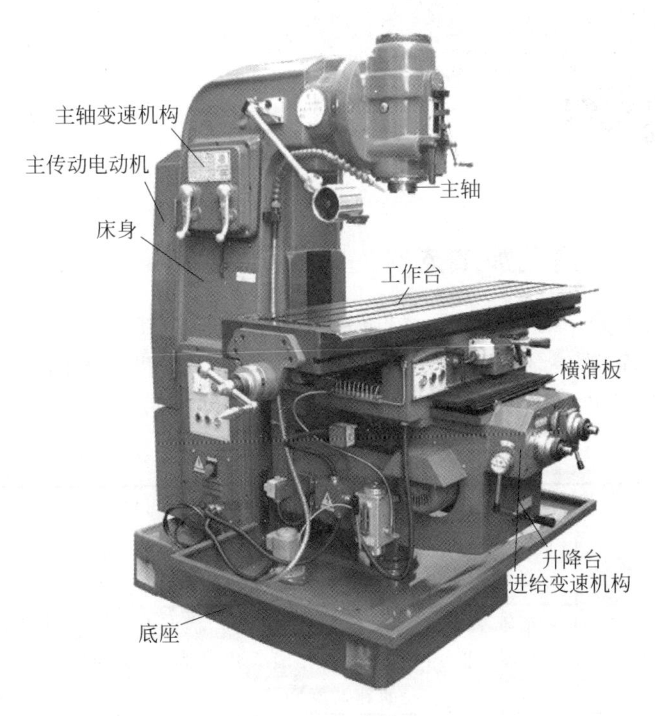

图 3-14 立式铣床

3. 龙门铣床

龙门铣床是一种大型高效通用铣床，如图 3-15 所示。工件固定在工作台上，随工作台一起作纵向进给运动。立铣头安装在横梁上，可随横梁沿立柱导轨升降，也可以沿横梁导轨横向移动；卧铣头安装在立柱上，可沿其导轨升降。每个铣头都装有独立的电动机、变速机构、主轴和操纵机构。龙门铣床能进行多刀、多工位的铣削加工，刚度好，适用于强力切削。

4. 摇臂铣床

如图 3-16 所示，摇臂铣床具有广泛的万用性能，可以进行立铣、镗、钻、磨等工序加工各种斜面、螺旋面、沟槽、弧形槽等，适用于各种维修和生产，尤其适用于工、夹、模具的制造。它具有很大的灵活性，铣头装在摇臂上能在纵向垂直面内回转，摇臂能前后移动及在床身上作 360°回转，因而加工范围可以大于工作台面积。铣头转速较高，尤其适用于小型刀具，保证工作质量和表面粗糙度及延长刀具使用寿命。铣头主轴套筒可以手动进给，以便钻、镗孔的加工。机床还备有多种特殊附件，以适应不同零件的加工。

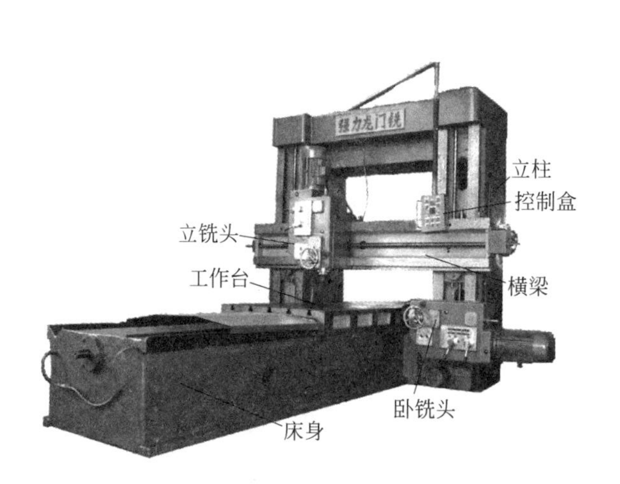

图 3-15 龙门铣床

图 3-16 摇臂铣床

三、铣床的用途及加工范围

铣床的用途十分广泛，在铣床上可以加工平面、沟槽、分齿零件（齿轮、链轮、棘轮、花键轴等）、螺旋表面（螺纹、螺旋槽）及各种成形和非成形表面。此外，还可以加工内外回转表面和进行切断，如图 3-17 所示。铣床的特点及应用见表 3-4。

表 3-4 铣床的特点及应用

类　型	特点及应用
工作台不升降台式铣床	工作台不能升降，可作纵向和横向进给运动及快速移动；主轴可沿轴线方向作轴向进给或调位移动；可加工大、中型工件的平面和导轨面
卧式万能升降台式铣床	主轴水平布置，工作台可作纵向、横向和垂直三个方向的进给运动和快速移动，也可在水平面内作最大角度为±45°的回转；适用于加工平面、斜面、沟槽、成形表面和螺旋面等

续表

类　　型	特点及应用
立式铣床	主轴垂直布置，工作台可作纵向、横向和垂直三个方向的进给运动和快速移动，主轴可作轴向进给或调换移动，且能在垂直平面内调整一定角度，适用于加工平面、斜面、沟槽、台阶和封闭轮廓表面
工具铣床	有两个互相垂直的主轴，其中之一能作横向移动；工作台不作横向移动，但能在三个垂直平面一定角度内转动；适用于加工形状复杂的各类刀具的刀槽、刀齿、工具、夹具和模具等
龙门铣床	横梁和立柱上分别安装铣头，各铣头都有独立的主运动、进给运动和调位移动，工作台可作纵向进给，适用于加工大、中型工件的平面和成形表面
仿形铣床	利用靠模可加工立体成形表面，如锻模、压模、叶片、螺旋桨的曲面等

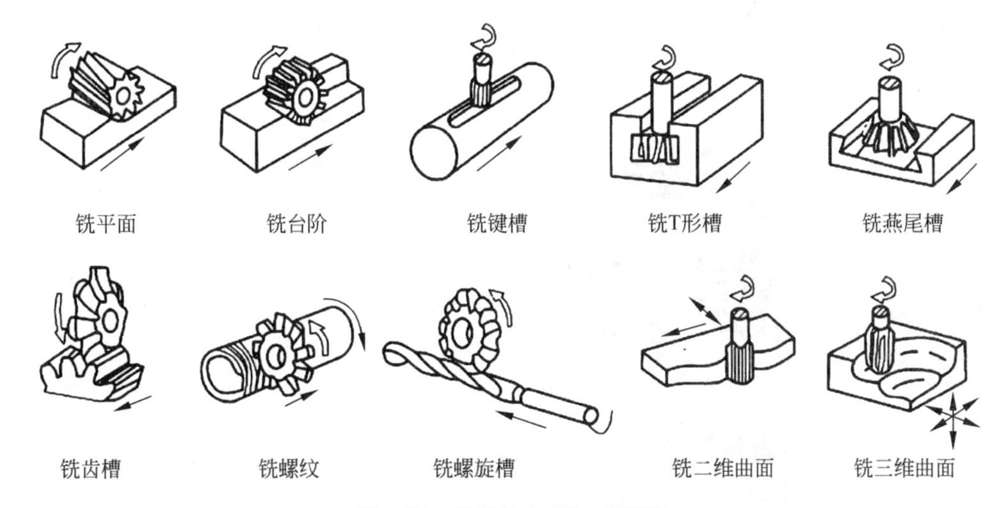

图 3-17　铣床的典型加工表面

四、铣床附件

为了扩大加工范围，提高生产效率，常在铣床上配置相应的附件，主要有机床用平口虎钳、回转工作台、万能分度头、立铣头等，见表 3-5。

表 3-5　铣床的常用附件

名　　称	外　　形	使 用 方 法	适 用 范 围
机床用平口虎钳		分非回转式与回转式两类。安装到工作台上时，将底座下定位键与T形槽定位和连接，并用打表法校正钳口	适用于以平面定位和夹紧的中、小型工件。常用钳口规格有 100mm、125mm、150mm、200mm 和 250mm 等多种规格

续表

名　　称	外　　形	使用方法	适用范围
回转工作台		分手动进给与机动进给两种方式。安装时，可以直接用T形螺钉将回转工作台固定在工作台面上	回转工作台适用于中、小型工件的分度和回转曲面的加工。常用直径为200～500mm，直径为250mm以上时常用机动进给式
万能分度头		万能分度头可直接用T形螺钉固定于铣床工作台。使用前，必须用校正棒对分度头主轴轴线与工作台台面的平行度及铣刀轴线的垂直度进行校正	万能分度头适用于加工多边形工件、花键、齿式离合器、齿轮和螺旋槽等。常用的规格为F11200、F11250与F11320等
立铣头		将立铣头安装于卧式铣床的垂直导轨上并与主轴连接，由主轴以传动比$i=1$驱动立铣头主轴。立铣头主轴可以在垂直平面内旋转±45°	作为卧式铣床附件，扩大了卧式铣床的工艺范围，特别适合于单件生产或维修时使用
万能铣头		将万能铣头安装于卧式铣床的垂直导轨上并与主轴连接，以传动比$i=1$驱动万能铣头主轴。万能铣头主轴可实现空间转动	万能铣头兼具卧式铣床与立式铣床的功能，适用于加工各个方向上的平面、沟槽与成形面

3.4 钻床与镗床

(1) 了解钻床与镗床的型号。

(2) 掌握钻床与镗床的分类及组成。

(3) 熟悉钻床与镗床的加工范围。

能力目标

(1) 能识读钻床与镗床的型号。

(2) 能叙述各类钻床的特点及用途。

(3) 能说出钻床与镗床的加工范围。

课前知识导入

在机械零件中各种孔类零件非常多见,如图 3-18 所示,从法兰盘到变速箱箱体上的孔,大小不一,种类繁多,这些孔是用什么机床加工的?

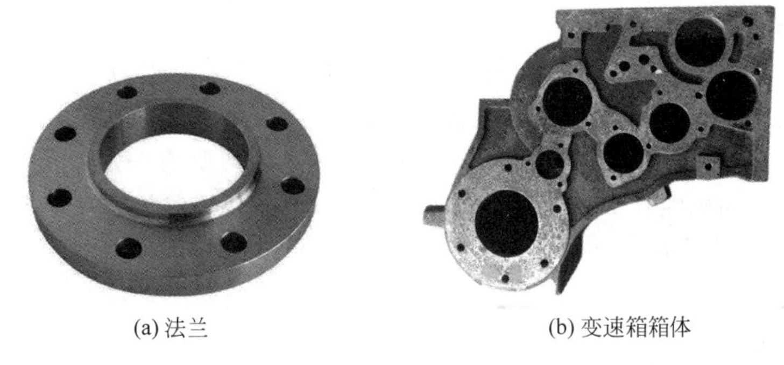

(a) 法兰　　(b) 变速箱箱体

图 3-18　孔类零件

学习内容

钻床和镗床都属于孔加工机床,它们的主要区别在于钻床是用麻花钻在实体部位上加工精度较低且直径较小的孔;而镗床是用镗刀在已有孔的工件上加工直径较大的孔,孔的精度也较高,且孔与孔的轴线之间的同轴度、平行度、垂直度及孔距精度均较高。因此,镗床特别适合加工箱体、机架等结构复杂、尺寸较大的零件。

一、钻床的型号

Z5135 型钻床代号和数字的含义说明如下:

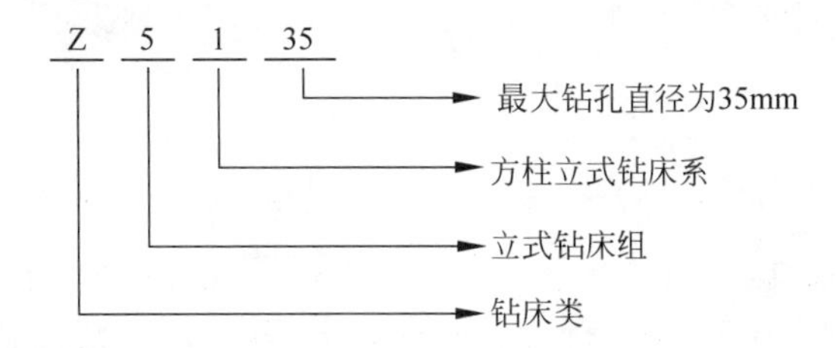

二、钻床的种类

钻床的种类主要有立式钻床、台式钻床、摇臂钻床和中心孔钻床等，下面介绍前三种。

1. 立式钻床

立式钻床由主轴箱、进给箱、主轴、工作台、立柱、底座和操纵手柄等组成，如图 3-19 所示，其加工孔径一般为 50mm 以内。

电动机经带传动和齿轮变速机构，带动主轴旋转作主运动。主轴下端的锥孔可装夹钻削刀具。进给箱使主轴作机动进给，并可获得多种大小不同的进给量，预先调整好进给定程机构，就可在钻削刀具进给至预定深度时，自动停止进给。转动操纵手柄即可实现手动进给。工件装夹在工作台上，进给箱和工作台均可沿立柱导轨垂直移动，调整其高低位置，可适应不同高度工件的加工需要。

2. 台式钻床

台式钻床的结构与立式钻床相似，但它没有进给箱，如图 3-20 所示，其进给运动完全靠手操纵手柄来实现。台式钻床多放置在工作台案上工作，钻孔直径一般在 13mm 以下，最大不超过 16mm。由于钻孔直径小，为了保证钻削时具有一定的钻削速度，台式钻床主轴通常用电动机经胶带塔轮变速机构直接传动。主轴箱可沿立柱作少量垂直位置调整，以适应工件不同高度。

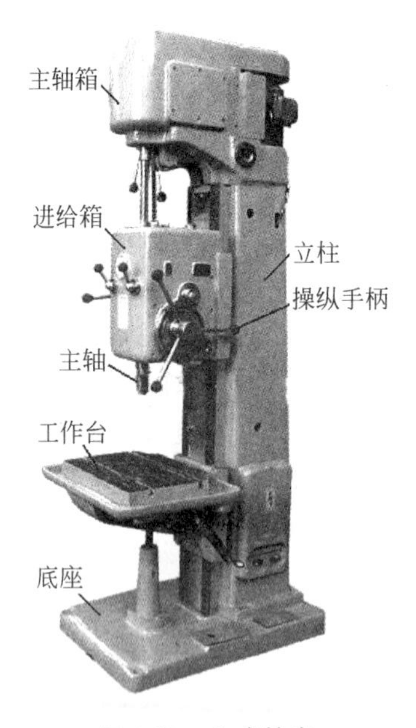

图 3-19 立式钻床

图 3-20 台式钻床

3. 摇臂钻床

摇臂钻床主要由底座、立柱、摇臂、主轴箱、主轴、工作台等部分组成，如图 3-21 所示。摇臂钻床的立柱为双层结构，内立柱固定在底座上，外立柱由滚动轴承支承，可绕内立柱转动。加工时，工件固定在底座或工作台上，主轴上的钻削刀具作旋转运动并沿主轴轴线方向作进给运动。主轴箱和进给箱连接在一起，装在摇臂上，可沿摇臂水平导轨移动；摇臂装在外立柱上，可绕其轴线回转。这两种运动组合可以把主轴调整到钻床加工范围（扇形区域）的任意位置，使主轴对准待加工孔的中心。因此，加工多孔大型零件时，在一次安装中，只需调整主轴的位置就可以对准每个加工孔的中心。为了适应不同高度工件的加工需要，摇臂可沿外立柱上升或下降。

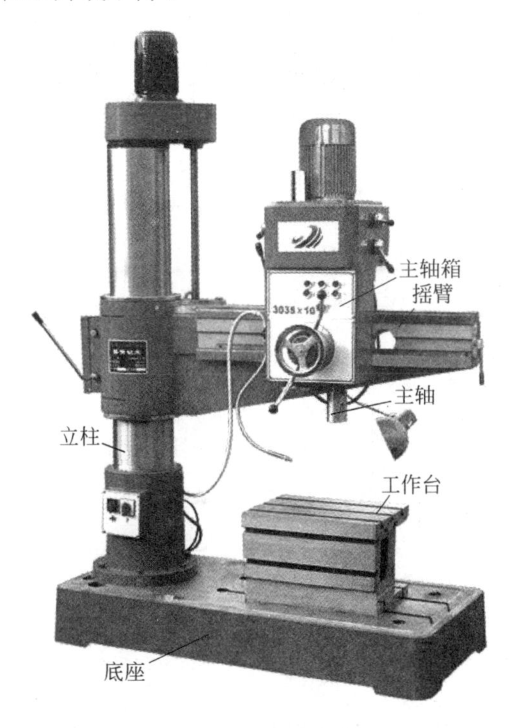

图 3-21　摇臂钻床

为了使主轴在加工时保持准确的位置，摇臂钻床的外立柱、摇臂及主轴都有锁紧机构，当主轴位置调整好以后，就可迅速地将它们锁紧。为满足钻孔、扩孔、铰孔和攻螺纹等不同加工对主轴转速和进给量大小的要求，摇臂钻床设有预选变速机构，可在机动进给加工时，预选好下一工步所需的主轴转速和进给量，加工完毕即可迅速调换，进行下一工步的加工。

三、钻床的用途及加工范围

钻床的加工范围较广，在钻床上采用不同的刀具，可以完成钻中心孔、钻孔、扩孔、铰孔、攻螺纹、锪孔和锪平面等，如图 3-22 所示。钻床的特点及应用见表 3-6。

表 3-6　钻床的特点及应用

类　型	特点及应用
立式钻床	适用于加工中小型工件，且被加工孔数不宜过多
台式钻床	主要用于加工小型零件的小直径孔，在电器、仪表工业以及一般机械制造厂中的钳工装配车间有广泛的应用
摇臂钻床	广泛用于大中型多孔零件的加工

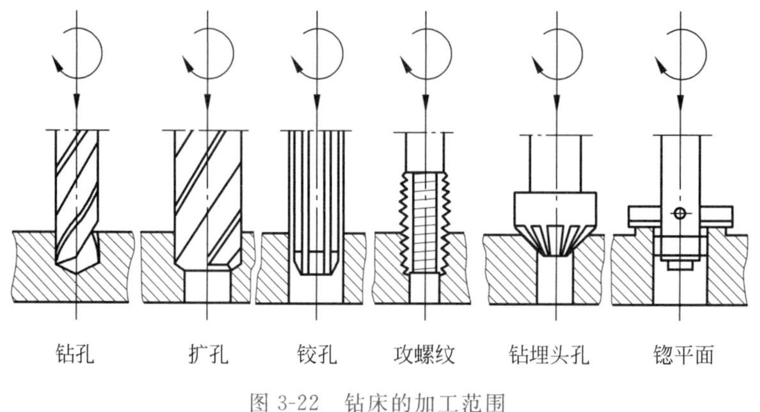

图 3-22　钻床的加工范围

四、镗床的型号

T618 型镗床代号和数字的含义说明如下：

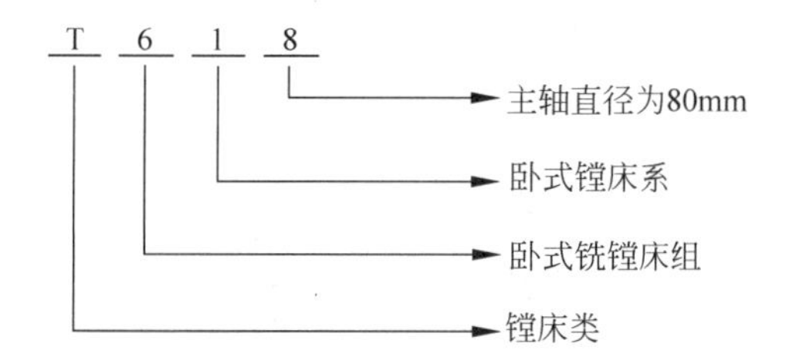

五、镗床的种类

镗床根据结构、布局和用途的不同，有卧式镗床、坐标镗床、精镗床、落地镗床、立式镗床和深孔钻镗床等。

1. 卧式镗床的主要部件及功用

T618 型卧式镗床主要由床身、主轴箱、主立柱、尾立柱、上滑座、下滑座、工作台等部件组成，如图 3-23 所示。

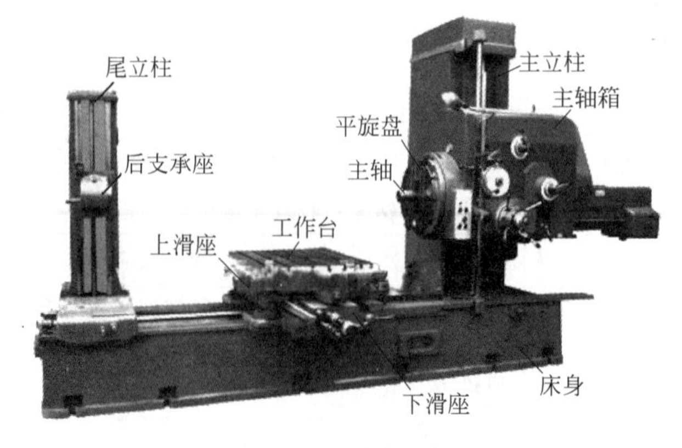

图 3-23　卧式镗床

(1) 床身　床身用来支承镗床各部件，其上水平导轨供下滑座带动工作台一起作纵向进给运动。

(2) 主轴箱　主轴箱上装有镗轴和平旋盘。镗轴既可作旋转运动(主运动)，又可作直线运动(轴向进给运动)。镗轴前端有莫氏5号锥孔，用于安装刀具、镗杆或刀夹。平旋盘上有4～6条T形槽，用于安装刀夹以适应大平面的加工需要，其上还有带燕尾形导轨的刀架滑板。刀架滑板上有两条T形槽也可以安装刀夹，在镗削不深的大孔时，刀夹便安装在刀架滑板上，利用刀架滑板可调节背吃刀量。当加工孔边的端面时，还可以利用刀架滑板作径向进给运动。

主轴箱还可沿主立柱上的导轨上下移动，既可以调节镗轴的高低位置，又可以实现垂直进给运动。

(3) 主立柱　主立柱用于支承主轴箱，其上导轨可供主轴箱上升或下降。

(4) 尾立柱　当镗杆伸出较长时，尾立柱上的后支承可用于支承镗杆的另一端，以增加镗杆的刚性。后支承也可沿尾立柱上的导轨上升或下降。

(5) 工作台　工作台用于安装工件，它可以由上、下滑座带动作横向或纵向进给运动；工作台还可以绕上滑座的圆导轨在水平面内回转所需角度，以适应互成一定角度的孔或平面的加工。

2. 坐标镗床

坐标镗床是高精度机床的一种，有坐标位置的精密测量装置。坐标镗床的结构刚性好，能在实体工件上钻、镗精密孔或孔系，主轴转速高达3000r/min，精镗进给量小至约0.02mm/r，如图3-24所示。

3. 落地镗床

落地镗床是用于加工体积大、吨位重的大型工件的，它的加工行程长，结构刚性更好，精度高，适合强力切削，如图3-25所示。

图3-24　坐标镗床

图3-25　落地镗床

六、镗削加工的工艺范围

镗床加工的适应性较强，它可以镗削单孔或多孔组成的孔系，锪、铣平面，镗盲孔及镗端面等，如图 3-26 所示。

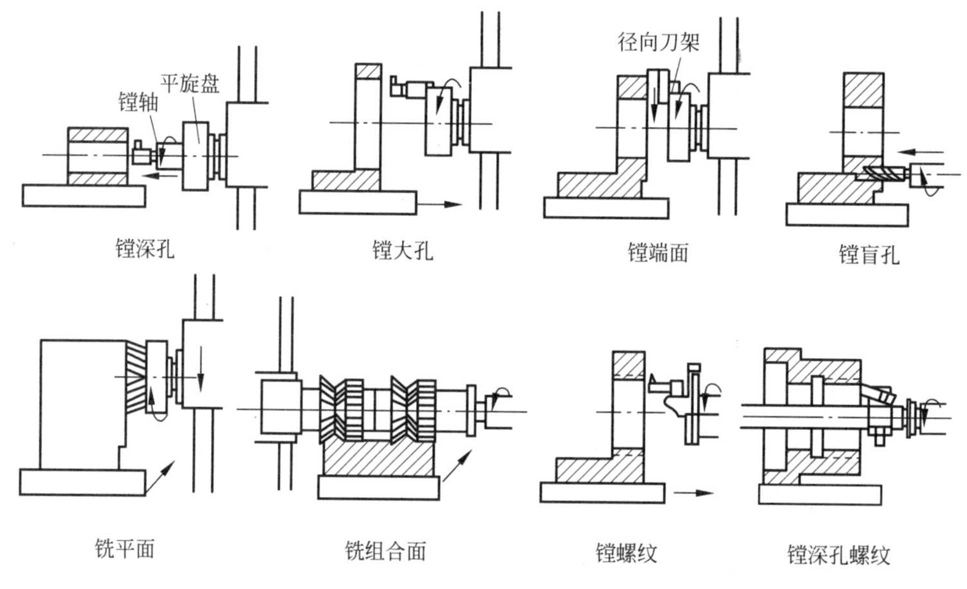

图 3-26　镗床的加工范围

当配备各种附件、专用镗杆等装置后，镗床还可以车槽、车螺纹、镗锥孔和加工球面等。

3.5　磨　　床

（1）了解磨床的型号。
（2）掌握磨床的分类及组成。
（3）熟悉磨床的加工范围。

（1）能识读磨床的型号。
（2）能判别各类磨床的特点及用途。
（3）能说出磨床的加工范围。

课前知识导入

滚动轴承在各种机电设备、车辆中是必不可少的零件。滚动轴承的摩擦系数小，传动效率高。滚动轴承内部间隙很小，因此轴承的内圈、外圈和滚动体各零件的加工精度较高。图 3-27 所示滚动轴承和中心顶尖表面的精加工是用什么机床加工的？

图 3-27 常见零件

学习内容

用磨具（砂轮、砂带或油石等）作为工具对工件表面进行切削加工的机床，统称为磨床。

一、磨床的型号

M1432A 型磨床代号和数字的含义说明如下：

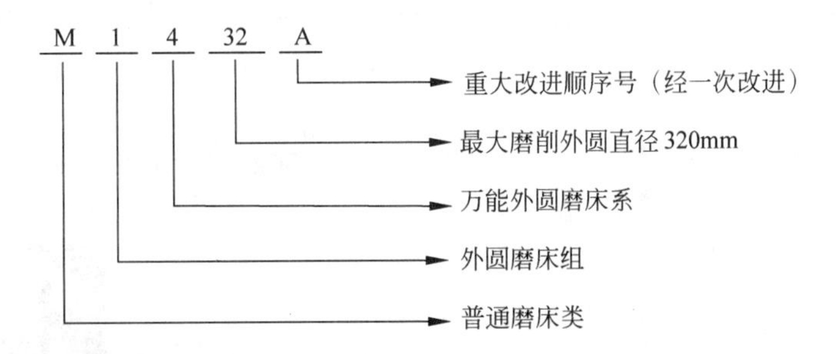

二、磨床的种类

我国生产的磨床有三个分类：普通磨床(M)、光整加工磨床(2M)和专用磨床(3M)。普通磨床有外圆磨床、平面磨床、内圆磨床及工具磨床等。

1. 万能外圆磨床主要部件及功用

万能外圆磨床除可以磨削外圆柱面和外圆锥面外，还可以磨削内圆柱面和内圆锥面等，故应用很广泛，其结构如图 3-28 所示。

(1) 床身　床身的作用是支承磨床各部件。它上面有纵向导轨和横向导轨，分别作为工作台和砂轮架的移动导向。床身内部装有液压传动装置和纵、横向进给机构。

(2) 工作台　工作台分上、下工作台。上工作台用于安装头架和尾座，并可相对于下

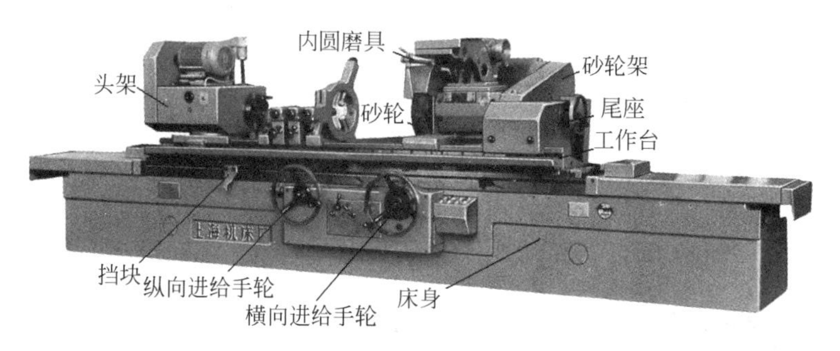

图 3-28 M1450B 型万能外圆磨床

工作台的中心回转一定角度(顺时针方向为+3°,逆时针方向为-9°),以便磨削较长而锥度较小的外圆锥面。下工作台可由手动或液压传动,带动上工作台一起沿床身纵向导轨作纵向进给运动,行程由换向撞块控制并自动换向。工作台面不是水平的,而是向砂轮架方向下倾 10°,以便切削液容易流走。

(3) 头架　头架上有主轴,其前端可以安装顶尖或卡盘,以便装夹工件。主轴可以由头架上的电动机,通过带传动及头架内的变速机构得到不同的转速,带动工件旋转。头架可绕其垂直轴线回转一定的角度(-90°),以便磨削大锥度的内、外圆锥面。

(4) 尾座　尾座套筒内装有顶尖,用来支承轴类工件的另一端。尾座在工作台上的位置,可视工件的长短加以调整。尾座套筒后端装有弹簧,能自动调节顶尖对工件的轴向压力,不至于因工件发热伸长而产生弯曲变形,同时,也便于工件的装卸。

(5) 砂轮架　砂轮架是支承砂轮主轴的。砂轮及其主轴由单独的电动机通过带传动带动作高速旋转,此即磨削外圆时所需要的主运动。砂轮架可以用手动或液压传动,使其沿床身横向导轨作横向进给运动。砂轮架还可以围绕其垂直轴线转动一定的角度(±30°),以便磨削较大锥度的内、外圆锥面。

(6) 内圆磨具　内圆磨具是用来磨内圆的,其主轴前端装有内圆砂轮。它也是由单独的电动机经带传动带动作高速旋转的,此即磨内圆时所需要的主运动。它的进给运动由砂轮架或工作台运动实现。内圆磨具装在可绕铰链翻转的砂轮架上,使用时向下翻转至工作位置即可。

2. 平面磨床

M7120A 型平面磨床是一种卧轴矩台平面磨床,如图 3-29 所示。它主要由床身、工作台、立柱、砂轮架和滑座等组成。床身用于支承磨床各部件,其上有水平导轨,工作台在手动或液压传动系统的驱动下,可以沿长平导轨作纵向往复进给运动。床身后侧有立柱,内部装有液压传动装置。立柱用于支承滑座和砂轮架,其侧面有两条垂直导轨,转动升降手轮,可以使滑座连同砂轮

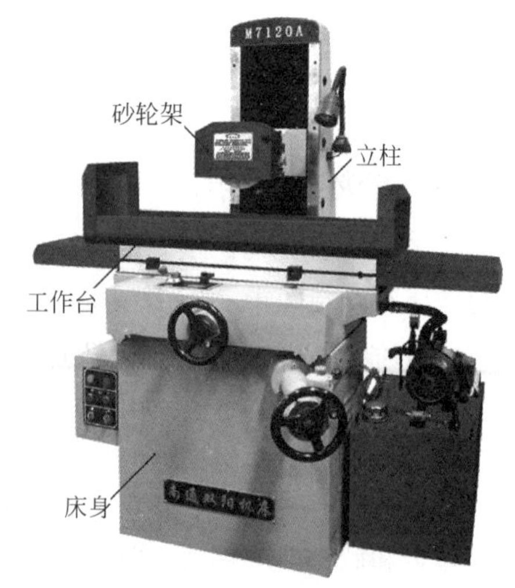

图 3-29 M7120A 型平面磨床

架一起沿垂直导轨上下移动，以实现垂直进给运动。滑座下部有燕尾形导轨与砂轮架相连，其内部有液压缸，用以驱动砂轮架作横向间歇进给运动或连续移动，也可以转动横向进给手轮实现手动进给。砂轮架的砂轮主轴与电动机主轴直接连接，得到高速旋转运动（即主运动）。工作台上装有电磁吸盘，用于装夹具有导磁性的工件，对没有导磁性的工件，可利用夹具装夹。工作台前侧有换向撞块，能自动控制工作台的往复行程。

3. 内圆磨床

内圆磨床主要由床身、工作台、头架、砂轮架、滑座等部件组成，如图 3-30 所示。头架通过底板固定在工作台左端，头架主轴的前端装有卡盘或其他夹具，以夹持并带动工件旋转，实现圆周进给运动。头架可绕底板的垂直轴线转动一定的角度（＋8°），以便磨削小圆锥孔。底板可沿工作台上面的纵向导轨调整位置，以适应磨削各种不同工件的需要。磨削时，工作台由液压驱动，沿床身纵向导轨作往复直线运动（由撞块自动控制换向），使工件实现纵向进给运动。装卸工件或磨削过程中需测量尺寸时，工作台要向左退出较大距离。为了缩短辅助时间，当工件退离砂轮一段距离后，安装在工作台前侧的挡块可自动控制油路，转换为快速行程，使工作台快速退至左边极限位置。重新工作时，工作台先快速向右，然后自动转换为进给速度。转动手轮可实现工作台手动进给。

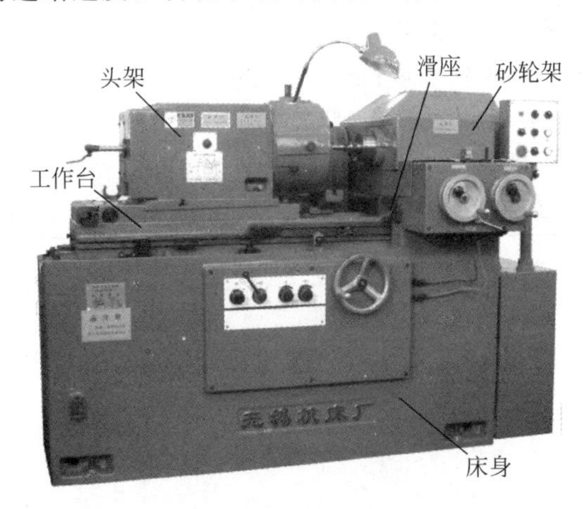

图 3-30 内圆磨床

内圆磨具装在砂轮架上。该机床备有两套转速不同（11000r/min 和 18000r/min）的内圆磨具，可根据磨削孔径的大小选用。砂轮主轴由电动机通过平带传动驱动旋转，实现内圆磨削的主运动。砂轮架固定在滑座上，滑座可沿固定于床身上桥板的导轨移动，实现横向进给运动，也可转动手轮实现手动横向进给。

三、磨床的用途及加工范围

磨削加工的应用范围广泛，可以加工内外圆柱面、内外圆锥面、平面、成形面和组合面等，如图 3-31 所示。磨削可加工用其他切削方法难以加工的材料，如淬硬钢、高强度合金、硬质合金和陶瓷等材料。磨床的特点及应用见表 3-7。

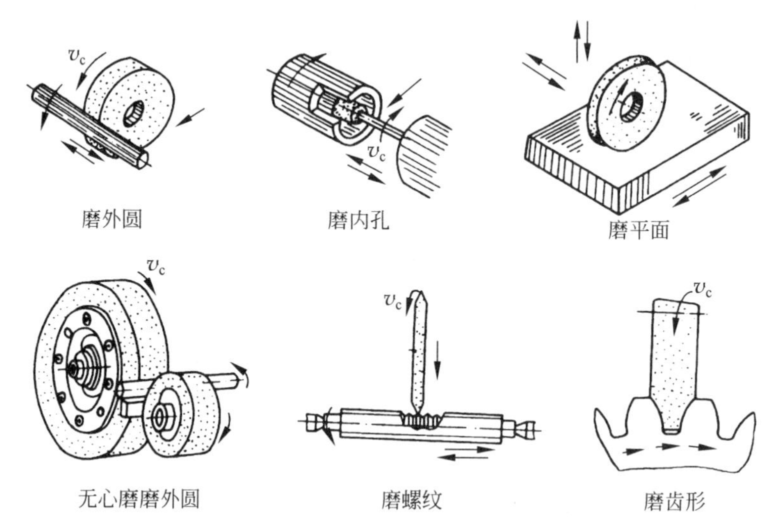

图 3-31　磨床的加工范围

表 3-7　磨床的特点及应用

类　　型	特点及应用
万能外圆磨床	有很高的通用性，但刚度较低，生产率不太高，适用于单件、小批生产
平面磨床	磨削精度高，表面粗糙度值小，加工范围较广，除可以用砂轮的圆周面磨水平位置的平面外，还可以用砂轮端面磨削沟槽、阶台等垂直位置的平面
内圆磨床	用于磨削各种圆柱形或圆锥形的通孔、盲孔、台阶孔和断续表面的孔。普通内圆磨床的自动化程度不高，磨削尺寸靠人工测量来控制，因而只适用于单件、小批生产

3.6　刨　　床

(1) 了解刨床的型号。
(2) 掌握刨床的组成及分类。
(3) 熟悉刨床的用途及加工范围。

(1) 能识读刨床的型号。
(2) 能叙述各类刨床的特点及用途。
(3) 能说出刨床的加工范围。

课前知识导入

金属切削加工涉及的零件种类繁多，在实际生产过程中，需要根据不同零件的形状特点及加工要求正确选择机床。图 3-32 所示为机床工作台及燕尾槽拖板，除此前学习过铣床可加工此类 T 形槽、燕尾槽外，还可选择什么机床加工？

图 3-32 机床工作台及燕尾槽拖板

学习内容

刨床是用来进行刨削加工的机床。根据刀具运动方向的不同，刨削可分为水平刨削和垂直刨削（插削）两种。

一、刨床的型号

B6065 型刨床代号和数字的含义说明如下：

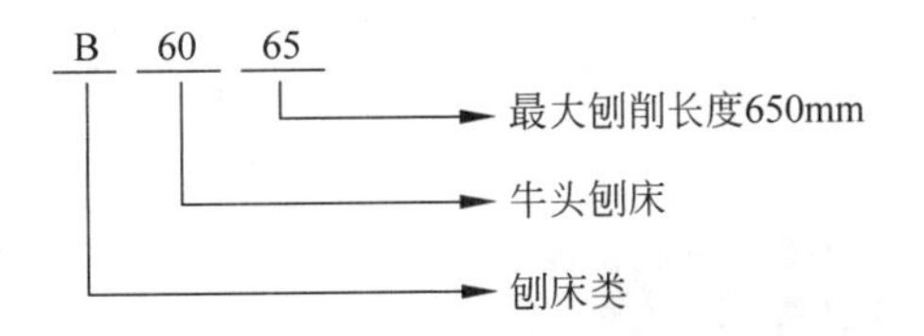

二、刨床的种类

刨床类机床主要有牛头刨床、龙门刨床、悬臂刨床和插床等。

1. 牛头刨床主要部件及功用

牛头刨床主要由床身、滑枕、刀架、横梁、工作台等部件组成，如图 3-33 所示。

（1）床身　床身的作用是支承刨床各部件，其顶面是燕尾形水平导轨，供滑枕作往复直线运动用；前面垂直导轨供横梁连同工作台一起作升降运动用，床身内部装有传动机构。

（2）滑枕　滑枕的作用是带动刨刀作往复直线运动（主运动），其前端装有刀架。滑枕的行程长度及起始位置是可以调整的。

（3）刀架　刀架用来夹持刨刀，由刻度转盘、滑板、刀座、抬刀板和刀夹等组成。转动

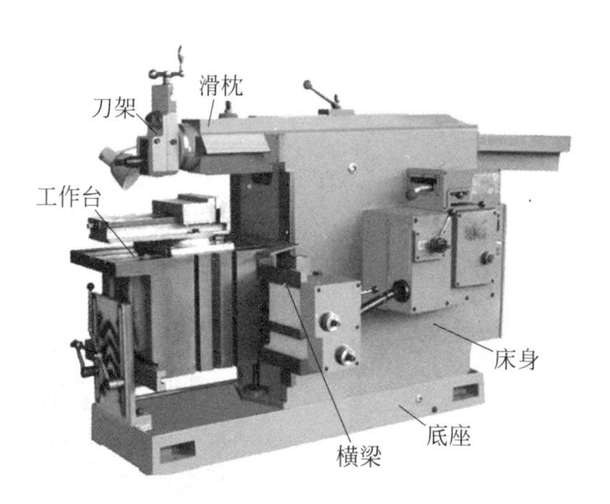

图 3-33 牛头刨床

手柄可以使刨刀沿转盘上的导轨作上下移动，用以调节背吃刀量或作垂直进给。松开刀座上的螺母可以使刀座在滑板上作±15°的转动；若松开转盘与滑枕之间的固定螺母，可以使转盘作±60°的转动，用以加工侧面或斜面。抬刀板可绕刀座上的摆轴向上抬起，避免刨刀回程时与工件摩擦。

(4) 工作台 工作台用于安装工件。它可以随横梁一起作垂直运动，也可以沿横梁上的导轨作横向水平运动或横向间歇进给运动。

2. 龙门刨床

龙门刨床属于大型刨床，其刚性好、功率大，如图 3-34 所示。它的主运动是工作台沿床身水平导轨所作的往复直线运动，进给运动由立刀架和侧刀架来完成。精刨时，可得到较高的加工精度(直线度 0.02/1000mm)和表面质量($Ra \leqslant 0.4 \sim 0.8 \mu m$)。大型龙门刨床往往还附有铣头和磨头，以便在一次装夹中完成更多的工序。这种刨床的工作台既可作快速的主运动(进行刨削)，又可作慢速的进给运动(进行铣削或磨削)。

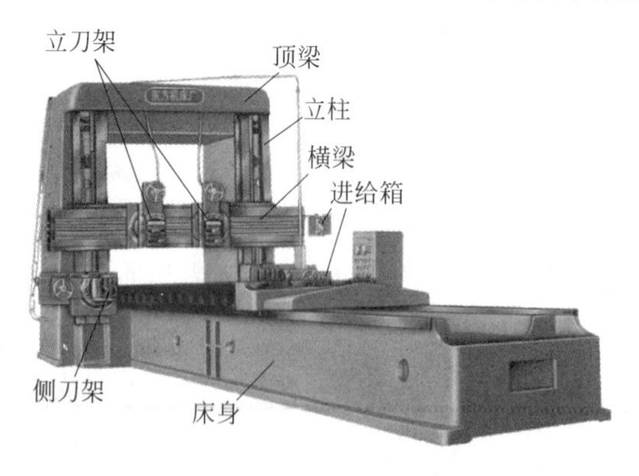

图 3-34 龙门刨床

3. 立式刨床

立式刨床的结构和传动原理与牛头刨床相似，主要不同点是主运动的方向不同，故又称为插床，如图 3-35 所示。

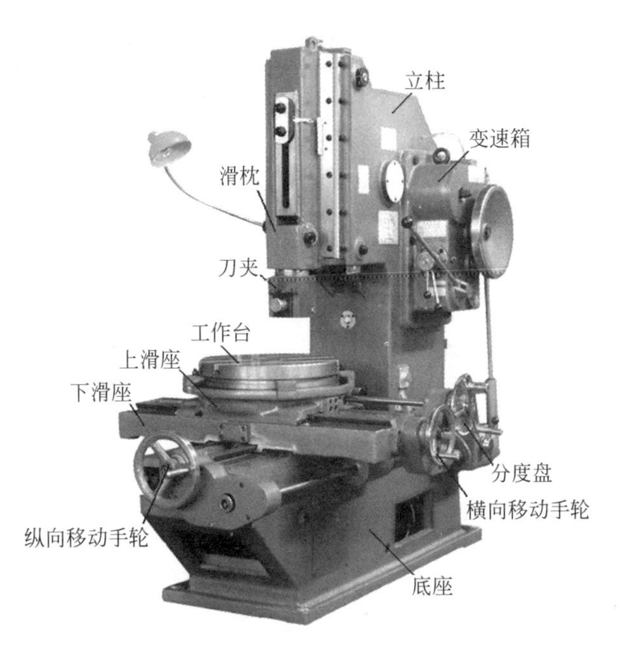

图 3-35 插床

插床的主运动是滑枕沿立柱导轨的上下往复直线运动；圆工作台可带动工件回转，作周向进给运动或分度；上滑座或下滑座可分别带动工件作纵向或横向的进给运动。

三、刨床的用途及加工范围

刨削加工是以刨刀(或工件)的往复直线运动为主运动，与工件(或刨刀)的间歇移动为进给运动相配合，切去工件上多余金属层的一种切削加工。

刨床结构简单，操作方便，通用性强，适合在多品种、单件小批生产中，用于加工各种平面、导轨面、直沟槽、T 形槽、燕尾槽等。如果配上辅助装置，还可以加工曲面、齿轮、齿条等工件，如图 3-36 所示。刨床的特点及应用见表 3-8。

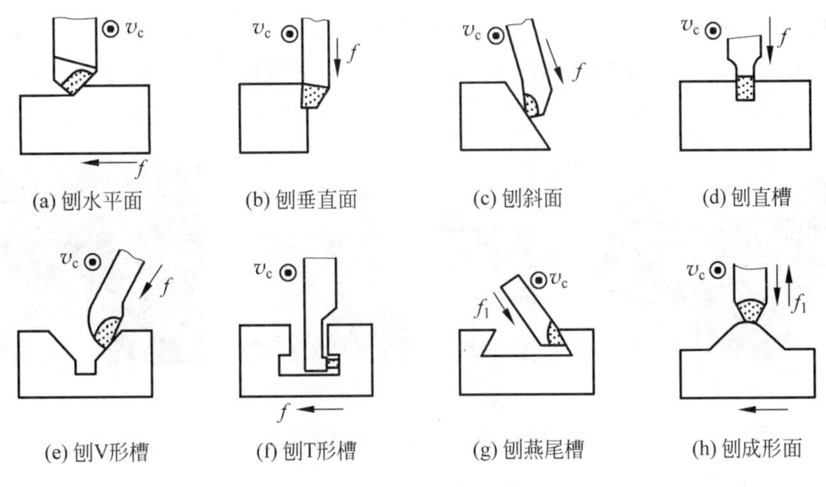

图 3 36 刨床的加工范围

表 3-8　刨床的特点及应用

类　　型	特点及应用
牛头刨床	多用于加工与安装基面平行的表面
龙门刨床	主要用于中小批生产及修理车间，加工大型工件的各种平面和沟槽，也可用于同时加工多个中小型零件
插床（立式刨床）	主要用于单件小批生产中加工零件的内表面，如内孔键槽、花键孔及方孔等，也可以加工不便铣削或刨削的外表面（平面或成形面），其中应用最多的是加工内孔键槽

3.7　组合机床

知识目标

（1）了解组合机床常用的通用部件。

（2）了解组合机床自动线的组成。

能力目标

（1）能叙述组合机床的组成及分类。

（2）能叙述组合机床的特点及应用。

课前知识导入

随着生产的不断发展，许多企业的产品产量越来越大，产品质量要求越来越高，采用通用机床进行生产，已不能适应产品更新换代的需要，由此出现组合机床。图 3-37 所示为组合机床，此类机床既具有专用机床结构简单、生产率和自动化程度较高的特点，又具有通用机床的广泛适应性。

图 3-37　组合机床

学习内容

一、概述

组合机床是采用系列化、标准化的通用部件和按被加工零件的形状及工艺要求设计的专用部件组成的专用机床，它可以同时完成许多同一种工序或多种不同工序的加工。

1. 组合机床的组成

如图3-38所示，组合机床由许多通用部件和少量专用部件组成。通用部件是组合机床的主要部分。

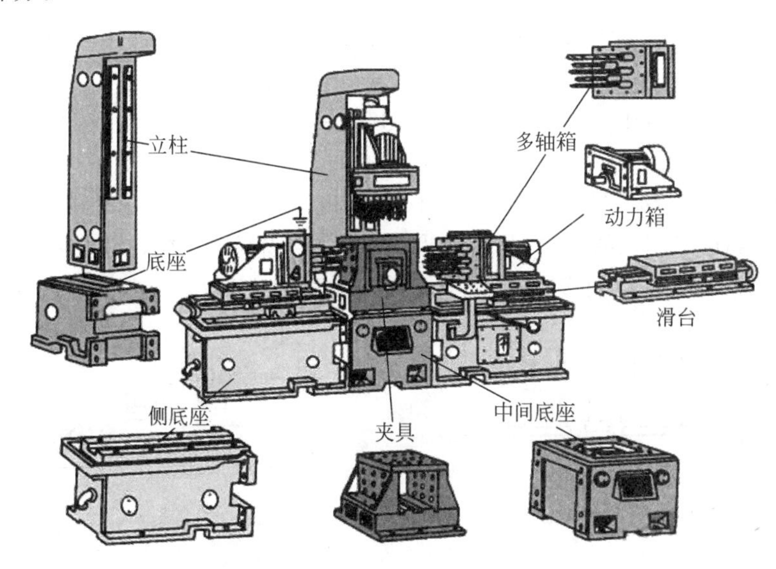

图3-38 组合机床的组成

(1) 动力部件　动力部件用来传递动力，它们在组合机床中完成主运动或进给运动，如动力头、动力滑台、动力箱等。动力部件是组合机床中最重要的通用部件，它决定着组合机床的主要工作性能和指标。其他部件的选用则以动力部件为基础进行配套。

(2) 输送部件　输送部件一般用于多工位组合机床，完成夹具的位移或转位，如回转工作台、移动工作台等。输送部件的分度和定位精度将直接影响组合机床的加工精度。

(3) 支承部件　支承部件是组合机床的基础部件，其作用是支承和连接组合机床的其他部件，并使这些部件保持准确的相对位置和相对运动轨迹，如底座、立柱等。因此，要求支承部件应具有足够的强度、刚度和稳定性。

(4) 控制部件　控制部件用于组合机床的各种动作控制，使机床按预定的程序完成工作循环，如液压元件、行程开关、电气柜、操纵台等。

(5) 辅助部件　辅助部件用于完成组合机床的辅助动作，如冷却润滑系统、排屑装置、机械扳手等。

组合机床的另一组成部分是专用部件，如根据加工零件的形状、尺寸及工艺要求而设计制造的多轴箱、夹具等，它们在组合机床中只占很少的一部分。在这少量的专用部件中，其大部分零件也是通用的，如各种规格的传动轴、齿轮等。组合机床零、部件的通用化程度高达70%～90%。

2. 组合机床的分类

组合机床的通用部件分为大型通用部件和小型通用部件。大型通用部件是指电动机功率为1.5～30kW的动力部件及其配套部件，其结构形式多为箱体移动式。小型通用部件是指电动机功率为0.1～2.2kW的动力部件及其配套部件，其结构形式多为套筒移动式。用大型通用部件组成的机床称为大型组合机床；用小型通用部件组成的机床称为小型组合机床。

组合机床除分为大型和小型外，按其配置形式又可分为单工位组合机床和多工位组合机床两大类。

(1) 单工位组合机床　单工位组合机床上被加工零件仅在一个工作位置上加工。在整个工作循环中，夹具和工件固定不动，由动力头或动力箱完成主运动(刀具的旋转)，动力滑台带动动力头或动力箱完成进给运动(刀具的移动)，以实现对工件的加工。根据工件的结构特点和加工部位的不同，其配置形式有卧式、倾斜式、立式或复合式等，如图3-39所示。根据工件加工部位的多少，其配置形式有单面的、双面的或多面的。

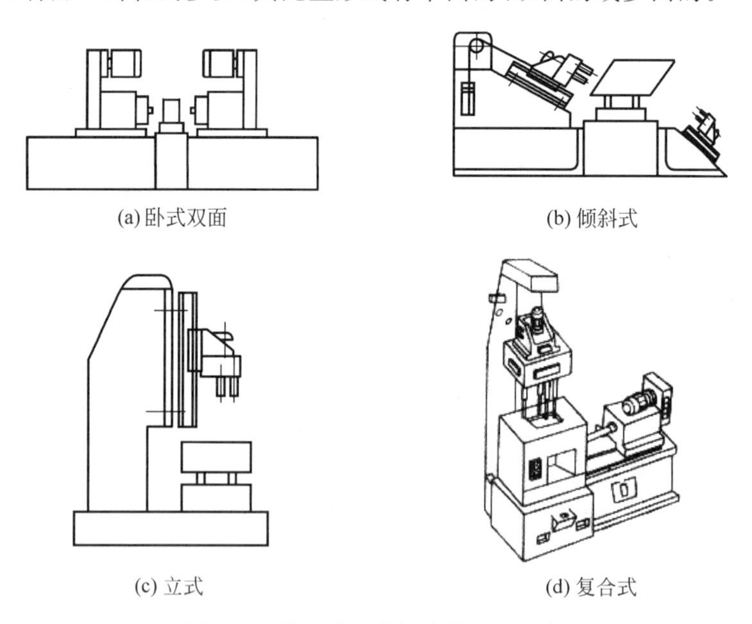

(a) 卧式双面　(b) 倾斜式　(c) 立式　(d) 复合式

图3-39　单工位组合机床的配置形式

单工位组合机床结构较简单，加工精度较高，生产效率较高，但其辅助时间(工件装卸时间)与机动时间(加工时间)不重合，有时间损失。它特别适合于加工多孔的大型箱体零件。

(2) 多工位组合机床　如图3-40所示，多工位组合机床上被加工零件能在几个工作位置上进行加工。工作位置的变换是靠输送部件带动工件移动或转动来实现的。在整个工作循环中，夹具和工件按照预定的工作循环周期变换工作位置，以便用配置在不同工作位置上的动力部件对工件进行预定顺序的加工，如钻—扩—铰等，其工作位置数一般为2～12个。

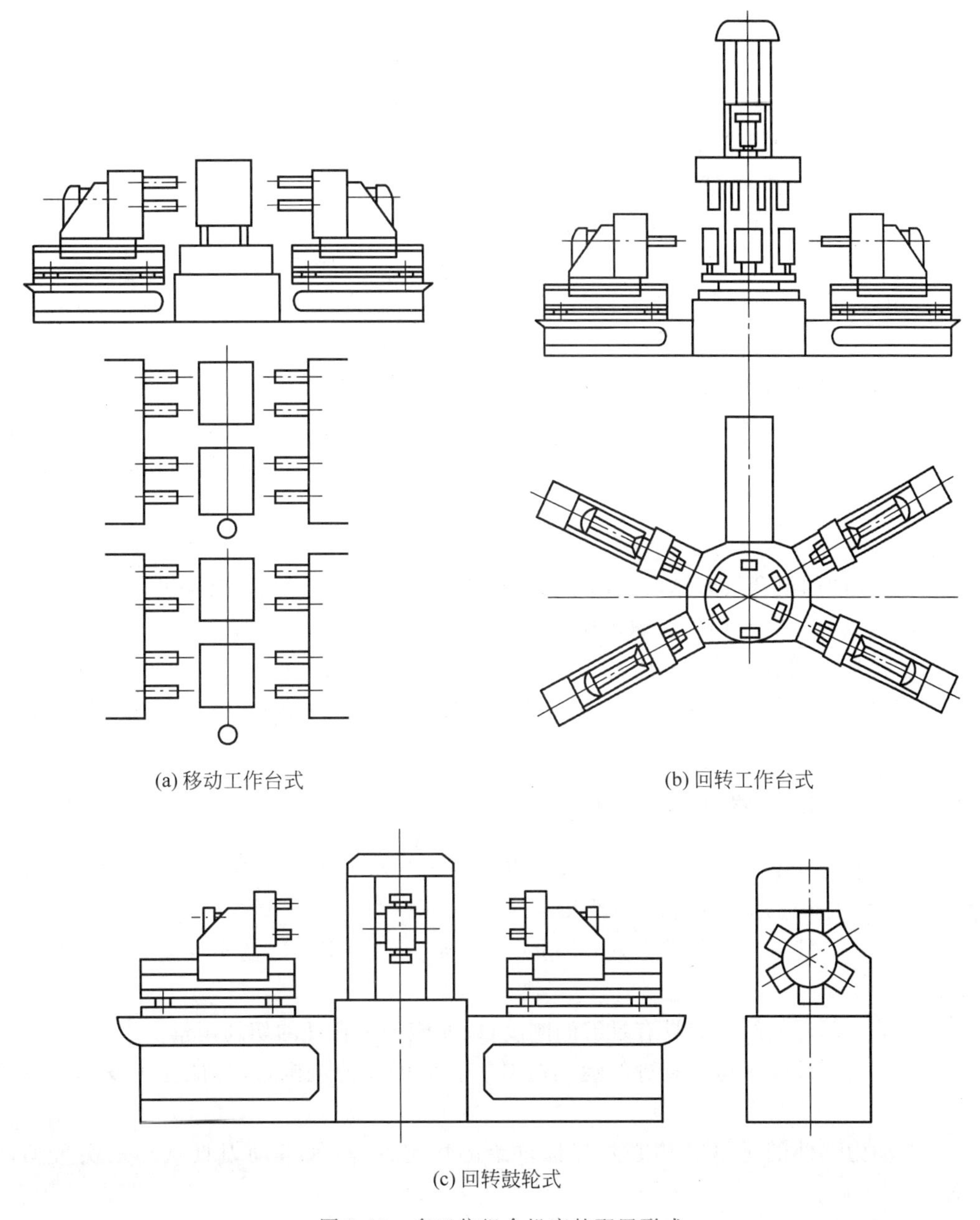

(a) 移动工作台式

(b) 回转工作台式

(c) 回转鼓轮式

图3-40 多工位组合机床的配置形式

多工位组合机床专门设有一个装卸工件的工位，故其辅助时间与机动时间重合，提高了生产效率，但由于变换工位会产生一定的定位误差，所以加工精度比单工位组合机床低些。它主要用于较复杂的中小型零件的加工。

3. 组合机床的特点及应用

(1) 组合机床的特点

① 组合机床中有70%～90%的通用零、部件,而这些零、部件是经过生产实践检验的,结构较合理,性能也较稳定。因此,用它们组装的组合机床工作稳定可靠,有利于稳定加工精度,保证产品质量。

② 在设计和制造组合机床时,由于大量选用通用零、部件,只需设计和制造少量专用部件。因此,设计和制造周期短。

③ 当被加工零件改变时,组合机床中大量的通用零、部件可以继续利用,组成新的组合机床,以适应产品变化或更新的需要。

④ 组合机床可以采用多刀、多面、多件同时加工,故工序集中,生产效率高。

⑤ 组合机床的通用部件由专门厂家成批生产,可以降低制造成本,同时,也有利于机床的维护和修理。

⑥ 组合机床改装时,其中少量专用零、部件不能重复利用,造成一定的损失。

⑦ 组合机床通用部件具有比较广泛的适应性,但其规格是有限的。而对某种类型的组合机床来说,就不可能完全适合其具体的要求和规格了,致使其结构显得较为复杂,尺寸较大。

(2) 组合机床的应用

目前,我国的组合机床已广泛用于大批生产的企业中,如汽车、拖拉机、柴油机、电动机、机床、缝纫机、仪器仪表、纺织机械、矿山机械及军工生产等部门。

组合机床最适合于箱体零件的加工,其上所有的平面及各种各样要求的孔,几乎全部可以在组合机床上加工完成。近年来,轴类、盘类、套类、叉类等零件也在逐步采用组合机床加工。

二、组合机床常用的通用部件

通用部件是组合机床的主要部件,它直接影响到组合机床的使用性能和加工精度。为此,对组合机床通用部件有以下要求。

(1) 在小的外形尺寸条件下,能获得大的进给力和功率。这是实现集中工序的重要条件。

(2) 动力部件的结构应具有足够的刚度,以便能采用合理的切削用量。

(3) 动力部件的主运动和进给运动应具有较大的变速范围,以便能充分发挥刀具的性能。

(4) 动力部件的进给机构必须保证进给的稳定性,以便带动刀具顺利地实现切削运动。

(5) 动力部件应具有较高的空行程速度,一般大于6m/min,并保证较高的转换精度(从快进到工进),一般小于1mm。

(6) 通用部件应具有统一的联系尺寸,以适应不同状态下的安装。

在组合机床的通用部件中,又以动力部件和输送部件更为重要。下面介绍几种常见的动力部件和输送部件。

1. 单轴头

单轴头的作用是带动刀具作主运动。常见的单轴头有钻削头、攻螺纹头、铣削头、镗削头及车端面头。它们的结构形式相似，都有一根刚性主轴，都由单轴头头体和主运动传动装置两个独立的部件组成。两个部件可以实现跨系列通用，即一种传动装置可以与同规格的多种头体配套使用；同样，一种头体也可以与同规格的多种传动装置配套使用。图 3-41 所示为单轴头与主运动传动装置配套使用的情况。

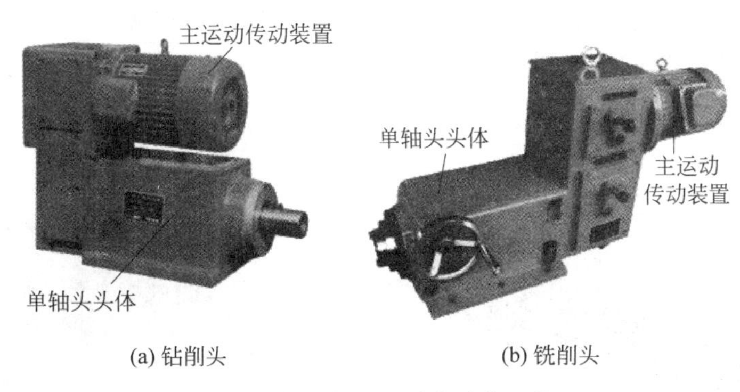

(a) 钻削头　　(b) 铣削头

图 3-41　单轴头与主运动传动装置的配置

2. 动力滑台

(1) 动力滑台的功用　动力滑台简称滑台，它主要用来带动各种主轴部件作进给运动，也可以作移动工作台用带动夹具和工件移动。滑台的驱动方式有机械式和液压式两种。

当滑台用来完成进给运动时，可根据工件的加工工艺要求，在滑台上安装动力箱和多轴箱或单轴头，进行各种表面的加工。这时，主运动由动力箱或单轴头来完成，进给运动则由滑台来完成。图 3-42 所示为单轴头安装在滑台上，可组成各种切削动力头。将各种切削动力头安装在侧底座或立柱上可以配置成各种形式的组合机床。

(2) 液压滑台　图 3-43 所示的液压滑台主要由滑鞍、滑座、液压缸等部分组成。滑鞍与滑座以导轨面相配合，液压缸体固定在滑座上，活塞杆与滑鞍相连接。当液压缸两腔交替进入压力油时，活塞就带动滑鞍在滑座导轨上作往复直线运动，其运动速度的快慢可由进入液压缸的压力油流量来控制。

图 3-42　单轴头安装在滑台上

图 3-43　液压滑台

(3) 机械滑台　图 3-44 所示的机械滑台主要由滑座、滑鞍、传动箱、电动机等部分组成。它与液压滑台的根本区别在于传动方式的不同。机械滑台由电动机经传动箱带动滑鞍在滑座上作往复直线运动,其运动速度的快慢可以由传动箱来控制。

3. 动力箱

动力箱是主运动的驱动装置,它与多轴箱配合使用,并通过多轴箱将动力传递给主轴,带动刀具实现多轴同时加工。

图 3-45 所示是齿轮传动动力箱。多轴箱用螺钉和定位销固定在动力箱箱体左侧面上,电动机经一对齿轮的传动使驱动轴旋转,再由驱动轴经多轴箱内的齿轮传动将动力传给各个刀具的主轴。

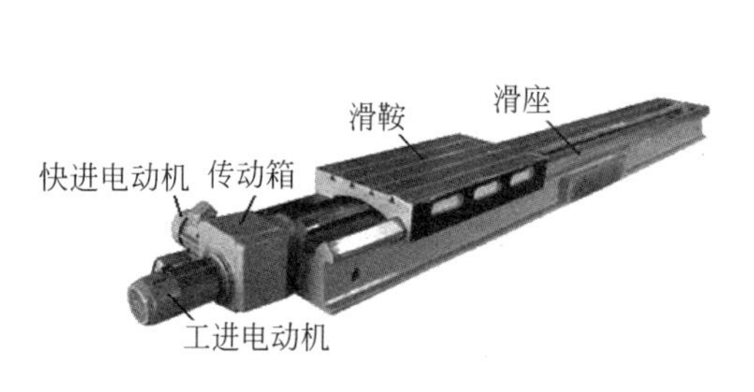

图 3-44　机械滑台

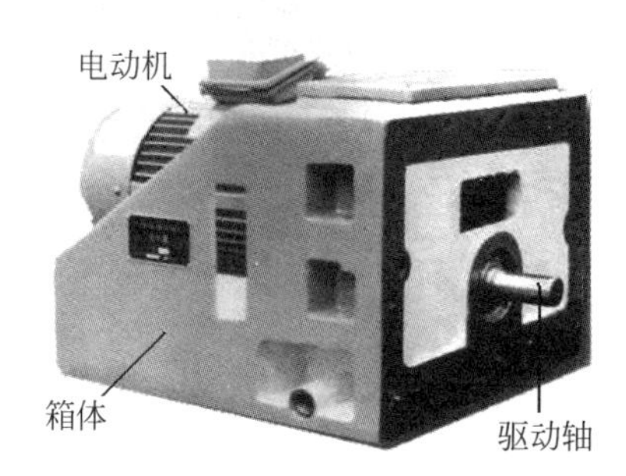

图 3-45　齿轮传动动力箱

4. 回转工作台

回转工作台是组合机床的一种输送部件,用于多工位的转动。各工位的夹具将工件夹紧在工作台上,由回转装置驱动工作台转位,每转到一个工位,机床对工件进行一个工步的加工,回转一周,完成一个工序的加工。回转工作台的定位方式有齿盘定位式、插销定位式、反靠定位式等,其驱动方式有机械式和液压式两种。

图 3-46 所示为齿盘定位式液压回转工作台。工作台由液压驱动,当压力油进入液压缸的下腔使活塞上移,顶起台面,使上、下齿盘脱开,而牙嵌离合器嵌合。再将压力油通入齿条液压缸的前腔,使其中的活塞向后移动,由活塞杆上的齿条带动空套齿轮,通过牙嵌离合器使台面逆时针转位。台面到位以后,将压力油切断而通入液压缸的上腔,活塞下移,使台面落下复位,工作台在新的位置上定位并夹紧。

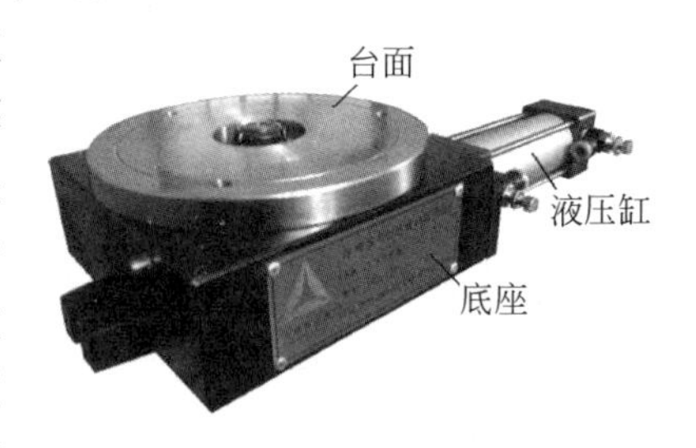

图 3-46　齿盘定位式液压回转工作台

三、组合机床自动线

组合机床虽然可以进行单工位或多工位的加工,但对一些结构复杂、加工工序很多的工件,如气缸体、变速箱体、电动机座等,在一台组合机床上加工完成工件的全部工序是不可能的。这时,常常是将工件的全部加工工序合理组织,分散在若干台组合机床上,按一定的顺序进行加工,这样就组成了组合机床的生产流水线(以下简称流水线)。流水线上的组合机床是按零件的工艺过程顺序排列的，各台组合机床之间用滚道或起重设备等输送装置连接起来，被加工零件从流水线的一端“流”到另一端，就完成了整个加工过程。

从提高生产率和保证加工精度的要求来说，这种流水线是可以满足要求的。但在流水线上加工时，需要很多工人转运工件，劳动强度仍然很大。为了减少工人数量，改善工人的劳动条件，需要使流水线上各台组合机床之间的工件输送、转位、定位和夹紧等动作都实现自动化，并通过机械、液压和电气系统将各台组合机床及辅助设备的动作联系起来，按规定的程序自动进行工作。这种能自动工作的流水线，就称为组合机床自动线。

图 3-47 所示为组合机床自动线的组成示意图。整条组合机床自动线由三台组合机床和一些辅助设备组成。加工时，工件的输送、转位、定位、夹紧及切削等全部动作由电气和液压系统进行控制，操作者可以在控制台上用按钮控制全线的自动化工作。

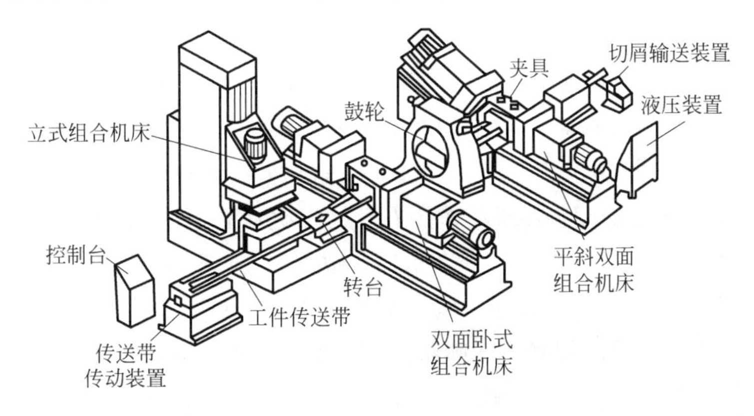

图 3-47 组合机床自动线的组成示意图

在组合机床自动线中，全部加工过程都由各种机械自动操作完成，工人只需在自动线的前端装夹毛坯，在末端取下加工好的零件即可。有些自动化程度高的组合机床自动线，还能自动完成工件的测量、试验、分组及装配等工序。

组合机床自动线的设计程序和方法在很大程度上是和组合机床的设计程序和方法相同。首先，要详细分析被加工零件的工艺要求和精度要求，正确选择定位和输送基面。然后，确定在组合机床自动线上完成的工艺及加工顺序。组合机床自动线设计的重要阶段是确定各个工位应完成的工序，它是决定组合机床自动线长度、机床数、单轴头和刀辅具数量的重要环节。必须按适当集中、合理分散的原则，使组合机床自动线的机床少、性能好、操作和维护方便。

组合机床自动线的特点是生产效率高，产品质量稳定，自动化程度高，劳动条件好，但也有不足之处，如设计周期长，出现故障不易排除，局部维修将使全线停产等。

目前，我国组合机床自动线已在汽车工业、机床工业、拖拉机工业、轴承工业、电机工业及轻工业等领域得到普遍的应用。

一、机床是怎样产生的

公元前二千多年出现的树木车床是机床最早的雏形。工作时，脚踏绳索下端的套圈，利用树枝的弹性使工件由绳索带动旋转，手拿贝壳或石片等作为刀具，沿板条移动工具切削工件。中世纪的弹性杆棒车床运用的仍是这一原理。

15世纪由于制造钟表和武器的需要，出现了钟表匠用的螺纹车床和齿轮加工机床，以及水力驱动的炮筒镗床。1500年左右，意大利人达·芬奇曾绘制过车床、镗床、螺纹加工机床和内圆磨床的构想草图，其中已有曲柄、飞轮、顶尖和轴承等新机构。中国明朝出版的《天工开物》中也载有磨床的结构，用脚踏的方法使铁盘旋转，加上沙子和水剖切玉石。

18世纪的工业革命推动了机床的发展。1774年，英国人威尔金森发明了较精密的炮筒镗床。次年，他用这台炮筒镗床镗出的气缸满足了瓦特蒸汽机的要求。为了镗制更大的气缸，他又于1776年制造了一台水轮驱动的气缸镗床，促进了蒸汽机的发展。

1797年，英国人莫兹利创制成的车床有丝杠传动刀架，能实现机动进给和车削螺纹，这是机床结构的一次重大变革。莫兹利也因此被称为“英国机床工业之父”。

19世纪，由于纺织、动力、交通运输机械和军火生产的推动，各种类型的机床相继出现。1817年，英国人罗伯茨创制龙门刨床；1818年美国人惠特尼制成卧式铣床；1876年，美国制成万能外圆磨床；1835年和1897年又先后发明滚齿机和插齿机。

随着电动机的发明，机床开始先采用电动机集中驱动，后又广泛使用单独电动机驱动。20世纪初，为了加工精度更高的工件、夹具和螺纹加工工具，相继创制出坐标镗床和螺纹磨床。同时为了适应汽车和轴承等工业大量生产的需要，又研制出各种自动机床、仿形机床、组合机床和自动生产线。

随着电子技术的发展，美国于1952年研制成第一台数字控制机床；1958年研制成能自动更换刀具，以进行多工序加工的加工中心。从此，随着电子技术和计算机技术的发展和应用，使机床在驱动方式、控制系统和结构功能等方面都发生显著的变革。

二、什么是锻压机床

锻压机床是金属和机械冷加工用的设备，它只改变金属的外形。锻压机床包括卷板机、剪板机、冲床、压力机、液压机、油压机、折弯机等，如图3-48所示。

(1) 锻压机床的机械结构有冲压模架、制动器、光电安全保护装置、凸轮控制器和自动送料装置等。

(2) 锻压机床按机械结构不同分为辊锻式锻压机床、机械压力式锻压机床、挤压式锻压机床和螺旋式锻压机床。

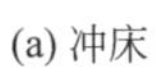

(a) 冲床

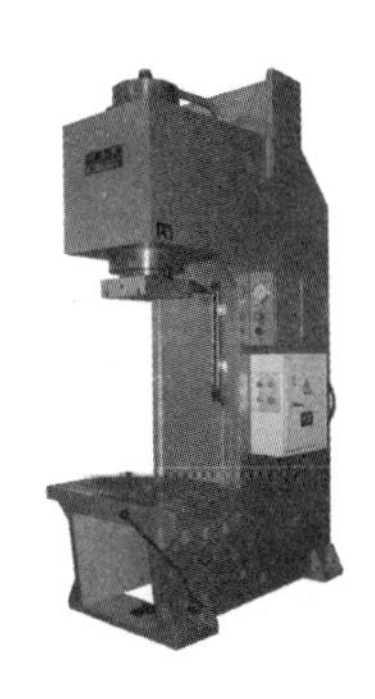

(b) 吊臂单柱液压机

(c) 折弯机

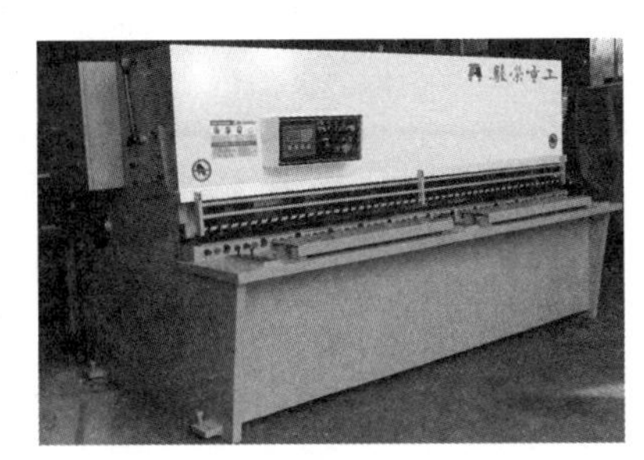

(d) 剪板机

(e) 快速薄板深拉伸液压机

图 3-48 锻压机床

课后习题

一、填空题

1. 传动链是通过________、________和________按一定的规律组成的。
2. 为实现加工过程中所需各种运动，机床必须具备________、________和传动装置。
3. 机床的精度包括________、________和________。
4. 卧式车床主要由________、________、________和刀架组成。
5. CA6140 表示机床的最大加工直径为________ mm。Z3040 表示________机床。
6. 转塔车床与车床在结构上的主要区别是没有________和________。
7. 转塔车床主要有________和________两种。
8. 外圆磨床用来磨削外圆柱面的方法有________和________。
9. 钻床的主要类型有________、________、________以及专门化钻床。
10. 镗床的主要类型有________、________和________。

二、选择题

1. 转塔式六角车床不具有(　　)部件。

   A. 横刀架　　B. 主轴箱　　C. 丝杠　　D. 光杠

2. 在车床上，用丝杠带动溜板箱时，可车削(　　)。

   A. 外圆柱面　　B. 螺纹　　C. 内圆柱面　　D. 圆锥面

3. (　　)属于专门化机床。

A. 卧式车床　　B. 凸轮轴车床

C. 万能外圆磨床　　D. 摇臂钻床

4. 车床主电动机的旋转运动经过带传动首先传入(　　)。

A. 主轴箱　　B. 进给箱　　C. 溜板箱　　D. 丝杠

5. 在车床的组成部分中，没有床身的是(　　)车床。

A. 落地　　B. 立式　　C. 六角　　D. 自动

6. 按照工作精度来划分，钻床属于(　　)。

A. 高精度机床　　B. 精密机床　　C. 普通机床　　D. 组合机床

7. 铭牌上标有 M1432A 的机床是(　　)。

A. 刨床　　B. 铣床　　C. 车床　　D. 磨床

8. 牛头刨床的主参数是(　　)。

A. 最大刨削宽度　　B. 最大刨削长度

C. 工作台工作面宽度　　D. 工作台工作面长度

9. M1432A 磨床表示该磨床经过第(　　)次重大改进。

A. 六　　B. 一　　C. 四　　D. 零

10. 在金属切削机车加工中，下述运动是主运动的是(　　)。

A. 铣削时工件的移动　　B. 钻削时钻头直线运动

C. 磨削时砂轮的旋转运动　　D. 牛头刨床工作台的水平移动

11. 车削加工时，工件的旋转是(　　)。

A. 主运动　　B. 进给运动

C. 辅助运动　　D. 连续运动

12. 在车床上用钻头进行孔加工，其主运动是(　　)。

A. 钻头的旋转　　B. 钻头的纵向移动

C. 工件的旋转　　D. 工件的纵向移动

13. 加工大中型工件的多个孔时，应选用的机床是(　　)。

A. 台式钻床　　B. 立式钻床　　C. 摇臂钻床

14. 同插床工作原理相同的是(　　)。

A. 镗床　　B. 铣床　　C. 刨床

15. 机床型号的首位字母“Y”表示该机床是(　　)。

A. 水压机　　B. 齿轮加工机床

C. 压力机　　D. 螺纹加工机床

三、简答题

1. 卧式车床与立式车床有何区别？分别用于哪些场合？

2. 什么是铣削？铣削的加工范围有哪些？

3. 铣床有哪些常用附件？铣削正六面体小方铁应该选用什么夹具？

4. 台式钻床、立式钻床和摇臂钻床有何区别？分别用于哪些场合？

5. 什么是镗床？镗床适用于加工哪些工件？

6. 铣床和镗床可完成哪些表面的加工？
7. 万能外圆磨床可以加工哪些表面？
8. 什么是刨床？刨床适用于加工哪些工件？
9. 什么是插床？插床适用于加工哪些工件？
10. 组合机床由哪些部件组成？

单元4

夹 具

单元知识导入

就机械加工而言，它包含四大要素，即机床、刀具、夹具和测量手段。夹具是其中的重要要素之一，如图 4-1、图 4-2 所示是生产中使用的夹具。

图 4-1 机床用加工夹具图

图 4-2 数控车床零件加工夹具

机械加工中使用的各种刀具、夹具、量具及辅助工具等称为工艺装备。夹具属于一种装夹工件的工艺装备，它广泛应用于机械制造过程的切削加工、热处理、装配、焊接和检测等工艺过程中。图 4-3 所示为用于不同机床的夹具。

短轴钻孔成组夹具　分度钻夹具　铣鼻竖夹具　箱式钻模　成组车孔夹具

图 4-3 生产零件加工用夹具

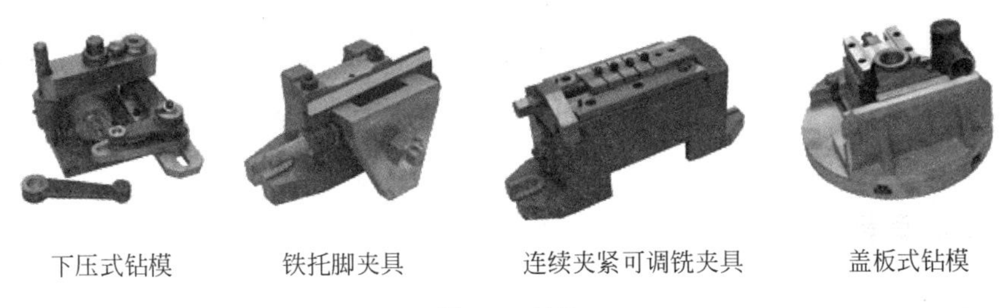

图 4-3(续)

为保证能加工出如图 4-4 所示的合格轴套零件，需使用专用夹具来进行加工操作。图 4-5 所示的轴套钻孔用夹具即可加工出符合图纸要求的零件。

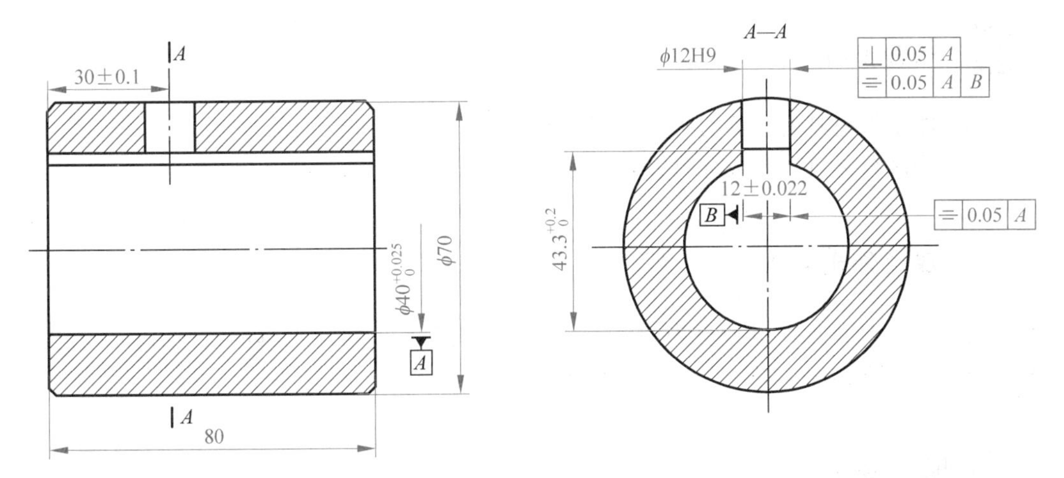

图 4-4 轴套零件图

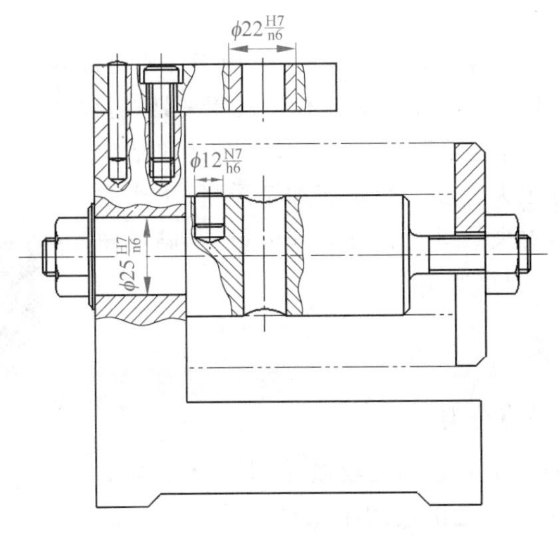

图 4-5 轴套钻孔用夹具

4.1 概　　述

(1) 能明确夹具相关的概念。
(2) 能分析机床夹具的组成。
(3) 理解机床夹具的作用。

(1) 能根据夹具的用途对夹具进行分类。
(2) 能区分夹具的组成元件及相关概念。

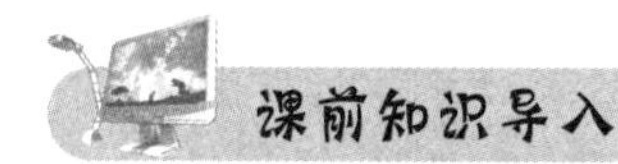

常用的夹具是如何进行分类的？夹具的作用有哪些？机床夹具的组成有哪些元件和装置？这些问题就是本节将要介绍的内容。

一、夹具的概念

在机械加工过程中，依据工件的加工要求，使工件相对机床、刀具占有正确的位置，并能迅速、可靠地夹紧工件的机床附加装置称为机床夹具，简称夹具，如图 4-6 所示。

夹具在工艺装备中占有重要的地位，因为夹具的结构及使用性能的好坏，在很大程度上影响着加工质量、生产效率和加工成本。因此，对夹具进行正确合理的设计、制造和使用是机械加工中的一项重要工作。

图 4-6　典型机床夹具

二、夹具的分类

1. 按夹具的使用特点分类

(1) 通用夹具　这类夹具通用性较强，使用时无须调整或稍加调整，就可以在一定范围内用于工件的装夹。它们已经标准化，有些是作为机床附件由专门工厂生产的，如车床上使用的三爪自定心卡盘、四爪单动卡盘，铣床上使用的平口虎钳，平面磨床上使用的磁力工作台等。如图 4-7～图 4-9 所示。

图 4-7 四爪单动卡盘

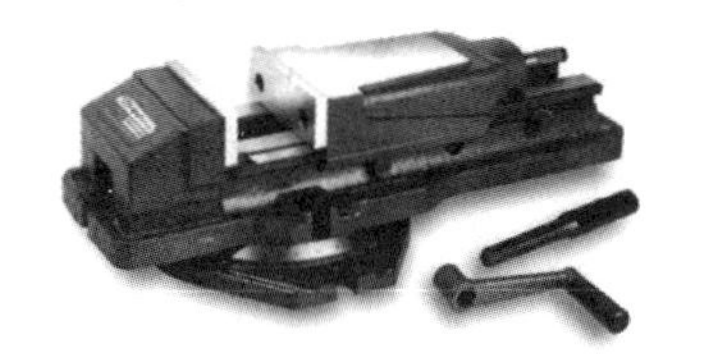

图 4-8 平口虎钳

图 4-9 磁力工作台

通用夹具主要应用于单件小批生产。对于加工精度要求较高或形状较为复杂的工件，生产批量较大时，通用夹具将难以满足使用要求。

(2) 专用夹具 专用夹具是指为某一工件的某道工序专门设计制造的夹具。如图 4-10 所示为铣床专用夹具。由于夹具的设计制造周期较长，成本往往较高，且产品变更后将无法使用，因此适合于批量较大的生产。

(3) 可调夹具 包括通用可调夹具和成组夹具。这两种夹具在结构上很相似，都具有可进行调整和更换的部分，都可做到多次使用。即对不同尺寸或种类的工件，只需调整或更换夹具结构中个别定位、夹紧或导向等元件，便可使用，通用可调夹具的调整范围较大，适用性广，如带钳口的虎钳、滑柱式钻模等，如图 4-11、图 4-12 所示。而成组夹具则是专为成组加工工艺中某一组零件设计的，针对性强，可调整范围只限于本组内的零件。通用可调夹具和成组夹具在多品种、中小批量生产中得到了广泛使用。

图 4-10 铣床用专用夹具

图 4-11 虎钳

(4) 组合夹具 这类夹具由预先制造好的标准化元件及部件组装而成。这些标准元件具有各种不同形状、规格及功能，并具有高精度和高耐磨性。使用时，按照不同工件的加工要求进行合理选择并组装成加工所需的夹具。夹具使用完毕后，可以进行拆卸，将元件清洗干净后存放入库，待需要时再次使用。

由于组合夹具是由各种标准零部件组装而成，生产准备时间短，元件能反复使用，因此更适合于产品变化较大的单件小批生产，特别是在新产品试制中尤为适用。

(5) 随行夹具 这是自动线上使用的一种夹具。它除了一般夹具所担负的装夹工件的任务外，还带着工件按照自动线的工艺流程，由自动线的运输机构运动到各台机床夹具上，并由机床夹具对其进行定位和夹紧。所以它是随被加工零件沿自动线从一个工位移

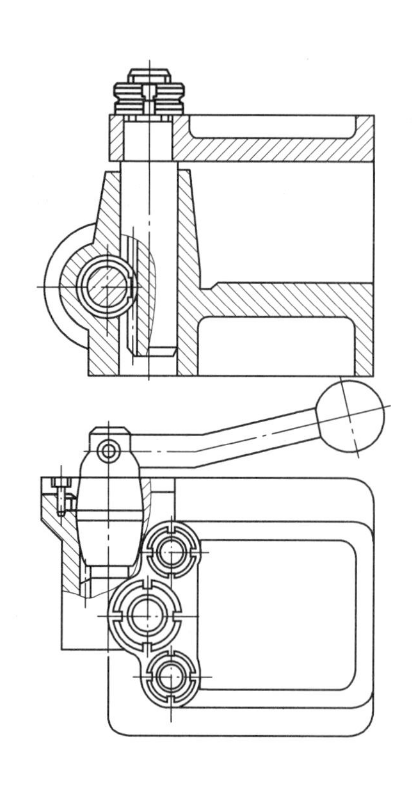
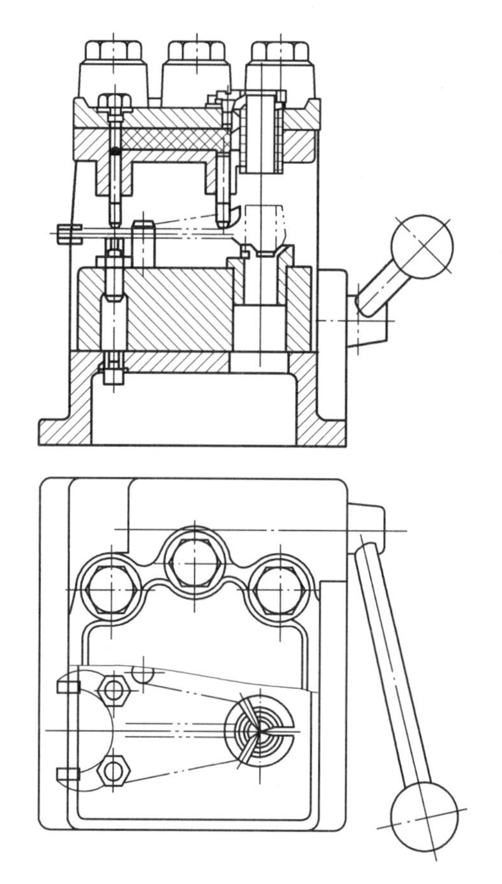

图 4-12　滑柱式钻模

到下一个工位的，故有“随行夹具”之称。

2. 按夹具使用的机床分类

按夹具使用的机床分类是专用夹具设计所用的分类方法，这类夹具包括车床夹具、铣床夹具、钻床夹具（又称钻模）、镗床夹具（又称镗模）、磨床夹具等。

3. 按夹具的动力源分类

夹具按夹紧的动力源可分为手动夹具、气动夹具、液动夹具、气液增力夹具、电磁夹具以及真空夹具等。

三、夹具的作用

1. 保证产品的质量

采用夹具后工件上有关表面的互换位置精度由夹具来保证比划线找正所达到的精度高，能保证产品质量的同时提高工作效率。

2. 提高劳动生产率，降低加工成本

采用夹具后可省略划线工序，减少找正所需辅助时间，同时操作方便、安全，安装稳固,可加大切削量,减少机动时间。

3. 解决机床加工、装夹中的特殊困难

有些工件如果不采用夹具进行加工,就很难达到图样要求。对于某些特殊工件无论数量多少不用夹具是无法加工的。

4. 扩大机床加工范围(或工艺范围)

使用夹具还可以扩大机床的加工范围,可以一机多用解决缺乏某种设备的困难。如可以利用摇臂钻床对回转盘类零件进行钻、扩、铰的加工。

四、机床夹具的组成

虽然夹具有各种类型,但在结构上基本是由以下这些即相对独立又彼此联系的部件所组成。

(1) 定位装置 夹具上确保工件取得正确位置的元件或装置,如图 4-13 中的圆柱销 5、菱形销 9 和支承板 4 都是定位元件,它们使工件在夹具中占据正确位置。

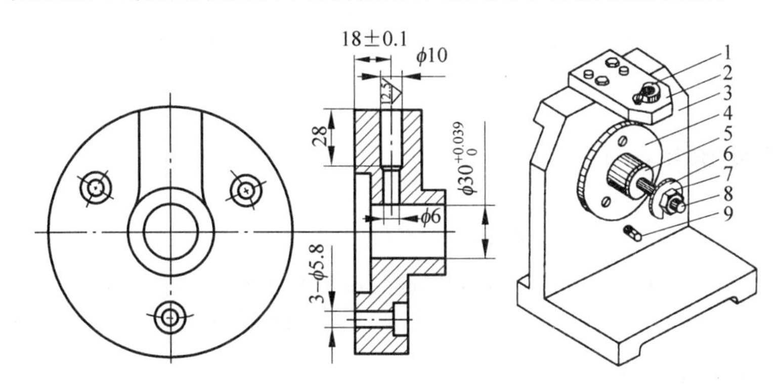

图 4-13 钻模夹具

1—钻套;2—钻模板;3—夹具体;4—支承板;5—圆柱销;6—开口垫圈;7—螺母;8—螺杆;9—菱形销

(2) 夹紧装置 这种装置包括夹紧元件或其组合和动力源。其作用是将工件压紧夹牢,保证工件在加工过程中不因受外力作用而改变其正确位置,同时防止或减少振动,如图 4-13 中的开口垫圈 6 是夹紧元件,与螺杆 8、螺母 7 一起组成夹紧装置。

(3) 对刀或导向元件 用来确定夹具与刀具之间的相互位置并引导刀具进行加工,多用于铣床夹具、钻床夹具和镗床夹具中,如图 4-13 中的钻套 1 是导向元件。

(4) 其他元件及装置 包括确定夹具在机床工作台上方位的安装元件,定位键,为使工件在一次安装中多次转为而加工不同位置上的表面所设置的分度装置,为便于卸下工件而设置的顶出装置,以及送料装置和标准化了的连接元件等。

(5) 夹具体 夹具体是夹具的基本元件,夹具的其他元件及装置都将通过它装配在一起,最终成为一个有机的整体,如图 4-13 中的夹具体 3。

夹具的组成因设计给定条件不同而变化,一般来说,定位装置、夹紧装置及夹具体是夹具的基本组成部分,其他装置和元件则按需确定。

4.2 工件的定位

知识目标

(1) 了解定位及夹紧的概念。

(2) 分析六点定位原理。

能力目标

(1) 区分工件定位及夹紧的区别。

(2) 根据六点定位原理,区分完全定位、不完全定位、重复定位及欠定位。

(3) 能结合零件形状,分布合理的定位支承点。

课前知识导入

工件的定位是由工件的定位基准(面)与夹具定位元件的工作表面(定位表面)相接触或相配合实现的。工件位置正确与否,用加工要求来衡量,一批工件逐个在夹具上定位时,每个工件在夹具中占据的位置不可能绝对一致,但每个工件的位置变动量必须控制在加工要求所允许的范围内。

想要加工出图 4-14 所示的后盖零件的径向孔,需要使用图 4-15 所示的夹具。如何确保零件在夹具中的位置准确,怎样设计好工件的定位方案,以及现有的设计方案是否能满足工件位置定位精准的要求,这些问题就是本节课主要的学习内容。

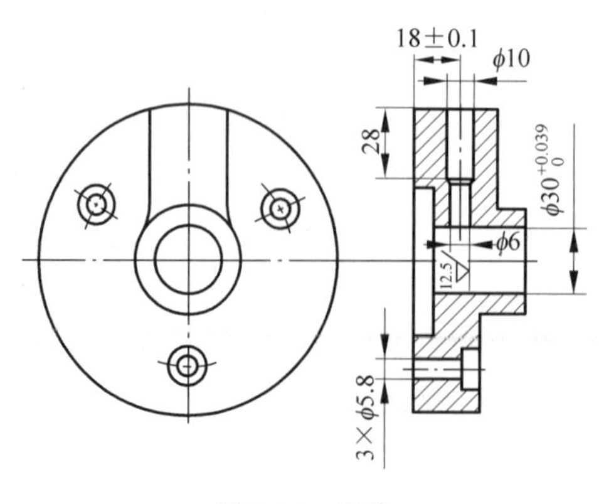

图 4-14 后盖

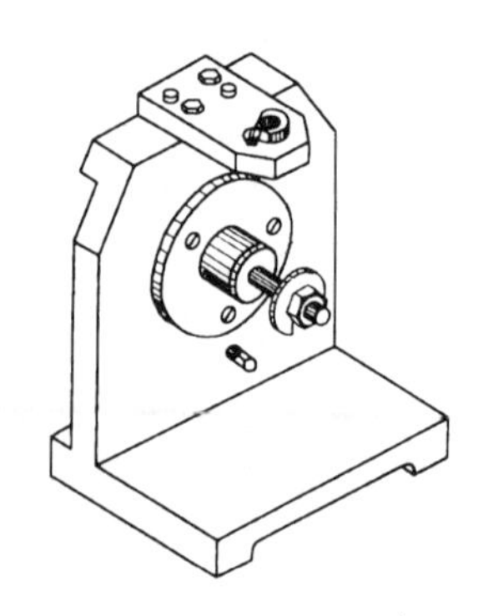

图 4-15 后盖钻夹具

一、定位和基准的基本概念

1. 工件的定位

定位：保证工件在车床或夹具中相对刀具有一个正确的加工位置。

工件的定位是靠工件上某些表面和夹具中的定位元件(或装置)相接触来实现的。工件的定位必须使一批工件逐次放入夹具中都能占有同一位置。能否保证工件位置的一致性，将直接影响工件的加工精度。

2. 基准的概念

基准是确定生产对象上几何要素的几何关系所依据的那些点、线、面，或者说基准就是"依据"的意思。

基准可分为设计基准和工艺基准两大类。工艺基准又可分为定位基准、测量基准和装配基准。我们这里只介绍与夹具设计有关的设计基准。

设计基准：设计图样中所采用的基准。

在加工中用作定位的基准称为定位基准。工件定位基准一经确定，工件其他部分的位置也就随之确定。

二、工件的六点定位原理

位于任意空间的刚体是一个自由体，它对于相互垂直的三个坐标轴共有六个自由度，如图 4-16 所示。

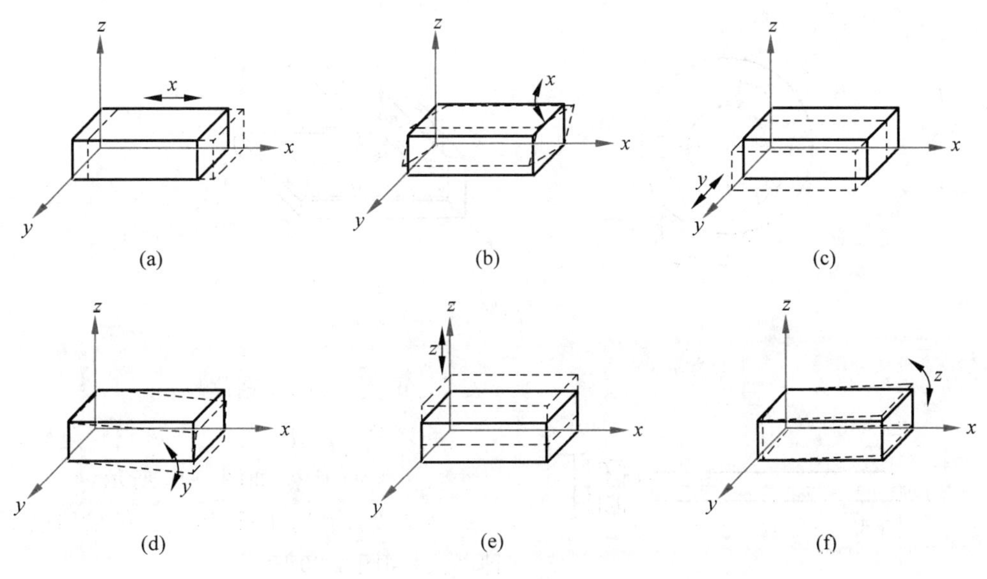

图 4-16 工件的六个自由度

沿 x 轴方向的移动，以 $\vec{x}$ 表示（见图 4-16(a)）；沿 x 轴方向的转动，以 $\widehat{x}$ 表示（见图 4-16(b)）。

沿 y 轴方向的移动，以 $\vec{y}$ 表示（见图 4-16(c)）；沿 y 轴方向的转动，以 $\widehat{y}$ 表示（见图 4-16(d)）。

沿 z 轴方向的移动，以 $\vec{z}$ 表示（见图 4-16(e)）；沿 z 轴方向的转动，以 $\widehat{z}$ 表示（见图 4-16(f)）。

这六个自由度是工件在空间位置不确定的最高程度。定位的任务就是要限制工件的自由度。

六点定位原理：在夹具中用合理适当分布的与工件接触的六个支承点来限制工件六个自由度的原理。

三、定位基本原理的几种情况

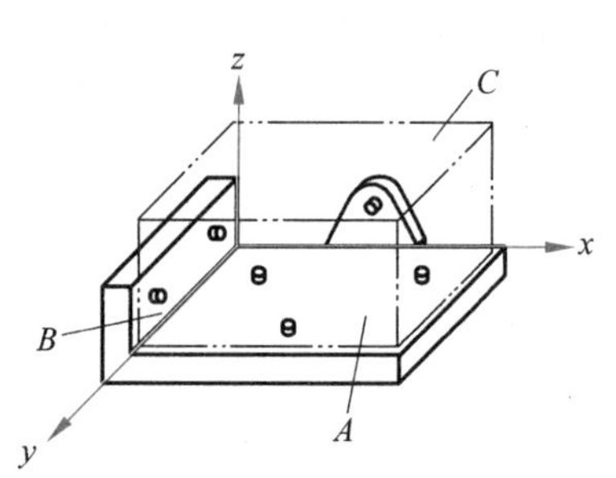

图 4-17 工件的完全定位

1. 完全定位

完全定位是工件的六个自由度全部被限制，工件在夹具中只有唯一的位置，如图 4-17 所示。

2. 不完全定位（部分定位）

不完全定位是在满足加工要求的前提下，少于六个支承点的定位。或者说没有完全限制工件六个自由度的定位，如图 4-18 所示。

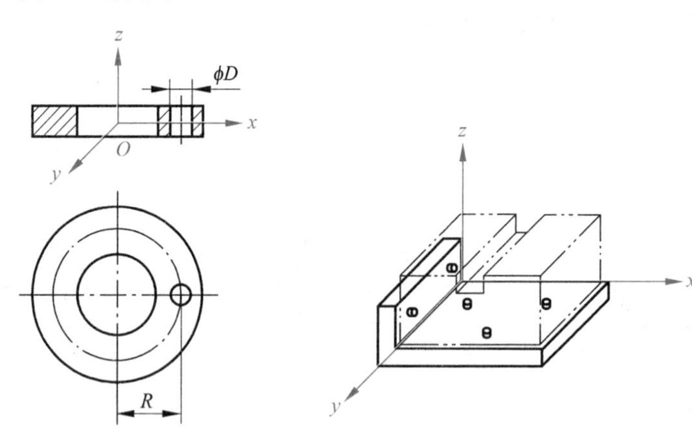

图 4-18 工件的不完全定位

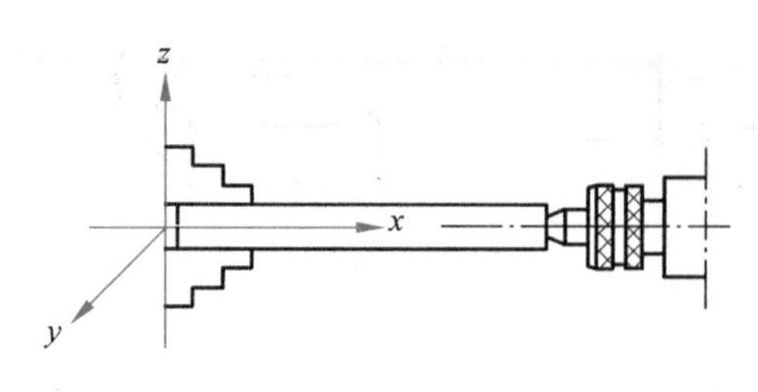

图 4-19 工件的重复定位

3. 重复定位（过定位）

重复定位是几个定位支承点重复限制同一个自由度的现象，如图 4-19 所示。

为了改善和防止重复定位，可采用以下几种办法，如图 4-20 所示。

从以上分析得知，重复定位对工件的定位

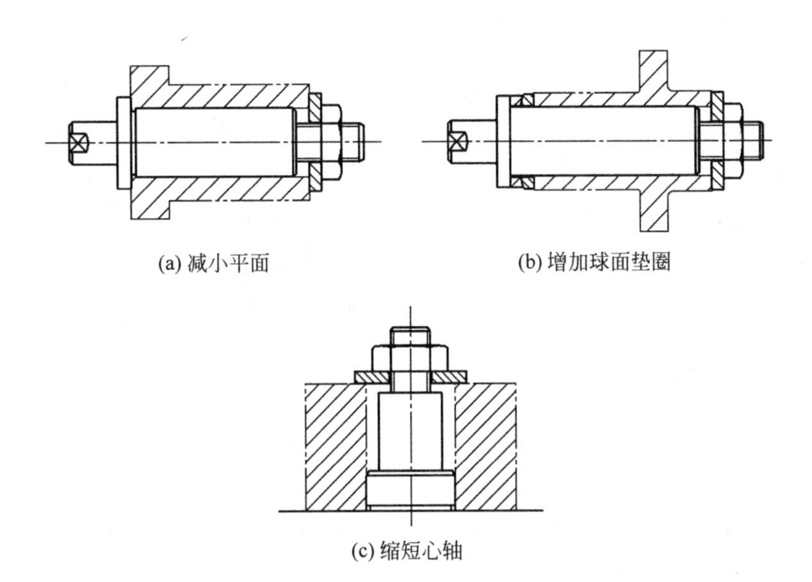

(a) 减小平面　　(b) 增加球面垫圈

(c) 缩短心轴

图 4-20 圆柱孔用心轴定位时防止重复定位的方法

精度有影响，一般是不允许的。只有工件的定位基准夹具上的定位元件精度很高时，重复定位才允许，这时它对提高工件的刚性和稳定性有一定的好处。

4. 欠定位

欠定位是指工件实际定位时，所限制的自由度数目少于按加工要求所必须限制的自由度数目，如图 4-21 所示。

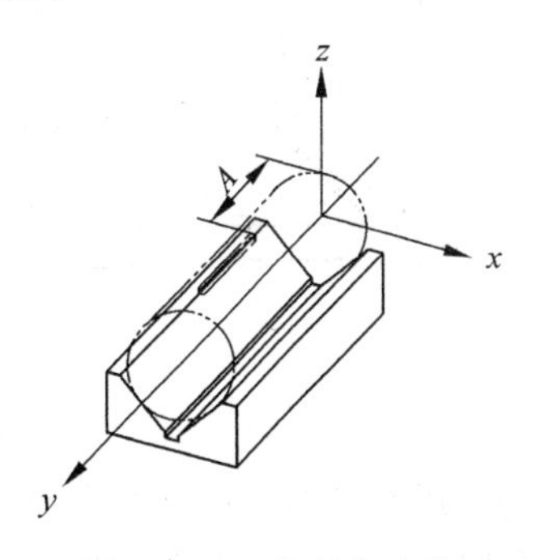

图 4-21 工件的欠定位

欠定位不能保证加工要求，往往会产生废品，因此是绝对不允许的。通常仔细分析定位点的作用，欠定位是很容易避免的。

必须指出，六点定位原理是从空间几何概念建立起来的，对分析任何工件的定位都适用，但具体应用在夹具上限制工件自由度的定位元件不一定是支承点，而常采用 V 形铁、平面、定位销、定位套等非点表面。

四、定位支承点的分布

如图 4 22 所示为物体的六个自由度，为了使工件在夹具中的位置安全确定，六个定位支承点应根据工件形状和加工要求合理分布。

1. 长方体工件定位

在图 4-23 所示的长方体工件上加工槽时，为了保证加工尺寸 $A\pm\Delta A$ 需要限制工件的$\vec{z}$、$\widehat{x}$、$\widehat{y}$三个自由度，为保证 $B\pm\Delta B$ 需要限制$\vec{x}$、$\widehat{z}$两个自由度，为保证 $C\pm\Delta C$ 需要限制$\vec{y}$自由度，即完全定位。

在工件的底面上合理地布置三个支承点，可限制工件的$\vec{z}$、$\widehat{x}$、$\widehat{y}$三个自由度，如图 4-24(a)所示，该平面称为主要定位基准面。这三个定位支承点应处于同一个水平面内，

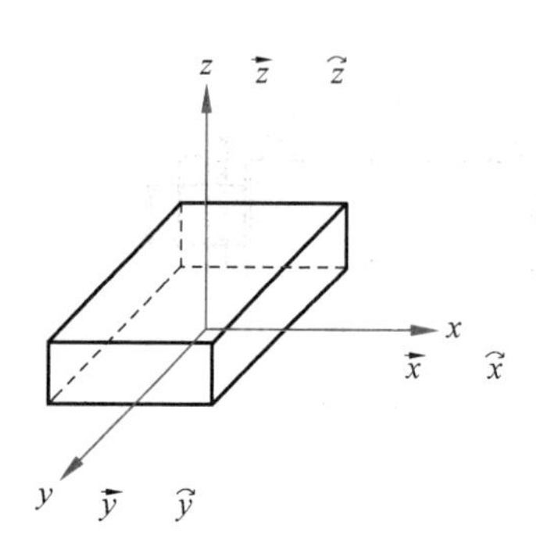

图 4-22 物体的六个自由度

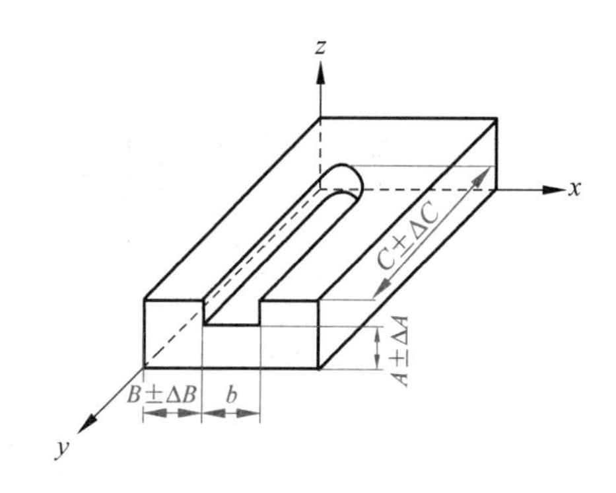

图 4-23 长方体工件铣槽要求加工简图

且相互距离尽可能远，主要定位基准的三个支承点不能放在同一直线上，如图 4-24(b)所示。

在工件的垂直侧面上布置两个支承点(注：两点的连线不能与主要定位基准面垂直)可限制工件的$\vec{x}$、$\widehat{z}$两个自由度，该面称为导向基准面。要求两支承点距离尽量远些，且要在同一侧平面上，以便导向正确，如图 4-24(c)所示。

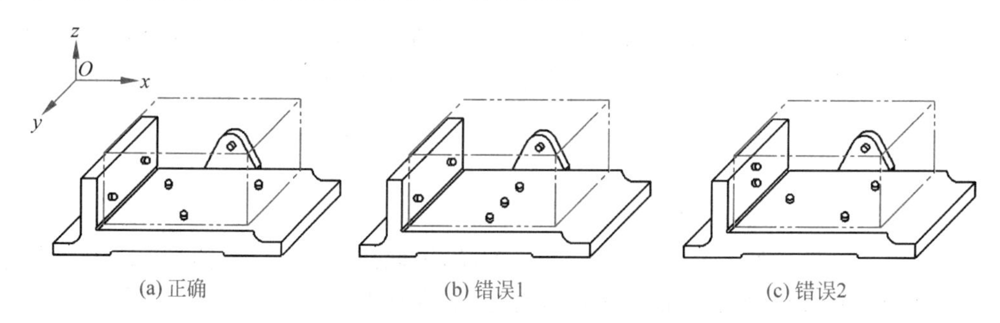

(a) 正确 (b) 错误1 (c) 错误2

图 4-24 长方体工件定位支承点布置

在工件的正垂直面上布置一个支承点，可限制工件的$\vec{y}$自由度，该面称为止推定位基准面。一般选择工件上最窄小、与切削力方向相对应的表面。

2. 轴类工件的定位

在图 4-25 所示轴上铣槽。为保证槽宽 b 对轴线的对称度，槽侧面与轴线的平行度，应在轴侧母线上布置两个支承点，即限制$\vec{x}$、$\widehat{z}$两个自由度。为保证槽深尺寸 $H\pm\Delta H$，槽底面与轴线的平行度，应在下母线上布置两个支承点，限制$\vec{z}$、$\widehat{x}$两个自由度。在已加工的槽内布置一个支承点限制$\widehat{y}$自由度，以保证槽 b 与已加工槽的相对位置。在轴端面布置一个支承点，限制工件$\vec{y}$自由度，以保证槽长度尺寸 $L\pm\Delta L$。

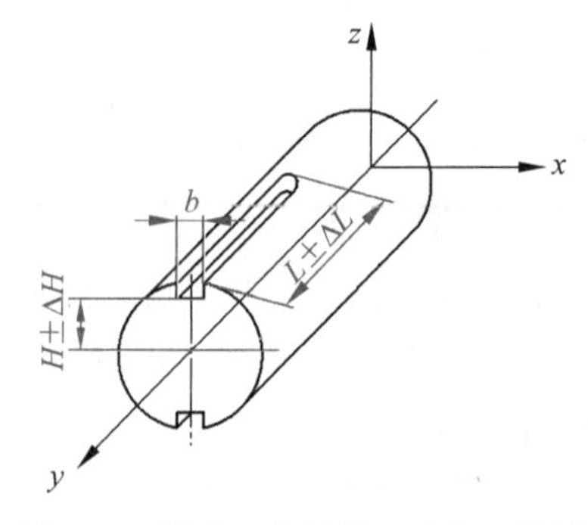

图 4-25 轴类工件铣槽要求加工简图

如图 4-26 所示，圆柱面上布置的四个支承点(图中点 1、2、4、5)称为双导向支承。在端面上的支承点(图中点 6)称为止推支承。键槽上的支承点(图中点 3)称为防转支承。防转支承应尽可能远离回转中心以减小转角误差。

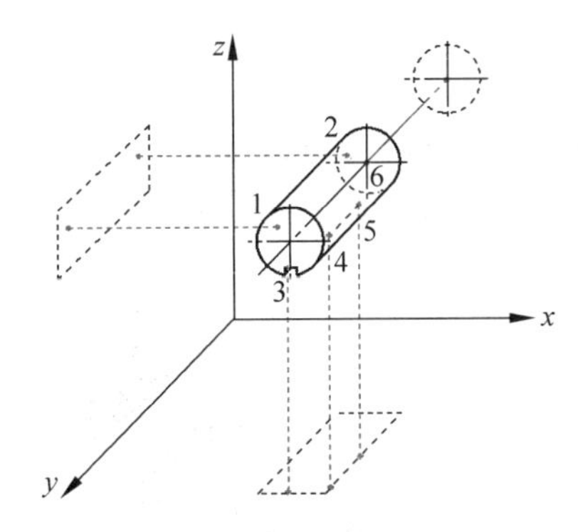

图 4-26 轴类零件铣槽时定位支承部分

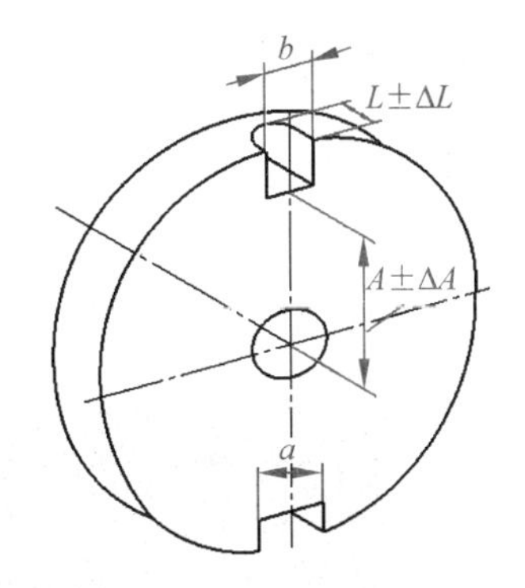

图 4-27 盘类零件铣槽加工要求

3. 盘类工件定位

如图 4-27 所示，在盘类工件上铣削槽 b。为保证槽底面与内孔轴线的平行度，应限制工件的$\overset{\frown}{y}$自由度。为保证槽侧面与孔轴线的对称度，要限制工件的$\overset{\frown}{z}$、$\vec{y}$两个自由度。为保证槽长度$L\pm\Delta L$，应限制工件的$\vec{x}$自由度。为保证槽深 $A\pm\Delta A$，要限制工件的$\vec{z}$自由度。为保证槽 b 与槽 a 的相对位置，应限制工件的$\overset{\frown}{x}$自由度。因此在图 4-28 中，支承点 1、2、3 限制了工件的$\vec{x}$、$\overset{\frown}{z}$、$\overset{\frown}{y}$自由度，支承点 4、5 限制了工件的$\vec{z}$、$\vec{y}$自由度，支承点 6 限制了工件的$\overset{\frown}{x}$自由度。

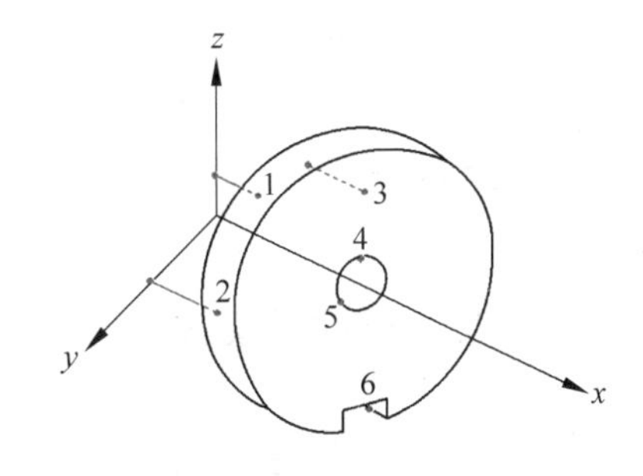

图 4-28 盘类零件定位支承点布置

通过以上分析可知：工件加工时应限制的自由度取决于加工要求，而定位支承点的布置取决于工件的形状。

4.3 工件的定位方法和定位元件

(1) 明确工件定位的不同方式。
(2) 理解不同定位元件的特性。

(1) 能根据不同的情况选取合理的定位方式。
(2) 学会分析典型零件限制的自由度种类。

工件的定位,除根据加工要求选择合适的表面作为定位基准面外,还必须选择正确的定位方法,将定位基面支承在适当部分的定位支承点上,然后将各支承点按定位基面的具体结构形状具体化为定位元件。如图4-29、图4-30所示为常用的定位元件V形铁和心轴。

图4-29 V形铁

图4-30 心轴

工件的定位基准面有多种形式,如平面、外圆柱面、内孔等。本节课主要研究的就是如何根据工件上定位基准面的不同采用不同的定位元件,使定位元件的定位面和工件的定位基准面相接触或配合,实现工件的定位。

学习内容

一、工件以平面定位

如图4-31所示,当工件以平面作为定位基准时,由于工件的定位平面和夹具的表面不可能是绝对的理想平面(特别是毛坯面作为定位基准时),只可能由最凸出的三点接触。并且在一批工件中这三点的位置都不一样。为了保证定位的稳定可靠,应采用三点定位方法,并尽量增大支承间的距离,使三点所构成的支承三角形面积尽可能大。

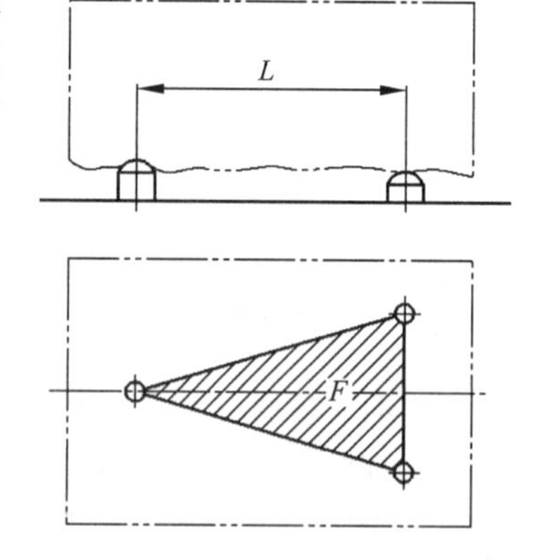

图4-31 毛坯平面的定位情况

工件以平面定位时的定位元件主要有以下几种。

1. 支承钉

标准结构支承钉有平头式(A型)、球面式(B型)、网纹顶面式(C型)。

A型:适用于已加工表面的定位,因为是面接触,所以可以减少支承钉头部的磨损。

B型:适用于未加工平面的定位,因为是点接触,所以头部易磨损。

C型:有利于增大摩擦力,但在水平位置时容易积屑,影响定位,故常用于未加工的侧平面定位。

支承钉材料一般为T7A,渗碳淬硬至60～64HRC。为使所有的支承钉等高,平头支承钉头部留有 0.2～0.3mm 余量，待支承钉全部装配后再一次磨平。

2. 支承板

支承板适用于精加工的平面定位。

A 型：支承板沉头螺钉凹坑处积屑不易清除，会影响定位，一般用于侧平面定位。

B 型：支承板上有斜槽，易清除积屑，且支承板与工件接触少，定位较准确。

3. 可调支承

如图 4-32 所示，可调支承分为圆头式、尖头式、摆动式。适用于当每批工件的加工余量不相同，定位尺寸、基准稍有变化的情况，一般用于粗基准定位。平面定位的三点，只有一个可调支承。

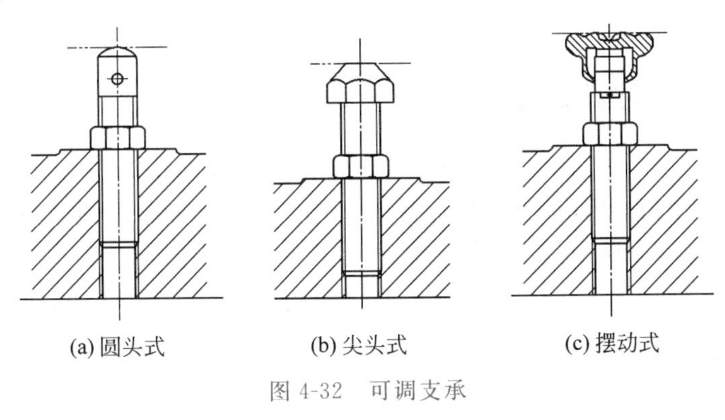

(a) 圆头式　(b) 尖头式　(c) 摆动式

图 4-32　可调支承

4. 辅助支承

如图 4-33 所示，当工件由于结构上的特点使定位不稳定或工件局部刚性较差而容易变形时，可在工件的适当部位设置辅助支承。这种支承是在工件定位后才参与支承，仅与工件适当接触，不起任何清除自由度的作用。

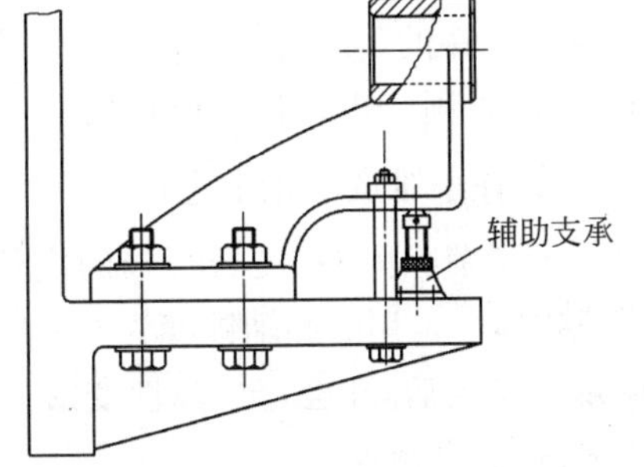

图 4-33　辅助支承

二、工件以外圆定位

工件以外圆定位时，最常见的定位元件有 V 形铁、定位套筒、定位环、半圆弧定位装置。

1. 工件在 V 形铁上定位

工件以外圆柱面作为定位基准时，主要是保证外圆柱面的轴线在夹具中占有预定的位置。V 形铁是由两个定位平面形成夹角 α 的一种定位元件。α 有 60°、90°、120°三种。长 V 形铁可以限制工件的$\vec{x}$、$\vec{z}$、$\widehat{x}$、$\widehat{y}$四个自由度，短 V 形铁可以限制工件的$\vec{x}$、$\vec{z}$两个自由度，如图 4-34 所示。

特点：当工件定位外圆直径变化时，可保证圆柱体轴向在水平方向上（x 轴方向）没有定位误差，但在垂直平面方向上（z 轴方向）有定位误差，即“对中性好”。

2. 在半圆弧上定位

如图 4-35 所示，这种装置的下半圆弧固定在夹具体上，起定位作用。上半圆弧是活动的，起夹紧作用。由于工件在半圆弧上定位时与夹具的接触面较大，表面不易受损，因此适用于外圆已精加工过的工件。为了保证定心良好，半圆弧的下半部应适当挖空。

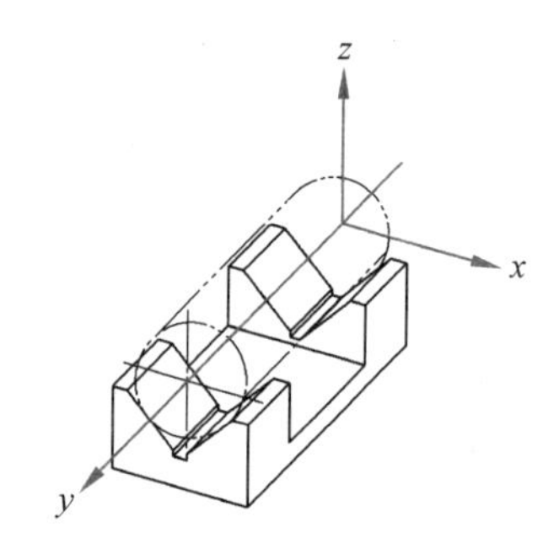

图 4-34 工件在 V 形铁上定位

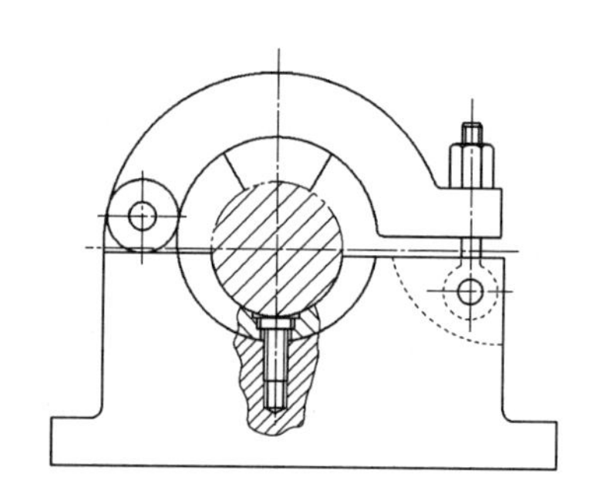

图 4-35 工件在半圆弧上定位

三、工件以圆柱孔定位

在车削齿轮、套筒、盘类工件的外圆时，一般以加工好的孔作为定位基准比较方便，并能保证外圆轴线与内孔轴线的同轴度要求。工件的圆柱孔通常用圆柱心轴、小锥度心轴、胀力心轴等定位。对于带有锥孔、螺纹孔、花键孔的工件定位，常用相应的锥体心轴、螺纹心轴和花键心轴。

1. 在圆柱心轴上定位

如图 4-36 所示，圆柱心轴是以外圆柱表面定心，端面压紧来装夹工件的。心轴和工件一般采用 H7/h6 或 H7/g6 的间隙配合，工件能很方便地套在心轴上。但由于配合间隙的存在，一般只能保证 0.02mm 的同轴度。长圆柱心轴限制了工件的$\vec{y}$、$\vec{z}$、$\widehat{y}$、$\widehat{z}$自由度，左端面限制了工件的$\vec{x}$自由度。注意：左端外圆直径不能过大，否则会出现过定位现象。

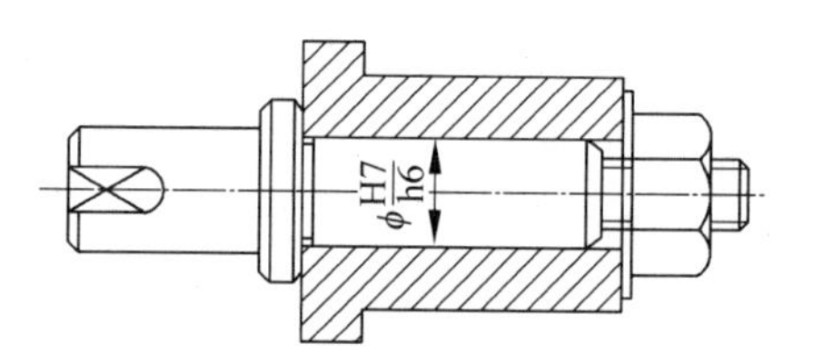

图 4-36 在圆柱心轴上定位

2. 在小锥度心轴上定位

为了消除间隙，提高心轴的定位精度，心轴可做成锥体。常用的心轴锥度为 $C=1/5000\sim1/1000$。定位时工件楔紧在心轴上，如图 4-37 所示。楔紧后，孔会产生弹性变形，从而使工件装牢，且不至于倾斜。它限制了工件的$\vec{x}$、$\vec{y}$、$\vec{z}$、$\widehat{y}$、$\widehat{z}$自由度。

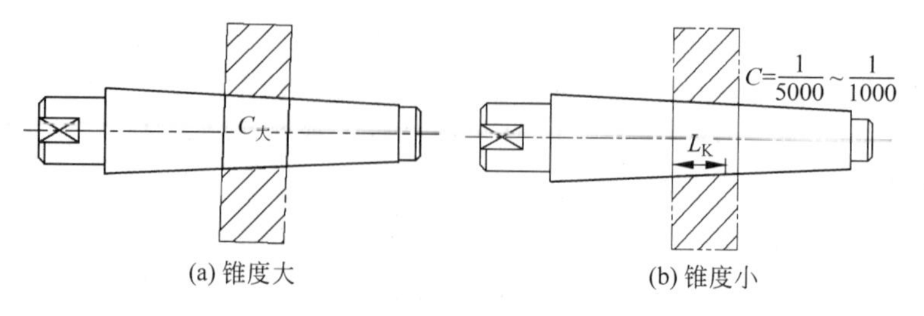

(a) 锥度大 (b) 锥度小

图 4-37 圆锥心轴的接触情况

小锥度心轴的优点是靠楔紧产生的摩擦力带动工件，所以不需要夹紧装置，定心精度高，可达0.005～0.01mm。缺点是工件在轴向无法定位。

使用小锥度心轴定位时，一般适用于工件定位孔的公差等级在IT7以上。

3. 圆锥心轴

如图4-38所示，当工件带有圆锥孔时，一般可用与工件锥度相同的圆锥心轴定位。该种定位限制工件的五个自由度。

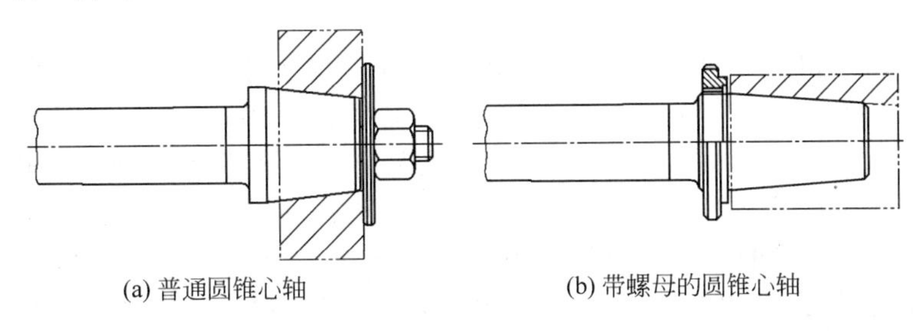

(a) 普通圆锥心轴　　(b) 带螺母的圆锥心轴

图4-38　圆锥心轴

注意：如果圆锥半角小于自锁角6°时，为方便卸下工件，可在心轴大端配上一个退出工件的螺母。

4. 螺纹心轴

如图4-39所示，当工件带有内螺纹时，一般可用与之相配的螺纹心轴定位。工件旋紧后，以其端面顶在心轴支承面上来定位。该种定位限制了工件的五个自由度。

注意：左端外圆不宜过大。在使用这种心轴时，工件上要有安放扳手的表面，以便卸下工件。为了拆卸方便，也可以在螺纹心轴上安放螺母。

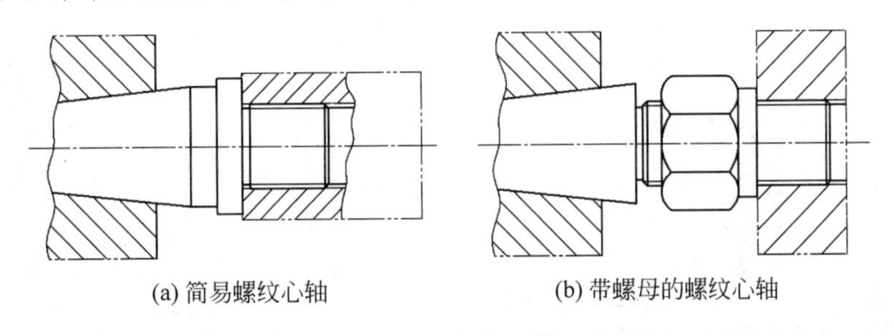

(a) 简易螺纹心轴　　(b) 带螺母的螺纹心轴

图4-39　螺纹心轴

5. 花键心轴

如图4-40所示，带有花键孔的工件，如齿轮，在工艺上都要安排拉削花键孔。由于拉削花键孔时的定位基准是浮动的，无法保证同轴度和垂直度，因此，一般都安排在花键心轴上精车外圆和端面。该心轴定位部分外圆有1/5000～1/1000锥度。这种定位限制了工件的五个自由度。

四、工件以两孔一面定位

如图4-41所示，当工件以两个平行孔与跟其相垂直的平面作为定位基准时，可用一个

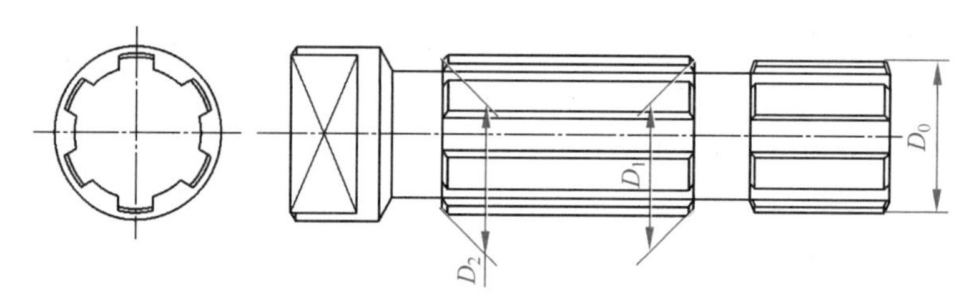

图 4-40 花键心轴

圆柱销、一个菱形销和一个平面作为定位元件来定位。这种定位限制了工件的 6 个自由度。

如图 4-42 所示，采用这种定位方法时，如果用两个短圆柱销和一个平面定位元件就会出现重复定位。装上工件时，第一个孔能正确装到第一个销上，但第二个孔往往因工件孔距误差和夹具销距误差的影响而装不进去，如图 4-42(a)所示。这时，如果把第二个销的直径减小，并使其减小量足以补偿销中心距和孔中心距误差的影响，如图 4-42(b)所示。虽然工件装上了，但却增大了孔、销之间的配合间隙，使工件增加了绕 z 轴转动的转角误差，影响加工精度。所以一般将第二个销子做成菱形销，如图 4-42(c)所示。这样，在两孔连心线方向上仍有减小第二个销子直径的作用。而在垂直于连心线方向上，由于销子的直径不变，因此，工件没有转角误差。

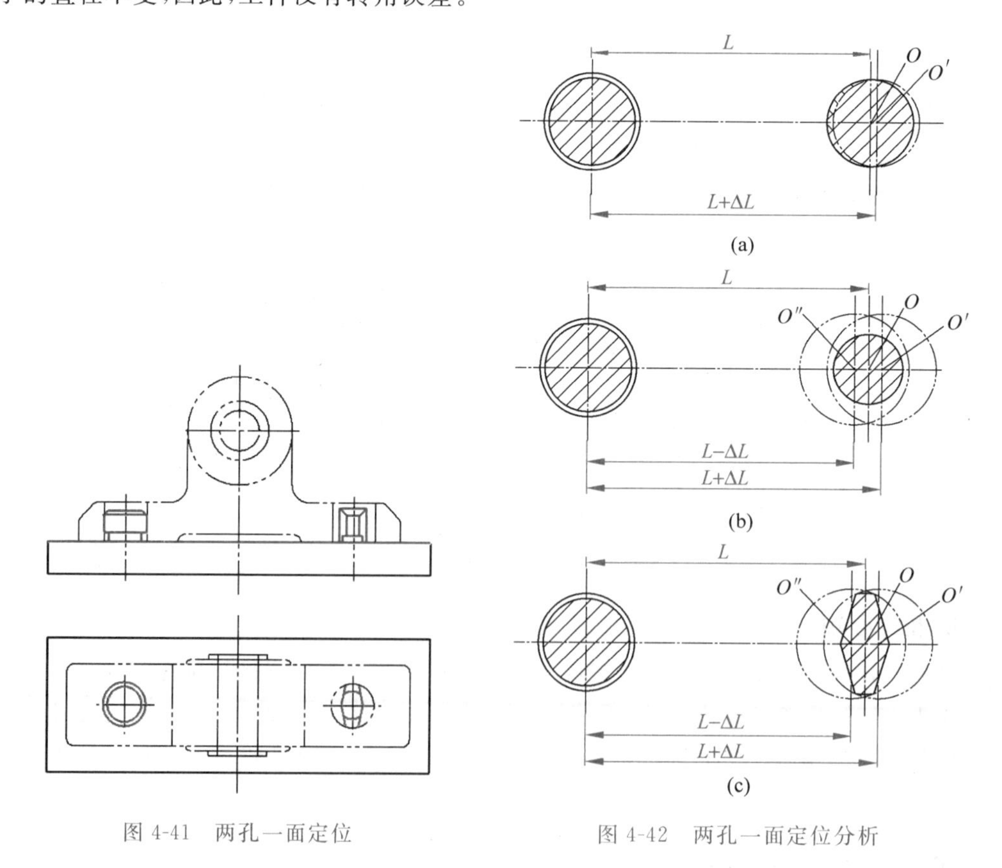

图 4-41 两孔一面定位

图 4-42 两孔一面定位分析

注意：使用菱形销时，要使它的横截面长轴垂直于两销连心线。否则，不仅起不到作用，反而会增大转角误差。

4.4 工件在夹具中的夹紧

知识目标

（1）了解夹紧装置的相关概念。
（2）明确夹紧力对工件定位的影响。

能力目标

理解夹紧力对工件装夹产生的影响。

课前知识导入

如图 4-43 所示，工件在夹具上定位以后，必须采用一些装置将工件夹紧压牢，使其在加工过程中不会因受切削力、惯性力等作用而产生位移或振动。这类将工件夹紧压牢的装置及夹紧力的分析就是本节课所要学习的知识。

图 4-43 装夹在夹具上的工件

学习内容

工件选定以后，由于在加工过程中受到的切削力、惯性力以及工件自重等因素的影响将使工件产生位移或振动，从而破坏工件已确定的加工位置。因此，在夹具中应设有夹紧装置，以产生适当的夹紧力把工件夹紧，使工件在加工过程中始终固定在正确的位置上。

夹紧装置：工件定位后将其固定，使其在加工过程中保持定位位置不变的装置。

一、对夹紧装置的基本要求

（1）牢：夹紧后应保证工件在加工过程中的位置不发生变化。
（2）正：夹紧时应不破坏工件的正确定位。
（3）快：操作方便，安全省力，夹紧迅速。
（4）简：结构简单紧凑，有足够的刚性和强度，便于制造。

二、夹紧力和夹紧时的注意事项

夹紧力的确定包括夹紧力的大小、方向、作用点三个要素。

1. 夹紧力的大小

夹紧力必须保证工件在加工过程中位置不发生变化，但夹紧力也不能过大，过大会造成工件变形。夹紧力的大小可以计算，但一般用经验估计法获得。

2. 夹紧力的方向

(1) 夹紧力的方向应尽可能垂直于工件的主要定位基准面。使夹紧稳定可靠，保证加工质量，如图 4-44 所示。

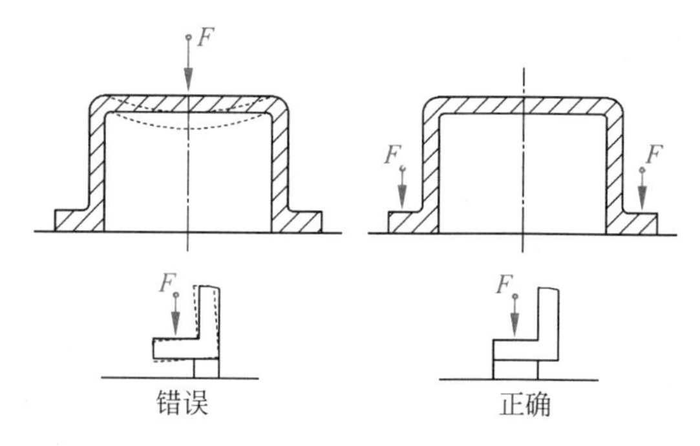

图 4-44 夹紧力的方向

(2) 夹紧力的方向应尽量与切削力的方向一致。

3. 夹紧力的作用点

(1) 夹紧力的作用点应尽可能地落在主要定位面上，这样可以保证夹紧稳定可靠。

(2) 夹紧力的作用点应与支承点对应，并尽量作用在工件刚性较好的部位。

(3) 夹紧力的作用点应尽量靠近加工表面，防止工件产生振动。如无法靠近，可采用辅助支承，如图 4-45 所示。

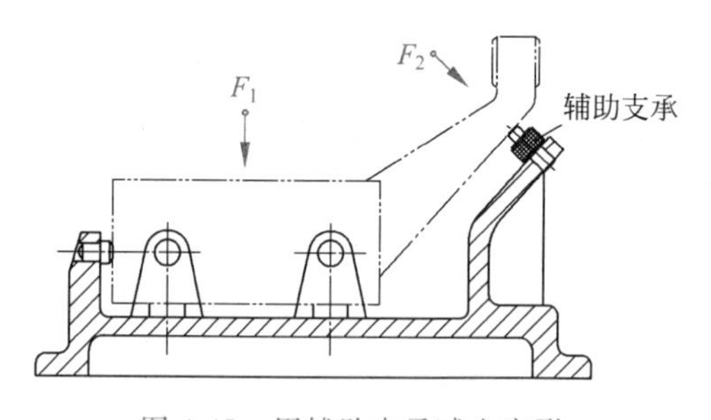

图 4-45 用辅助支承减少变形

4.5 基本夹紧机构

(1) 区分相同定位基准，不同定位元件的区别。

(2) 介绍不同定位元件的特点。

能力目标

(1) 能根据不同限制自由度的要求选择合理的定位元件。

(2) 能结合实际加工理解不同定位方式。

课前知识导入

夹紧装置的种类有很多，在实际生产加工中应当选择合理、适当的定位元件进行支承来限制工件的相应自由度，以此来达到加工出合格工件的目的。能较好地对定位元件支承点及自由度限制进行分析是本节课所要学习的主要内容。

学习内容

本节学习内容见表 4-1。

表 4-1　学习内容

工件定位基准	定位元件	支承点分布	限制自由度
平面	A型	较小 z O y O y x	$\vec{y}$
	B型	z O y O y x	$\vec{x}$ $\vec{z}$
	C型 支承钉	较大 z O y O y x	$\vec{z}$ $\overset{\frown}{x}$ $\overset{\frown}{y}$

续表

工件定位基准	定位元件	支承点分布	限制自由度
平面	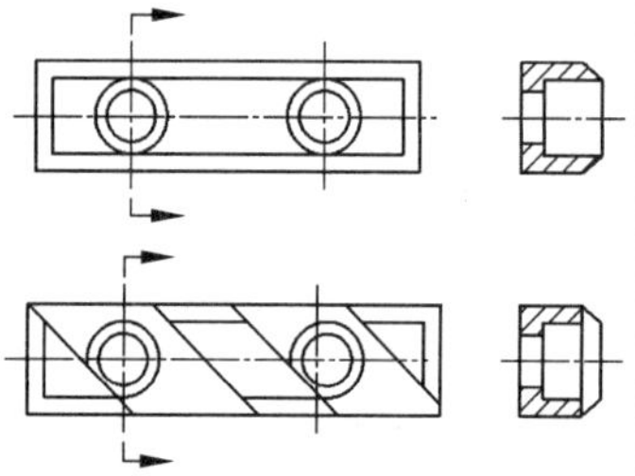 支承板	狭长 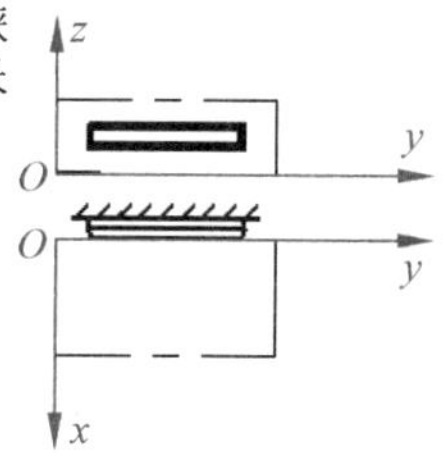	$\vec{x}$ $\overset{\curvearrowright}{z}$
外圆柱面	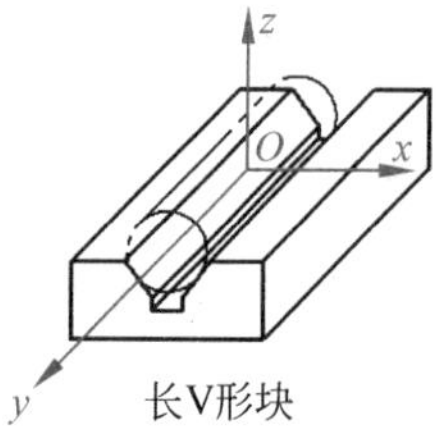 长V形块 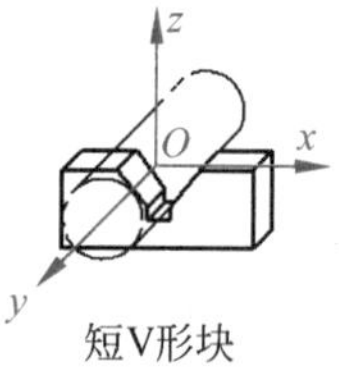 短V形块	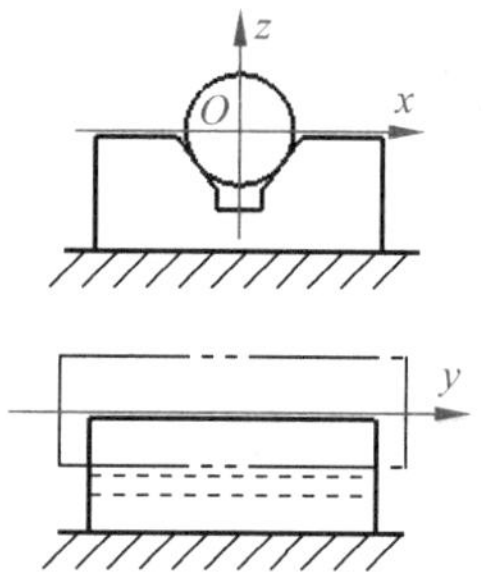 较长 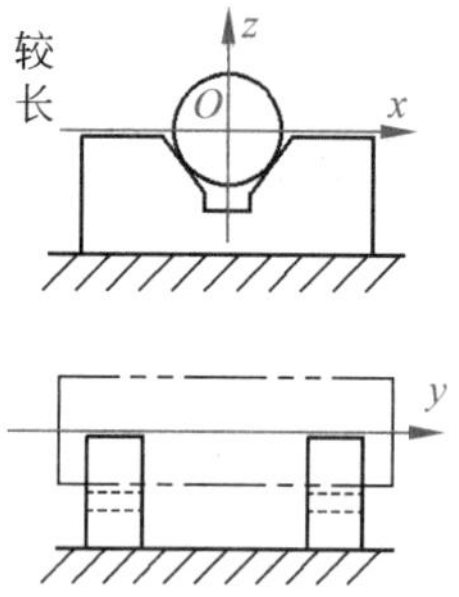	$\vec{x}$ $\vec{z}$ $\overset{\curvearrowright}{x}$ $\overset{\curvearrowright}{z}$
		较短 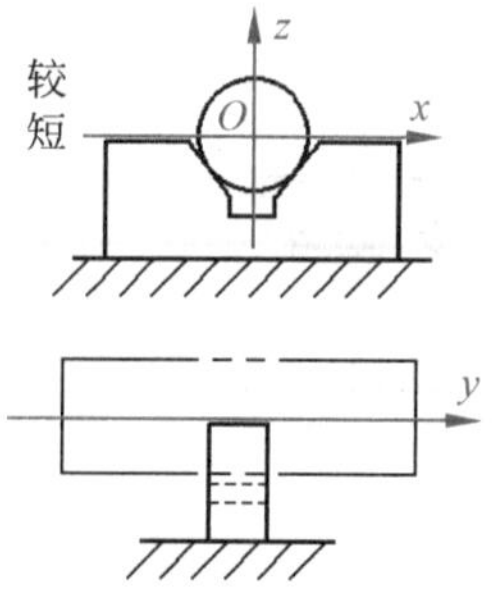	$\vec{x}$ $\vec{z}$

续表

工件定位基准	定位元件	支承点分布	限制自由度
外圆柱面	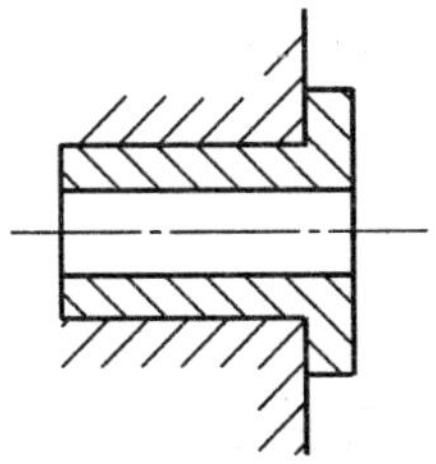 定位套筒	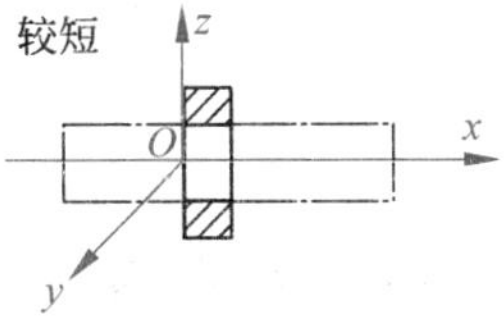 较短	$\vec{y}$ $\vec{z}$
		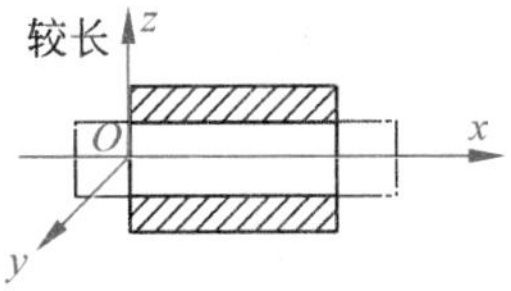 较长	$\vec{y}$ $\overset{\frown}{y}$ $\vec{z}$ $\overset{\frown}{z}$
	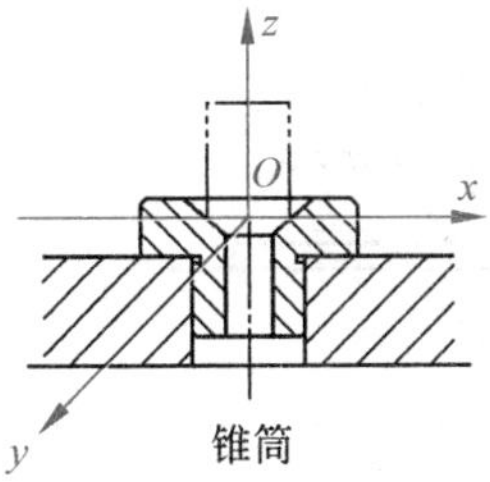 锥筒	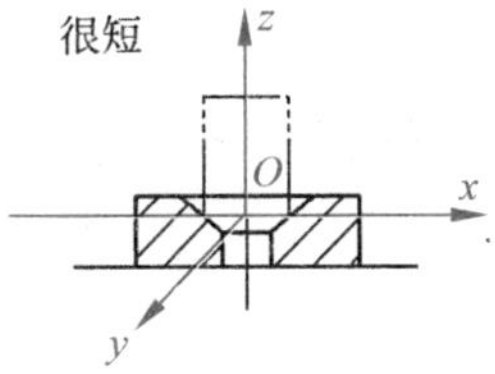 很短	$\vec{x}$ $\vec{y}$ $\vec{z}$
面柱孔	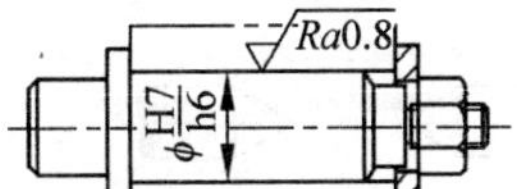 $Ra0.8$ $\phi\frac{H7}{h6}$ 定位心轴	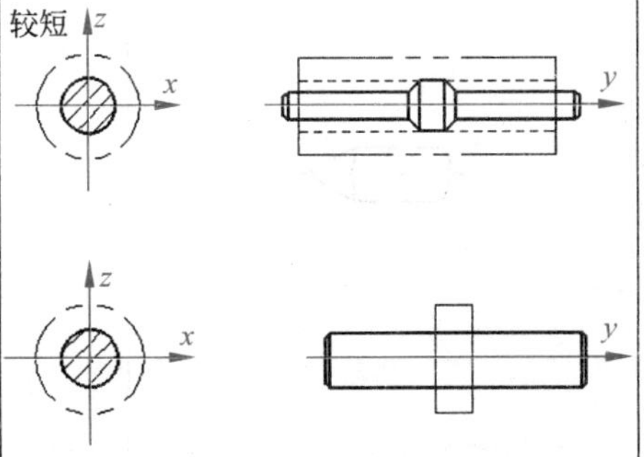 较短	$\overset{\frown}{x}$ $\overset{\frown}{z}$
		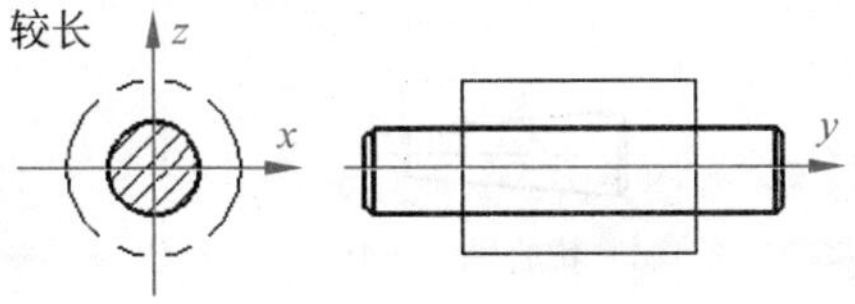 较长	$\vec{x}$ $\overset{\frown}{x}$ $\vec{z}$ $\overset{\frown}{z}$

续表

工件定位基准	定位元件	支承点分布	限制自由度
面柱孔	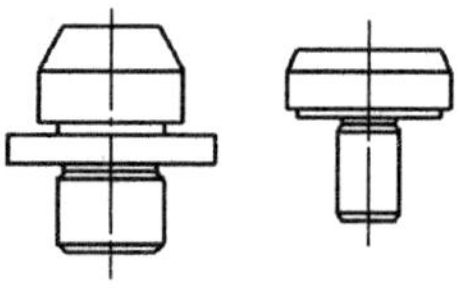 定位销	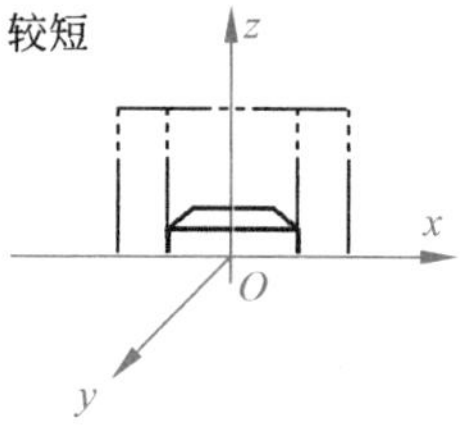 较短	$\vec{x}$ $\vec{y}$
		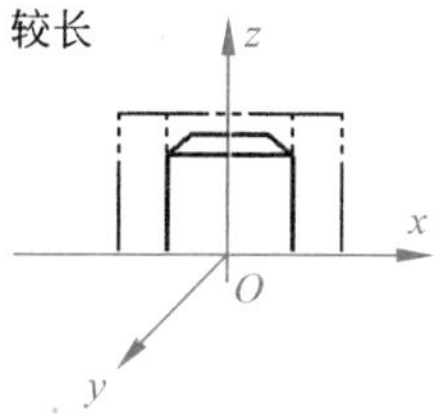 较长	$\vec{x}$ $\overset{\frown}{x}$ $\vec{y}$ $\overset{\frown}{y}$
	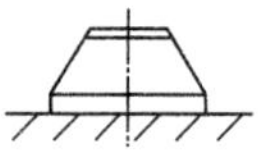 圆锥定位销	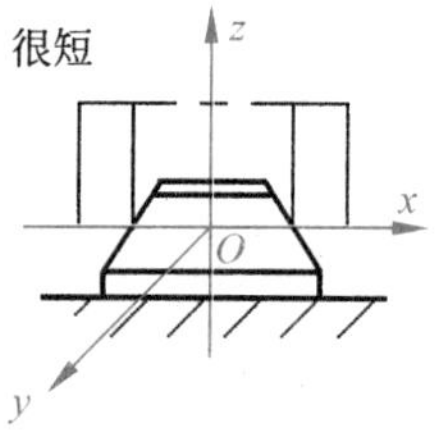 很短	$\vec{x}$ $\vec{y}$ $\vec{z}$
圆锥孔	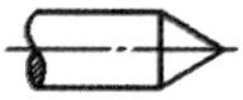 顶尖	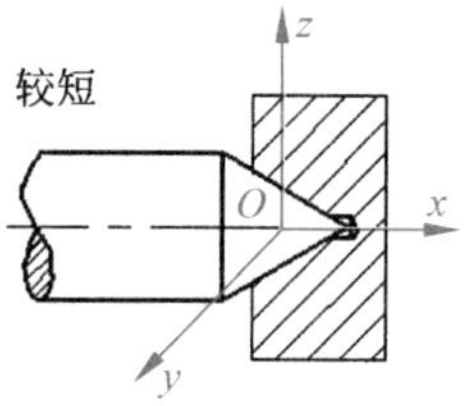 较短	$\vec{x}$ $\vec{y}$ $\vec{z}$
		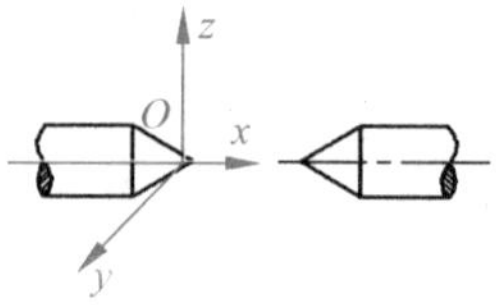	$\vec{x}$ $\vec{y}$ $\overset{\frown}{y}$ $\vec{z}$ $\overset{\frown}{z}$
	 锥心轴	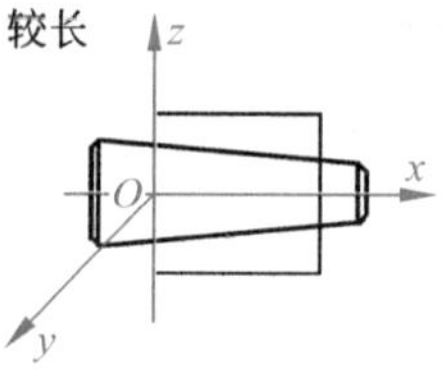 较长	$\vec{x}$ $\vec{y}$ $\overset{\frown}{y}$ $\vec{z}$ $\overset{\frown}{z}$

组合夹具简介

组合夹具是一种标准化、系列化、柔性化程度很高的夹具。它由一套预先制造好的具有不同几何形状、不同尺寸的高精度元件与合件组成，包括基础件、支承件、定位件、导向件、压紧件、紧固件、其他件、合件等。使用时按照工件的加工要求，采用组合的方式组装成所需的夹具。

1. 组合夹具的特点

(1) 组合夹具一般是为某一工件的某一工序组装的专用夹具。组合夹具适用于各类机床，但以钻模和车床夹具用得最多。

(2) 组合夹具把专用夹具的设计、制造、使用、报废的单向过程变为组装、拆散、清洗入库、再组装的循环过程。可用几小时的组装周期代替几个月的设计制造周期，从而缩短了生产周期；节省了工时和材料，降低了生产成本；还可减少夹具库房面积，有利于管理。

(3) 和专用夹具一样，组合夹具的最终精度是靠组成元件的精度保证的，不允许进行任何补充加工，否则将无法保证元件的互换性，因此组合夹具元件本身的尺寸、形状和位置精度以及表面质量要求较高。因为组合夹具需要多次装拆、重复使用，故要求有较高的耐磨性。

(4) 组合夹具不受生产类型的限制，可以随时组装，以应生产之急，特别适应于新产品试制和多品种小批量生产，所以近年来发展迅速，应用较广。

(5) 组合夹具的主要缺点是体积较大，刚性较差，尤其是元件连接的接合面接触刚度对加工精度影响较大。

2. 槽孔系组合夹具

(1) 基础件　它常作为组合夹具的夹具体。如图 4-46 中的基础件为长方形基础板做的夹具体。

(2) 支承件　它是组合夹具中的骨架元件，数量最多、应用最广。它可作为各元件间的连接件，又可作为大型工件的定位件。

(3) 定位件　它用于工件的定位及元件之间的定位。

(4) 导向件　它用于确定刀具与夹具的相对位置，起引导刀具的作用。

(5) 夹紧件　它用于压紧工件，也可用作垫板的挡板。

(6) 紧固件　它用于紧固组合夹具中的各种元件及紧固被加工工件。

(7) 其他件　以上六类元件之外的各种辅助元件。

(8) 合件　它是由若干零件组合而成，在组装过程中不拆散使用的独立部件。使用合件可以扩大组合夹具的使用范围，加快组装速度，减小夹具体积。

3. 孔系组合夹具

德国、英国、美国等都有各自的孔系组合夹具。图 4-47 所示为德国 BIUCO 公司的孔系组合夹具组装示意图。

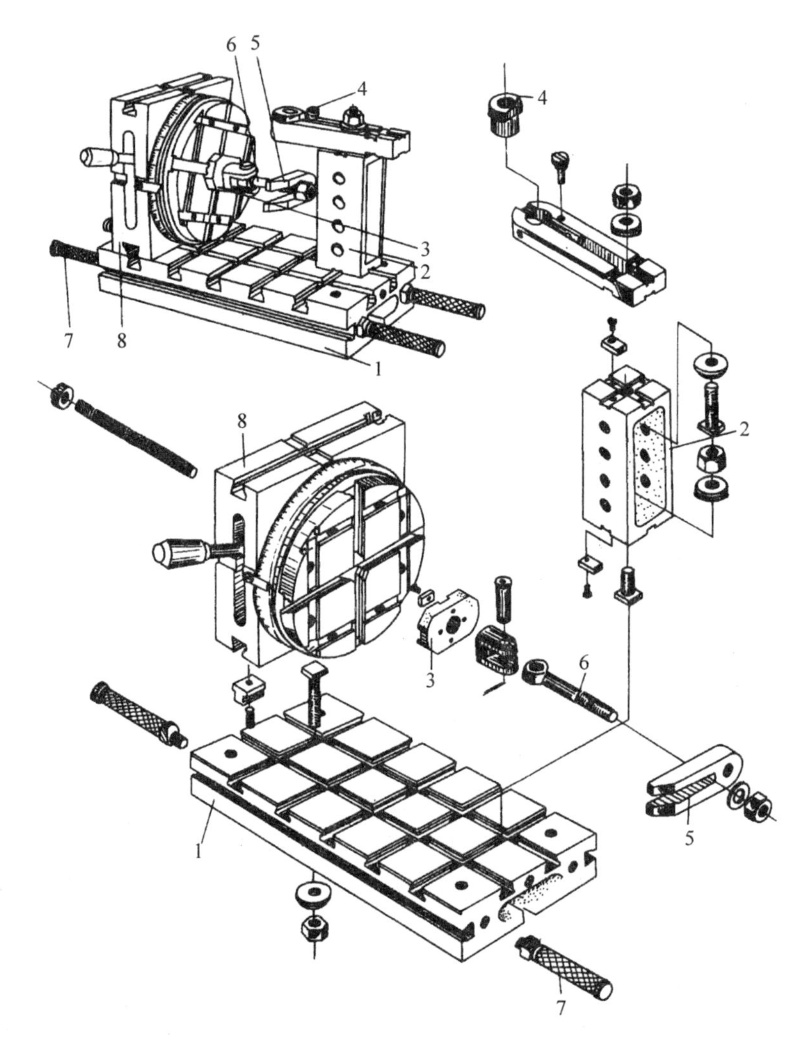

图 4-46 盘类零件钻径向分度孔组合夹具

1—基础件；2—支承件；3—定位件；4—导向件；5—夹紧件；6—紧固件；7—其他件；8—合件

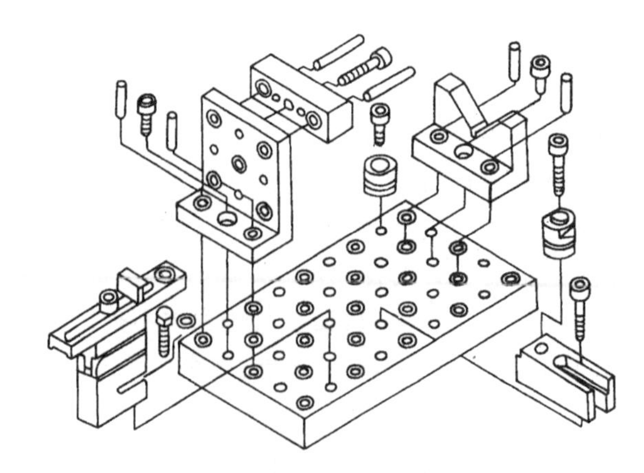

图 4-47 孔系组合夹具组装示意图

孔系组合夹具的元件用一面两销圆柱定位，属可用重复定位；其定位精度高，刚性好，组装可靠，体积小，元件的工艺性好，成本低，可用作数控机床夹具。但组装时元件的位置不能随意调节，常用偏心销钉或部分开槽元件进行弥补。

一、填空题

1. 机械加工的四大要素包括________、________、________和________。

2. 夹具属于一种装夹工件的工艺装备，广泛应用于机械制造过程的________、________、________、________和________等工艺过程中。

3. 可调夹具包括________和________两种。

4. 在夹具上确保工件取得正确位置的元件或装置称为________。

5. 基准可分为________和________两大类。

6. 在夹具中用合理适当分布的与工件接触的六个支承点来限制工件六个自由度的原理称为________。

7. 可调支承一般用于________定位，适用于当每批工件的加工余量不相同，________，________有变化的时候。

8. 工件以外圆定位最常见的定位元件有________、________和________。

9. 夹紧力的确定包括夹紧力的________、________和________三个要素。

10. 工件以外圆柱面作为定位基准选用定位套筒较短时可限制工件的________、________ 2个自由度。

二、判断题

1. 通用夹具是指为某一工件的某道工序专门设计制造的夹具。（ ）

2. 一般来说，定位装置和导向元件及夹具体是夹具的基本组成部分。（ ）

3. 定位是指保证工件在车床或夹具中相对刀具有一个正确的加工位置。（ ）

4. 工艺基准可分为设计基准、测量基准和装配基准。（ ）

5. 几个定位支承点重复限制同一自由度的现象称为重复定位。（ ）

6. 支承钉适用于精加工的平面定位。（ ）

7. 夹紧力的方向应尽可能垂直于工件的主要定位基准面。（ ）

8. 夹紧力的作用点应尽量靠近加工表面，防止工件产生振动。（ ）

9. 短V形块可限制工件的$\vec{x}$、$\vec{z}$、$\widehat{x}$、$\widehat{z}$四个自由度。（ ）

10. 以较长的锥心轴定位工件可限制工件的$\vec{y}$、$\widehat{y}$、$\vec{z}$、$\widehat{z}$四个自由度。（ ）

三、简答题

1. 夹具的作用有哪些？

2. 机床夹具的组成部件有哪些？

3. 夹紧装置的基本要求有哪些？

4. 分布夹紧力的作用点时应注意什么？

单元5

机械加工工艺规程的制定

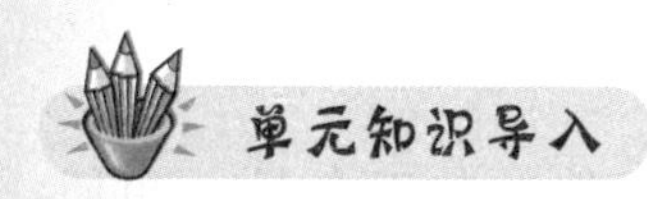

机械加工企业大多以产品为主线组织生产经营活动。由于机械产品各有不同的加工要求，因此工人往往会使用不同的机器来加工。企业规模、生产设备配置、产品生产批量大小等因素都决定着生产活动的不同。图5-1所示为小型企业与大型企业生产现场。

(a) 小型企业的生产现场

(b) 大型企业的生产现场

图5-1 小型企业与大型企业的生产现场

同时，随着现代制造技术的快速发展，各类现代化数控机床正在迅速普及，从而使传统加工工艺也发生了很大变化，企业对产品的适应性更强、生产效率更高。那么，现代企业应该按照什么规律来组织生产？怎样配置生产设备对产品进行加工更经济、更高效？加工过程中各要素如何统筹兼顾？工人依据什么标准来判断产品加工质量是否合格？这些都是机械加工工艺需要解决的问题。

机械加工工艺规程是指规定产品或零部件机械加工工艺过程和操作方法等的工艺文件，即按工艺规程有关内容编写成的文件和表格，经审批后用来指导生产。因此，要求机械加工工艺规程设计者必须具备丰富的生产经验和扎实的机械制造工艺基础理论知识。

5.1 工艺规程

（1）了解机械加工工艺过程及其组成。

（2）了解生产类型及其划分标准。

（3）了解各种生产类型的特征。

能力目标

（1）能简述机械加工中常用的加工方法。

（2）会判别机械加工过程的各组成单元。

（3）能根据生产批量判别生产类型。

课前知识导入

作为企业的相关生产工艺人员，在编制产品的加工工艺之前必须熟悉加工工艺过程的基本组成要素，了解各种生产类型及其特征，并且能够依据这些专业知识结合本企业的生产专业化水平、生产能力等要素，合理编制产品的机械加工工艺。

机械加工工艺规程是机械制造厂最主要的技术文件之一，其内容主要包括：工件加工的工艺路线、各工序的具体加工内容、切削用量、工时定额以及各工序所采用的设备及工艺装备等。

一、机械加工工艺规程的作用

一般来说大批大量生产类型要求有细致和严密的组织工作，因此要求有比较详细的机械加工工艺规程。单件小批量生产机械加工工艺规程可以简单一些。

（1）生产的计划、调度，工人的操作、质量检查等都是以机械加工工艺规程为依据，一切生产人员都不得随意违反机械加工工艺规程。

（2）机械加工工艺规程是生产准备和生产管理的基本依据。产品生产前，可以依据机械加工工艺规程进行技术准备工作和生产准备工作，机械加工工艺规程也是生产调度部门安排生产计划，进行生产成本核算的依据。

（3）机械加工工艺规程是新建、扩建工程或车间的基本资料，是提出生产面积、厂房布局、人员编制、购置设备等各项工作的依据。机械加工工艺规程还是工艺技术交流的主要形式。

机械加工工艺规程的修改与补充是一项严肃的工作，必须经过认真讨论和严格的审批手续，只有不断地修改与补充才能进一步完善，保持其合理性。

二、机械加工工艺规程制定的原则

机械加工工艺规程制定的原则是优质、高产、低成本，即在保证产品质量的前提下，争取最好的经济效益。制定工艺规程时，应注意以下问题。

1. 技术上的先进性

在制定工艺规程时，要了解国内外本行业的工艺技术进展，通过必要的工艺试验，积极采取适用的先进工艺和工艺装备。

2. 经济上的合理性

在一定的生产条件下，可能会有几种能够保证零件技术要求的工艺方案，此时应通过成本核算或评比，选择经济上最合理的方案，使产品的能源消耗、材料消耗和生产成本最低。

3. 有良好的劳动条件

在制定工艺规程时，要注意保证工人操作时有良好而安全的劳动条件，因此，在工艺方案上要注意采取机械化或自动化措施，以减轻工人的劳动强度。同时要求符合国家环境保护法的有关规定，避免环境污染。

三、机械加工工艺规程的格式及内容

将工艺规程的内容填入一定格式的卡片，即成为生产准备和施工依据的工艺文件。常用的工艺文件格式有下列几种。

1. 机械加工工艺过程卡片

机械加工工艺过程卡片是以工序为单位，简要地列出整个零件加工所经过的工艺路线（包括毛坯制造、机械加工和热处理等），是制定其他工艺文件的基础，也是生产准备、编排作业计划和组织生产的依据。在这种卡片中，由于工序的说明不够具体，故一般不直接指导工人操作，而作为生产管理方面使用。但在单位小批量生产中，由于通常不编制其他较详细的工艺文件，就以这种卡片指导生产。机械加工工艺过程卡片见表 5-1。

2. 机械加工工艺卡片

机械加工工艺卡片是以工序为单位，详细地说明整个工艺过程的一种工艺文件。它是用来指导工人生产和帮助车间管理人员和技术人员掌握整个零件加工过程的一种主要技术文件，广泛应用于成批量生产的零件和重要零件的小批量生产中。机械加工工艺卡片内容包括零件的材料、毛坯种类、工序号、工序名、工序内容、工艺参数、操作要求以及采用的设备和工艺装备等。机械加工工艺卡片见表 5-2。

3. 机械加工工序卡片

机械加工工序卡片是根据加工工艺卡片为每一道工序制定的。它更详细地说明整个零件各个工序的要求，是用来具体指导工人操作的工艺文件，在这种卡片上要画工序简图，说明该工序每个工步的内容、工艺参数、操作要求以及所用的设备及工艺装备。一般用于大批大量生产的零件。机械加工工序卡片见表 5-3。

表 5-1　机械加工工艺过程卡片

<table>
<tr><td rowspan="4">（工厂名）</td><td rowspan="4">机械加工工艺过程卡片</td><td colspan="2">产品名称及型号</td><td></td><td colspan="2">零件名称</td><td></td><td>零件图号</td><td colspan="4"></td></tr>
<tr><td rowspan="3">材料</td><td>名称</td><td></td><td rowspan="2">毛坯</td><td>种类</td><td></td><td rowspan="2">零件质量</td><td>毛重</td><td colspan="2"></td><td>第　页</td></tr>
<tr><td>牌名</td><td></td><td>尺寸</td><td></td><td>净重</td><td colspan="2"></td><td>共　页</td></tr>
<tr><td>性能</td><td></td><td colspan="2">每料件数</td><td></td><td>每台件数</td><td></td><td colspan="2">每批件数</td><td></td></tr>
<tr><td rowspan="2">工序号</td><td colspan="2" rowspan="2">工序内容</td><td rowspan="2">加工车间</td><td colspan="2" rowspan="2">设备名称及编号</td><td colspan="3">工艺装备名称及编号</td><td rowspan="2">技术等级</td><td colspan="3">时间定额</td></tr>
<tr><td>夹具</td><td>刀具</td><td>量具</td><td>单件</td><td colspan="2">始—终</td></tr>
<tr><td></td><td colspan="2"></td><td></td><td colspan="2"></td><td></td><td></td><td></td><td></td><td></td><td colspan="2"></td></tr>
<tr><td rowspan="3">更改内容</td><td colspan="12"></td></tr>
<tr><td colspan="12"></td></tr>
<tr><td colspan="12"></td></tr>
<tr><td>编制</td><td></td><td>抄写</td><td></td><td colspan="2">校对</td><td colspan="2"></td><td>审核</td><td></td><td>批准</td><td colspan="2"></td></tr>
</table>

表 5-2　机械加工工艺卡片

<table>
<tr><td colspan="3" rowspan="4">（工厂名）</td><td rowspan="4"></td><td colspan="2">产品名称及型号</td><td></td><td colspan="2">零件名称</td><td></td><td>零件图号</td><td colspan="6"></td></tr>
<tr><td rowspan="3">材料</td><td>名称</td><td></td><td rowspan="2">毛坯</td><td>种类</td><td></td><td rowspan="2">零件质量</td><td colspan="3">毛重</td><td colspan="2"></td><td>第　页</td></tr>
<tr><td>牌名</td><td></td><td>尺寸</td><td></td><td colspan="3">净重</td><td colspan="2"></td><td>共　页</td></tr>
<tr><td>性能</td><td></td><td colspan="2">每料件数</td><td></td><td>每台件数</td><td colspan="3"></td><td colspan="2">每批件数</td><td></td></tr>
<tr><td rowspan="2">工序</td><td rowspan="2">安装</td><td rowspan="2">工步</td><td rowspan="2">工序内容</td><td rowspan="2">同时加工零件数</td><td colspan="5">切削用量</td><td rowspan="2">设备名称及编号</td><td colspan="3">工艺装备名称及编号</td><td rowspan="2">技术等级</td><td colspan="2">时间定额</td></tr>
<tr><td>背吃刀量</td><td colspan="2">进给量</td><td colspan="2">切削速度</td><td>夹具</td><td>刀具</td><td>量具</td><td>单件</td><td>始—终</td></tr>
<tr><td></td><td></td><td></td><td></td><td></td><td></td><td colspan="2"></td><td colspan="2"></td><td></td><td></td><td></td><td></td><td></td><td></td><td></td></tr>
<tr><td colspan="3" rowspan="3">更改内容</td><td colspan="14"></td></tr>
<tr><td colspan="14"></td></tr>
<tr><td colspan="14"></td></tr>
<tr><td colspan="3">编制</td><td></td><td>抄写</td><td colspan="3"></td><td colspan="2">校对</td><td></td><td colspan="2">审核</td><td colspan="2"></td><td>批准</td><td></td></tr>
</table>

表 5-3 机械加工工序卡片

<table>
<tr><td rowspan="2">（工厂名）</td><td colspan="4" rowspan="2"></td><td>产品型号</td><td></td><td colspan="2">零件名称</td><td></td><td colspan="2">共 页</td></tr>
<tr><td>产品名称</td><td></td><td colspan="2">零件图号</td><td></td><td colspan="2">第 页</td></tr>
<tr><td>材料牌号</td><td></td><td>毛坯种类</td><td></td><td>毛坯外形尺寸</td><td></td><td>毛坯件数</td><td></td><td>每台件数</td><td></td><td>备注</td><td></td></tr>
<tr><td colspan="5" rowspan="11">（工序简图）</td><td>车间</td><td>工序号</td><td colspan="2">工序名称</td><td colspan="3">材料牌号</td></tr>
<tr><td></td><td></td><td colspan="2"></td><td colspan="3"></td></tr>
<tr><td>毛坯种类</td><td>毛坯外形尺寸</td><td colspan="2">每台件数</td><td colspan="3">每台件数</td></tr>
<tr><td></td><td></td><td colspan="2"></td><td colspan="3"></td></tr>
<tr><td>设备名称</td><td>设备型号</td><td colspan="2">设备编号</td><td colspan="3">同时加工件数</td></tr>
<tr><td></td><td></td><td colspan="2"></td><td colspan="3"></td></tr>
<tr><td>夹具编号</td><td colspan="3">夹具名称</td><td colspan="3">切削液</td></tr>
<tr><td rowspan="4"></td><td colspan="3" rowspan="4"></td><td colspan="3"></td></tr>
<tr><td colspan="3">工序工时</td></tr>
<tr><td>始—终</td><td colspan="2">单件</td></tr>
<tr><td></td><td colspan="2"></td></tr>
<tr><td rowspan="2">工序号</td><td colspan="2" rowspan="2">工步内容</td><td colspan="2" rowspan="2">工艺装备</td><td rowspan="2">主轴转速
/(r/min)</td><td rowspan="2">切削速度
/(m/min)</td><td rowspan="2">进给量
/(mm/r)</td><td rowspan="2">背吃刀量
/mm</td><td rowspan="2">进给
次数</td><td colspan="2">工时定额</td></tr>
<tr><td>机动</td><td>辅助</td></tr>
<tr><td></td><td colspan="2"></td><td colspan="2"></td><td></td><td></td><td></td><td></td><td></td><td></td><td></td></tr>
<tr><td>编制</td><td></td><td>抄写</td><td></td><td>校对</td><td></td><td>审核</td><td></td><td>批准</td><td></td><td>日期</td><td></td></tr>
</table>

四、制定工艺规程的原始资料

制定工艺规程必须具备以下原始资料。

(1) 产品全套装配图和零件图。

(2) 产品验收的质量标准。

(3) 产品的生产纲领(年产量)。

(4) 毛坯资料。毛坯资料包括各种毛坯制造方法的技术经济特征；各种型材的品种和规格、毛坯图等。在无毛坯图的情况下,需实地了解毛坯的形状、尺寸及力学性能。

(5) 现场的生产条件。为了使制定的工艺规程切实可行,一定要考虑现场的生产条件,如毛坯的生产能力及水平,现场加工设备、工艺装备及使用状况,专用设备、工装的制造能力及工人的技术水平等。

(6) 有关手册、标准及指导性文件。

(7) 国内外先进工艺及生产技术发展的情况。

五、制定工艺规程的步骤

(1) 计算生产纲领,确定生产类型。

(2) 分析研究产品的装配图和零件图,对零件进行工艺分析。

(3) 确定毛坯,包括选择毛坯类型及制造方法,绘制毛坯图,计算总余量、毛坯尺寸和材料利用率等。

(4) 拟定工艺路线。其主要工作是：选择定位基准,确定各表面的加工方法,安排加工顺序,确定工序分散与集中的程度,安排热处理以及检验等辅助工序。

(5) 确定各工序的加工余量,计算工序尺寸及公差。

(6) 确定各工序所采用的设备及刀具、夹具、量具和辅助工具。

(7) 确定切削用量及时间定额。

(8) 确定各主要工序的技术要求及检验方法。

(9) 评价各种工艺方案,确定最佳工艺路线。

(10) 填写工艺文件。

5.2 零件图分析

(1) 了解零件各表面的加工方法。

(2) 明确零件图所表述的相关内容。

(1) 能根据零件表面类型选择加工方法。

(2) 对零件图进行工艺性分析和技术分析。

课前知识导入

零件图是表达单个零件形状、大小和特征的图样，也是在制造和检验机械零件时所用的图样。在生产过程中，根据零件图样和图样的技术要求进行生产准备、加工制造及检验。因此，它是指导零件生产的重要技术文件。

通过对零件图的分析了解零件的相关结构及加工要求，进而为进行工艺性分析做好准备。

学习内容

一、零件图的识读

在识读零件图过程中应把握以下内容，从而方便加工时的工艺分析。

1. 尺寸标注

零件图中的图形只是用来表达零件的形状，而零件各部分的真实大小及相对位置，则靠标注尺寸来确定。零件图上所标注的尺寸不但要满足设计要求，还应满足生产要求。零件图上的尺寸要标注得完整、清晰，符合国家标准规范等要求。

2. 尺寸基准

度量尺寸的起点称为尺寸基准。在选择尺寸基准时，必须根据零件在机械中的作用、装配关系以及零件的加工方法、测量方法等情况来确定。

(1) 毛坯面之间的尺寸应直接标注，如图 5-2(a)所示。

(2) 不能标注成封闭尺寸链，如图 5-2(b)所示。

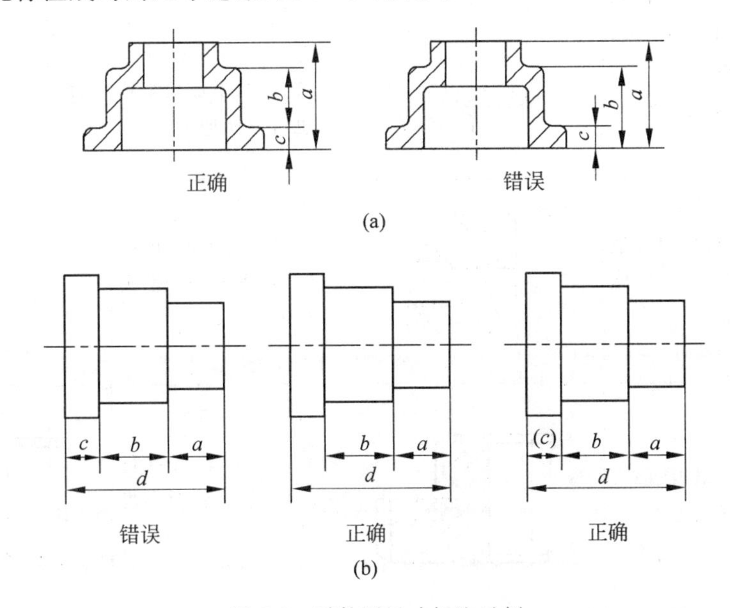

图 5-2　零件图尺寸标注示例

每个零件都有长、宽、高三个方向的尺寸，每个方向都应有一个主要基准。标注尺寸时，既要考虑设计要求，又要考虑工艺要求。

3. 技术要求

零件图的技术要求是指制造和检验该零件时应达到的质量要求。

分析技术要求就是分析以下内容。

(1) 零件的材料及毛坯要求。

(2) 零件的表面粗糙度要求。

(3) 零件的尺寸公差、形状和位置公差。

(4) 零件的热处理、涂镀、修饰、喷漆等要求。

(5) 零件的检测、验收、包装等要求。

二、零件的工艺性分析

在制定零件的机械加工工艺规程时，除了要先分析产品装配图及零件图，明确零件在产品中的位置、作用及相关零件的位置关系，还要着重对零件图中零件的结构进行工艺性分析。

在研究零件的结构时，还应注意审查零件的结构工艺性。零件的结构工艺性是指在保证使用要求的前提下，能否以较高的生产率和较低的成本方便地制造出来的特性，表 5-4 列出了一些零件机械加工工艺性的实例。

表 5-4 零件机械加工工艺性实例

序号	零件结构			
	工艺性不合理		工艺性合理	
1	孔离箱壁太近，钻头在圆角处易引偏；箱壁高度尺寸大，需加长钻头方可加工		加长箱耳，不需要长钻头，只要使用上允许将箱耳设计在某一端，不加长箱耳也可方便加工	
2	车螺纹时，螺纹根部易打刀且不能清根		留有退刀槽，可使螺纹清根并避免打刀	
3	插齿无退刀空间，小齿轮无法加工		对大齿轮可进行滚齿或插齿，对小齿轮可进行插齿	

续表

序号	零件结构			
	工艺性不合理		工艺性合理	
4	两端轴颈需磨削加工，因齿轮圆角而不能清根	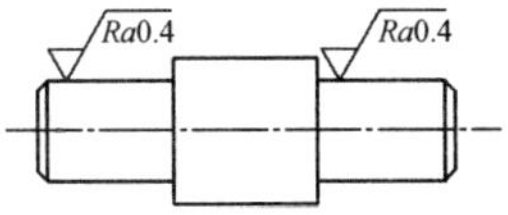 Ra0.4 Ra0.4	留有砂轮越程槽，磨削时可以清根	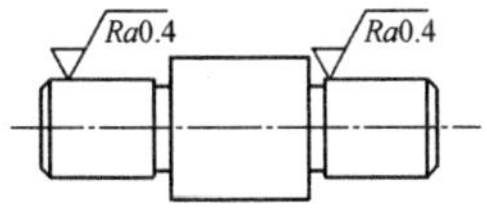 Ra0.4 Ra0.4
5	斜面钻孔，钻头易引偏	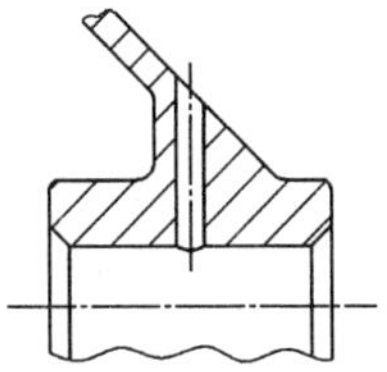	只要结构允许留出平台，可直接加工，否则要在加工孔的部位先加工出平面	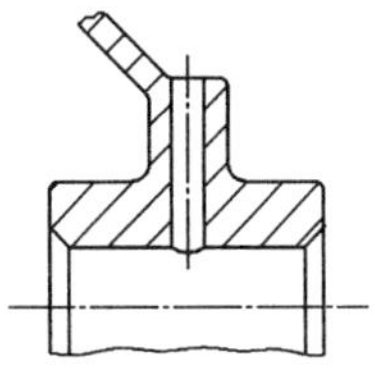
6	锥面加工时易碰伤圆柱表面且不能清根	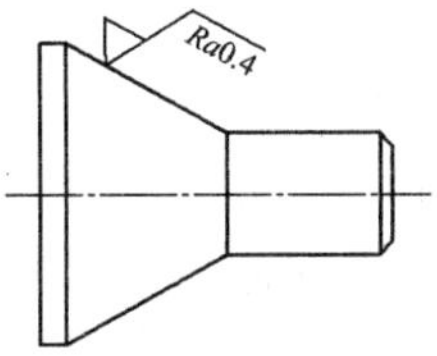 Ra0.4	可方便地对锥面进行加工	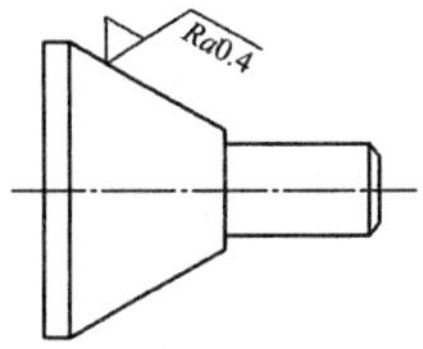 Ra0.4
7	加工面高度不同，需两次调整刀具进行加工，影响生产率	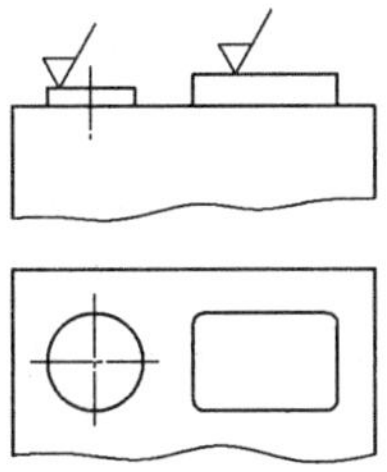	加工面高度相等，一次调整刀具即可加工两个平面	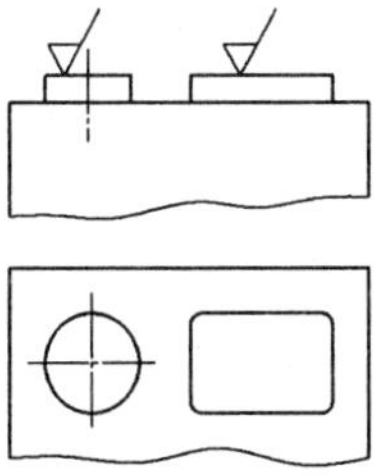
8	三个退刀槽的宽度不等，需要三把不同宽度的刀具加工	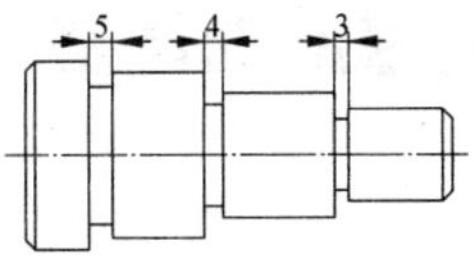 5 4 3	同一宽度尺寸的退刀槽，使用一把刀具即可加工	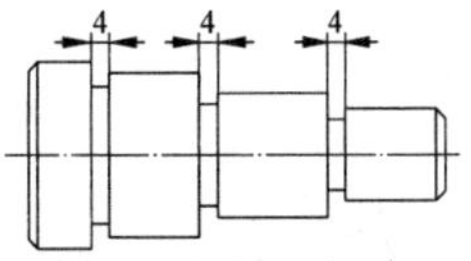 4 4 4
9	加工面大，加工时间长，平面度误差大	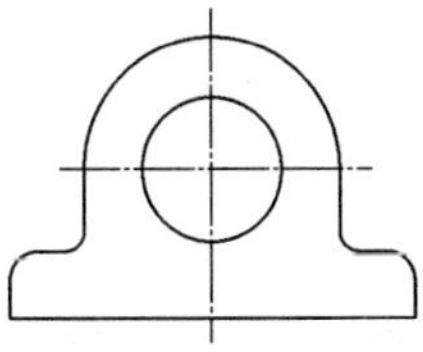	加工面减少，节省工时，减少刀具磨损并易保证平面度要求	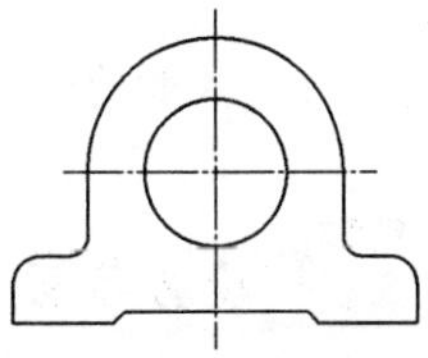
10	内壁孔出口处有台阶面，钻孔时孔易钻偏或钻头折断	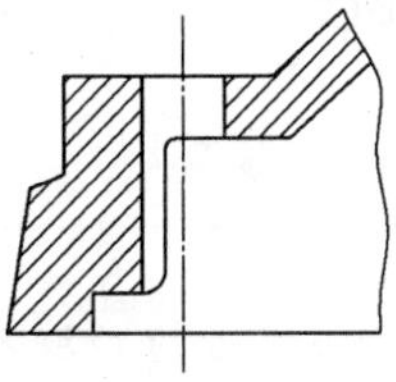	内壁孔出口处平整，钻孔方便，易保证孔中心位置度	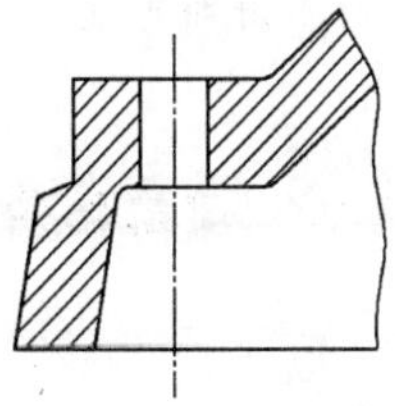

续表

序号	零件结构			
	工艺性不合理		工艺性合理	
11	键槽设置在台阶轴相差 90°的方向上，需两次装夹加工	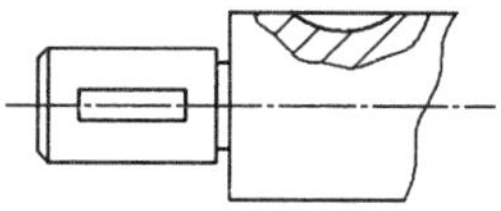	将台阶轴的两个键槽设计在同一方向上，一次装夹可完成两个键槽的加工	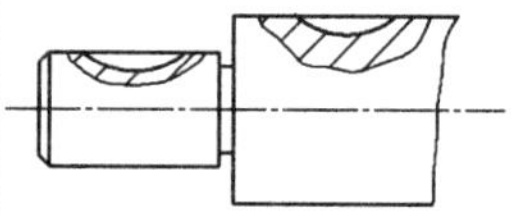
12	钻孔过深，加工时间长，钻头损耗大，且钻头易偏斜	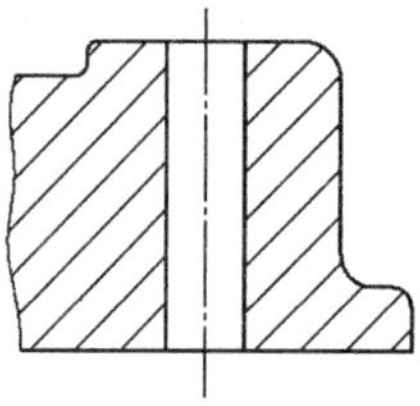	钻孔的一端留空刀，钻孔时间短，钻头寿命长，且不易偏斜	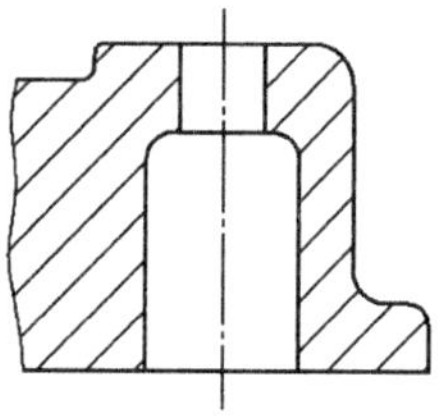

零件技术要求分析是制定工艺规程的重要环节，通过认真仔细地分析零件的技术要求，确定零件的主要加工表面和次要加工表面，从而确定整个零件的加工方案，此外还应注意以下几个方面。

(1) 精度分析：包括被加工表面的尺寸精度、形状精度和位置精度的分析。

(2) 表面粗糙度及其他质量的要求。

(3) 热处理要求和其他方面要求(如动平衡、去磁等)的分析。

分析零件的技术要求时，还要结合零件在产品中的作用，审查技术要求是否合理，有无遗漏和错误。如发现不妥之处，及时与设计人员协商解决。

5.3 定位基准的选择

明确基准的选择原则。

能对典型零件进行粗、精基准的选择判断。

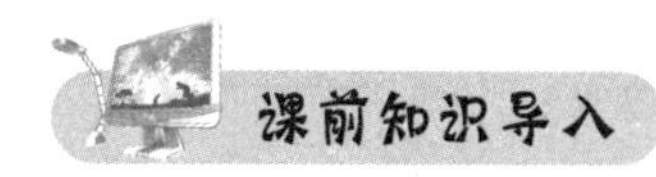

拟订加工路线的第一步是选择定位基准。定位基准选择不当，往往会增加工序，或使工艺路线不合理，或使夹具设计困难，甚至达不到零件的加工精度(特别是位置精度)要求。

正确选择定位基准对保证加工表面的尺寸精度和相互位置精度，确定各表面加工顺序和夹具结构的设计都有很大影响，因此，必须重视定位基准的选择。

一、粗基准的选择

在起始工序中，工件定位只能选择未加工的毛坯表面，这种定位表面称为粗基准。选择粗基准时，主要考虑两个问题：一是合理地分配加工面的加工余量；二是保证加工面与不加工面之间的相互位置关系。粗基准选择的原则是：

（1）选择加工余量小、较准确的、光洁的、面积较大的毛面作为粗基准面。避免选有毛刺的分型面等作为粗基准面。

（2）选重要表面作为粗基准面，因为重要表面一般都要求余量均匀。

（3）选择不加工的表面作为粗基准面，这样就可以保证满足加工表面和不加工表面之间的相对位置要求，同时可以在一次安装下加工更多的表面，如图5-3所示。

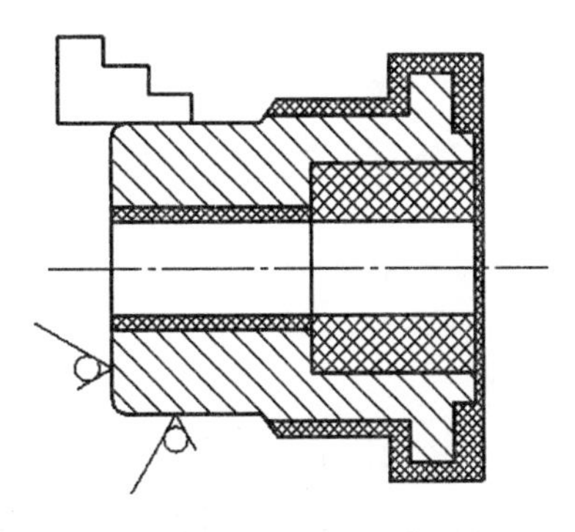

图5-3 选择不加工表面作为粗基准面

（4）粗基准面一般只能使用一次。因为粗基准面为毛面，定位基准位移误差较大，若重复使用，将造成较大的定位误差，不能保证加工要求。因此，在指定工艺规程时，第一、第二道工序一般都是为了加工出后面工序的精基准。

在实际应用中，划线安装有时可以兼顾这四条原则。而夹具安装则不能同时兼顾，这就应根据具体情况，抓住主要矛盾，解决主要问题。

二、精基准的选择

选择精基准的总原则：保证零件的加工精度，同时考虑装夹方便可靠，使零件的制造较为经济、简单。

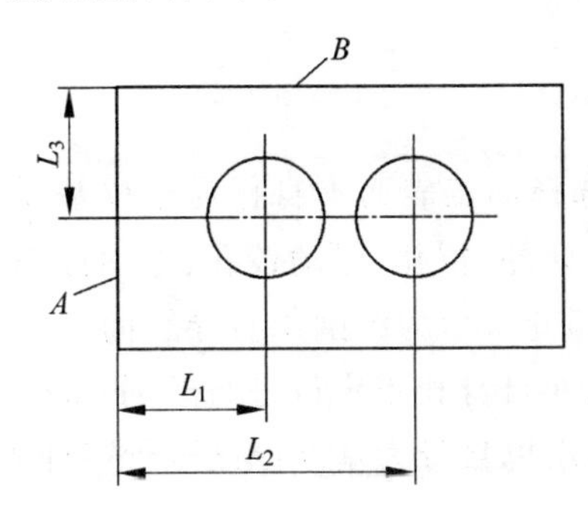

图5-4 基准重合原则

1. 基准重合原则

在工件的加工过程中，以设计基准作为定位基准，从而避免产生基准不重合误差，这一原则称为基准重合原则。图5-4所示为在一平面上钻孔的工序图，工序基准为A、B端面。此时，宜选A、B端面为定位基准，避免基准不重合误差的产生。

2. 基准统一原则

在工件的加工过程中尽可能地采用统一的一组定

位基准称为基准统一原则。采用这一原则可以有效地保证各表面间的相互位置精度，同时可以简化夹具的设计和制造。例如轴类零件，常采用顶尖孔作为同一基准；箱体常用一面双控作为精基准；盘类零件常用一端面和一短孔为精基准。

3. 互为基准原则

对于相互位置精度要求高的表面，可以采用加工面间互为基准、反复加工的方法。例如要保证精密齿轮齿圈跳动精度，在齿面淬硬后，先以齿面定位磨内孔，再以内孔定位磨齿面，从而保证位置精度。为了保证车床主轴的支承轴颈与主轴内锥面的同轴度要求，当选择精基准时，也是根据互为基准的原则进行加工来达到的，如图 5-5 所示。

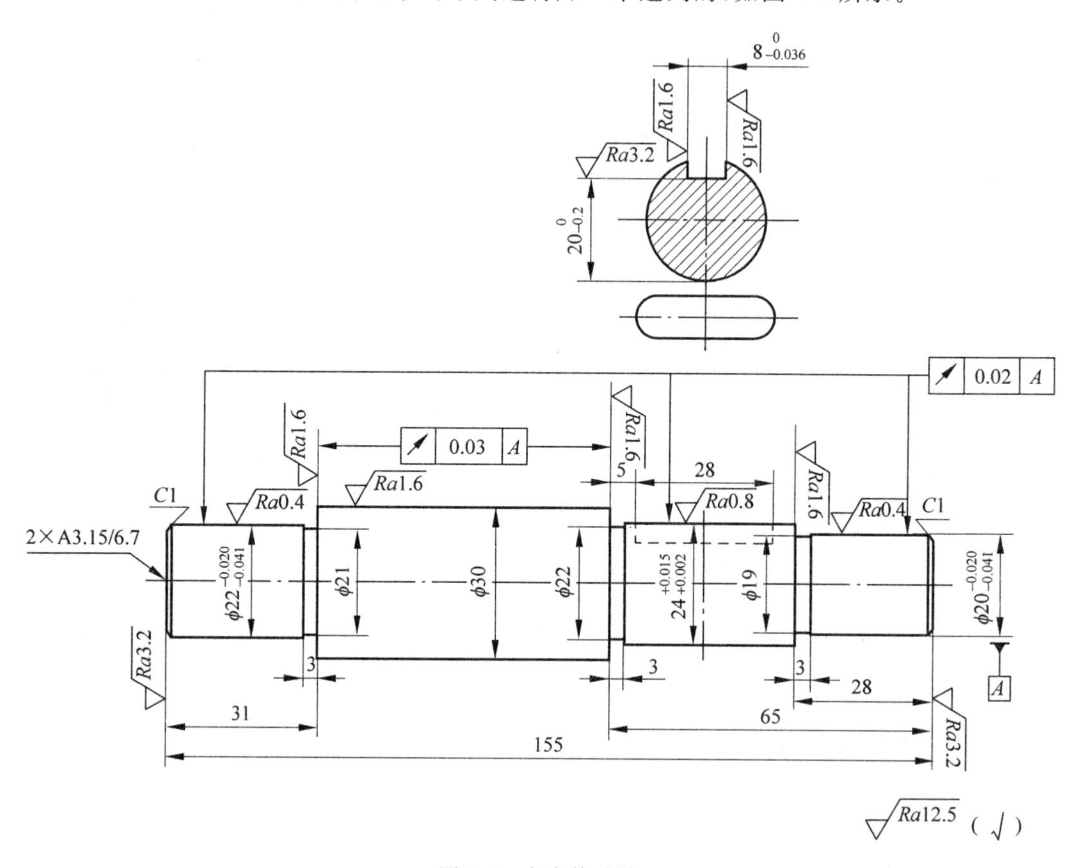

图 5-5 车床传动轴

4. 自为基准原则

当精加工或光整加工工序要求余量小而均匀，应选择加工表面本身作为定位基准。如导轨面的磨削，就是以导轨面自身为基准找正定位。此外，拉孔、浮动铰孔、浮动镗孔、无心磨外圆及珩磨等都是以自身为基准的例子。如图 5-6 所示为磨削床身导轨面，为了保证导轨面上耐磨层的一定厚度及均匀性，则可用导轨面自身找正定位进行磨削。浮动镗刀镗孔、圆拉刀拉孔、珩磨及无心磨床磨外圆，都是采用以自身为基准原则进行零件表面加工的。

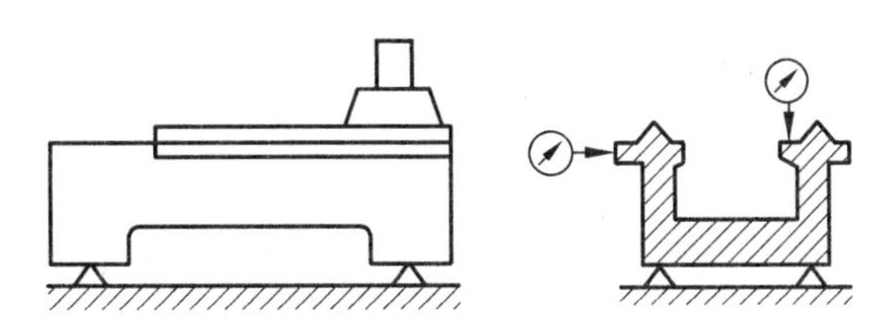

图 5-6　床身导轨面自为基准磨削

5. 装夹方面原则

工件要定位稳定，夹紧可靠，操作方便，夹具结构简单。

以上论述了定位基准选择的原则，在实际生产中要根据具体情况，灵活运用。

5.4　拟定工艺路线

知识目标

（1）掌握加工阶段类型及划分原则。

（2）掌握确定加工顺序的基本原则。

能力目标

（1）会按工艺要求划分加工阶段。

（2）能初步确定常见零件的加工顺序。

课前知识导入

工艺路线的拟定是制定工艺规程的关键，所拟定的工艺路线是否合理，直接影响工艺规程的合理性、科学性和经济性。

工艺路线拟定的主要任务是选择各个表面的加工方法和加工方案，确定各个表面的加工顺序以及工序集中与分散的程度，合理选用机床和刀具，定位与夹紧方案的确定等。设计时一般应提出几种方案，通过分析对比，从中选择最佳方案。

学习内容

机械加工工艺规程的制定可分为两部分：拟定零件加工的工艺路线；确定各道工序尺寸及公差、所用设备、切削规范和时间定额等。拟定零件加工路线是制订工艺规程的关键，主要任务是选择各个表面的加工方法、加工方案、确保各个表面的加工先后顺序及整个工艺过程中工序数目多少等。

一、加工方法的选择

1. 各种加工方法所能达到的经济精度及表面粗糙度

为了正确选择表面加工方法，首先应了解各种加工方法的特点和掌握加工精度的概念。任何一种加工方法可以获得的加工精度和表面粗糙度均有一个较大的范围。例如，精细的操作，选择低的切削用量，可以获得较高的质量，但又会降低生产率，提高成本；反之，如增大切削用量提高生产率，虽然成本降低了，但质量也降低了。所以对一种加工方法，只有在一定的精度范围内才是经济的，这一定范围的精度是指在正常的加工条件下（采用符合质量的标准设备，工艺装备和标准技术等级的工人，不延长加工时间）所能保证的加工精度。这一范围的精度称为经济精度。相应的粗糙度称为经济表面粗糙度。

各种加工方法所能达到的经济精度和表面粗糙度，以及各种典型表面的加工方案在机械加工手册中都能查到。表 5-5～表 5-7 中分别摘录了外圆柱面、平面和内孔等典型表面的加工方法和加工方案以及所能达到的经济精度和表面粗糙度。应该指出的是，加工经济精度的数值并不是一成不变的，随着科学技术的发展，工艺技术的改进，加工经济精度会逐步提高。

表 5-5　外圆柱面加工方案

序号	加工方法	经济精度（公差等级表示）	表面粗糙度值 $Ra/\mu m$	适用范围
1	粗车	IT11～IT13	10～50	适用于淬火钢以外的各种金属
2	粗车—半精车	IT8～IT10	2.5～6.3	
3	粗车—半精车—精车	IT7～IT8	0.8～1.6	
4	粗车—半精车—精车—滚压（或抛光）	IT7～IT8	0.025～0.2	
5	粗车—半精车—磨削	IT7～IT8	0.4～0.8	主要用于淬火钢，也可用于未淬火钢，但不宜加工有色金属
6	粗车—半精车—粗磨—精磨	IT6～IT7	0.1～0.4	
7	粗车—半精车—粗磨—精磨—超精加工（或轮式超精磨）	IT5	0.012～0.1（或 Rz0.1）	
8	粗车—半精车—精车—精细车（金刚车）	IT6～IT7	0.025～0.4	主要用于要求较高的有色金属加工
9	粗车—半精车—粗磨—精磨—超精磨（或镜面磨）	IT5	0.006～0.025（或 Rz0.05）	极高精度的外圆加工
10	粗车—半精车—粗磨—精磨—研磨	IT5	0.006～0.1（或 Rz0.05）	

表 5-6 平面加工方案

序号	加工方式	经济精度（公差等级表示）	表面粗糙度值 $Ra/\mu m$	适用范围
1	粗车—半精车	IT9～IT10	3.2～6.3	端面
2	粗车—半精车—精车	IT7～IT8	0.8～1.6	
3	粗车—半精车—磨削	IT6～IT7	0.2～0.8	
4	粗刨(粗铣)—精刨(精铣)	IT8～IT10	1.6～6.3	加工不淬火钢、铸铁、有色金属等材料
5	粗刨(粗铣)—精刨(精刨)—刮研	IT5～IT7	0.1～0.8	
6	粗刨(粗铣)—精刨(精铣)—宽刀细刨	IT6～IT7	0.2～0.8	
7	粗刨(粗铣)—精刨(精铣)—磨削	IT6～IT7	0.2～0.8	加工不淬火钢、铸铁、有色金属等材料
8	粗刨(粗铣)—精刨(精铣)—粗磨—精磨	IT5～IT6	0.1～0.4	
9	粗铣—精铣—磨削—研磨	IT5 以上	0.006～0.1（或 Rz0.05）	
10	拉削	IT6～IT7	0.2～0.8	大量生产，较小的平面(精度视拉刀精度而定)

表 5-7 内孔加工方案

序号	加工方法	经济精度（公差等级表示）	表面粗糙度值 $Ra/\mu m$	适用范围
1	钻	IT11～IT13	12.5	加工未淬火钢及铸铁的实心毛坯，也可用于加工有色金属，孔径小于15～20mm
2	钻—铰	IT8～IT10	1.6～6.3	
3	钻—粗铰	IT7～IT8	0.8～1.6	
4	钻—扩	IT10～IT11	6.3～12.5	加工未淬火钢及铸铁的实心毛坯，也可用于加工有色金属，孔径小于15～20mm
5	钻—扩—铰	IT8～IT9	1.6～3.2	
6	钻—扩—粗铰—精铰	IT7	0.8～1.6	
7	钻—扩—机铰—手铰	IT6～IT7	0.2～0.4	
8	钻—扩—拉	IT7～IT9	0.1～1.6	大批大量生产(精度由拉刀的精度而定)
9	粗镗(或扩孔)	IT11～IT13	6.3～12.5	除淬火钢外各种材料，毛坯有铸出孔或锻出孔
10	粗镗(粗扩)—半精镗(精扩)	IT9～IT10	1.6～3.2	
11	粗镗(粗扩)—半精镗(精扩)—精镗(铰)	IT7～IT8	0.8～1.6	
12	粗镗(粗扩)—半精镗(精扩)—精镗—浮动镗刀精镗	IT6～IT7	0.4～0.8	
13	粗镗(扩)—半精镗—磨孔	IT7～IT8	0.2～0.8	主要用于淬火钢，也可用于未淬火钢，但不宜用于有色金属
14	粗镗(扩)—半精镗—粗磨—精磨	IT7～IT8	0.1～0.2	

续表

序号	加 工 方 法	经济精度（公差等级表示）	表面粗糙度值 $Ra/\mu m$	适 用 范 围
15	粗镗—半精镗—精镗—精细镗（金刚镗）	IT6～IT7	0.05～0.4	主要用于精度要求高的有色金属
16	钻—（扩）—粗铰—精铰—珩磨；钻—（扩）—拉—珩磨；粗镗—半精镗、精镗—珩磨	IT6～IT7	0.025～0.2	精度要求很高的孔
17	以研磨代替上述方法中的珩磨	IT5～IT6	0.006～0.1	

2. 加工方法的选择

拟定工艺路线时，要确定各表面的加工方法。零件由不同表面组成，每一种几何表面都有一系列加工方法与之相对应，可供选择。各种加工方法所能达到的精度和表面粗糙度可从有关工艺手册中查到。所以应充分了解各种加工方法所能达到的经济精度，便于选择最佳方案，降低零件的制造成本。选择加工方法时，还应综合考虑以下因素。

（1）选择能获得经济精度的加工方法

例如，加工精度为 IT7，表面粗糙度为 $Ra=0.4\mu m$ 的外圆柱表面，通过精车可以达到要求，但不如磨削经济。

（2）工件材料的性质

例如，淬硬钢的精加工要用磨削，非铁金属零件的精加工为避免磨削时堵塞砂轮，则要用高速精细车或精细镗（金刚镗）等加工方法。

（3）工件的结构和尺寸

例如，对于 IT7 级精度的孔，常采用拉削、铰削、镗削和磨削等加工方法，但箱体上的孔，一般不宜采用拉削或磨削，而常常选择镗孔（大孔）或铰孔（小孔）。

（4）结合生产类型考虑生产率和经济性

大批量生产时，应采用生产率高和质量稳定的加工方法。例如平面和孔可采用拉削，同时加工几个表面的组合铣削和磨削等；单件小批量生产则采用刨削、铣削平面和钻、扩、铰孔。避免盲目地采用高效加工方法和专用设备而造成经济损失。

（5）利用本厂的现有设备和技术条件

应充分利用现有设备，挖掘潜力，发挥人的积极性和创造性。

二、加工阶段划分

零件的加工质量要求较高时，应把整个加工过程划分为几个阶段。

（1）粗加工阶段的主要任务是切除大部分余量，使毛坯在形状和尺寸上接近零件成品。因此，应着重考虑如何获得较高的生产率，同时要为半精加工提供精基准，并留有充分均匀的加工余量，为后续工序创造有利条件。

（2）半精加工阶段达到一定的精度要求，并保证留有一定的加工余量，为主要表面的精加工做好准备，同时完成一些次要表面的加工（如紧固孔的钻削、攻螺母、铣键槽等）。

(3) 精加工阶段使各主要表面达到图样规定的质量要求。

(4) 光整加工阶段对于精度要求在IT6级以上、表面粗糙度值小于 $Ra0.2\mu m$ 的零件,需安排光整加工,光整加工可进一步提高尺寸精度和降低表面粗糙度。

三、工序的集中与分散

为了便于组织生产,常将工艺路线划分为若干工序,划分的原则可采用工序的集中或分散的原则。

1. 工序集中原则

工序集中指的是零件的加工集中在少数工序内完成,而每道工序的加工内容较多。工序集中的特点如下:

(1) 工序数目少,缩短了工艺路线,从而简化了生产计划和生产组织工作,降低了生产成本。

(2) 减少了设备数量,相应地减少了操作工人和生产面积。

(3) 减少了零件的安装次数,不仅缩短了辅助时间,而且在一次安装下能加工较多的表面,也易于保证这些表面的相对位置精度。

(4) 有利于采用高生产率的专用设备和工艺装备,如采用多刀多刃、多轴机床、数控机床和加工中心等,从而大大提高生产率。

(5) 辅助时间长,操作调整和维修费时费事。

数控技术的发展为工序的高度集中奠定了基础。

2. 工序分散原则

工序分散指的是整个工艺过程的工艺数目多,而每道工序的加工内容却较少。工序分散的特点如下:

(1) 设备和工艺装备机构都比较简单,调整、维修方便。

(2) 容易适应生产产品的变换。

(3) 可采用最有利的切削用量,减少机动时间。

(4) 设备数量多,操作工人多,占用生产面积大。

在确定工序集中或分散问题时,应考虑零件的结构和技术要求、零件的生产纲领、工厂实际生产条件等因素,综合考虑后再确定。在一般情况下,单件小批量生产时,多将工序集中;大批量生产时,即可采用多刀、多刃等高效率机床将工序集中,也可将工序分散后组织流水线生产。目前的发展趋势是倾向于工序集中。

四、加工顺序的安排

加工顺序是指工序的排列次序。它对保证加工质量、降低生产成本有着重要的作用。一般考虑以下几个原则。

1. 基面先行

选作精基准面的表面一般应先加工,以便为其他表面的加工提供基准。

2. 先粗后精

零件在切削加工时应先安排各表面的粗加工，中间安排半精加工，最后安排精加工和光整加工。

3. 先主后次

先加工零件上的装配基面和工作表面等主要表面，后加工键槽、紧固用的光孔和螺纹孔等次要表面。由于次要表面加工面积小，又常与主要表面有位置精度要求，所以一般安排在主要表面半精加工后加工。

4. 先面后孔

对于箱体、支架、连杆类零件，由于平面的轮廓尺寸较大，用它定位比较稳定可靠，因此应选平面作为精基准面来加工孔，所以应该先加工平面，然后以平面定位加工孔，这样有利于保证孔的加工精度。

5. 进给路线短

数控加工中，应尽量缩短刀具移动距离，减少空行程时间。

6. 减少换刀次数

使用加工中心，每换一次刀具后，应将所能加工的表面全部加工，以减少换刀次数，缩短辅助时间。

7. 工件刚性好

数控铣削中，先铣加强肋，后铣腹板，有利于提高工件刚性，防止振动。

五、热处理工序及辅助工序的安排

常用的热处理方法有退火、正火、时效处理和调质处理等。热处理的目的主要是提高材料的力学性能，改善材料的加工性能和消除内应力。

1. 退火和正火

退火和正火是为了改善切削加工性能和消除毛坯的内应力，一般安排在毛坯制造之后粗加工之前。

2. 时效处理

时效处理主要用于消除毛坯制造和机械加工中产生的内应力，一般安排在粗加工前后，对于精密零件要进行多次时效处理。目前一般采用人工时效处理，以保证消除毛坯应力，缩短生产周期。

3. 调质处理

调质处理及淬火后的高温回火能获得均匀细致的索氏体组织，改善材料力学性能，一般安排在粗加工后进行。

4. 淬火

淬火处理的目的主要是提高零件材料的硬度和耐磨性，一般安排在半精加工与精加工之间进行。淬火后，需进行磨削和研磨，以修正淬火后的变形。在淬火前，需将铣键槽、钻螺纹底孔、车螺纹、攻螺纹等次要表面的加工完成，防止淬硬后不能加工。

5. 渗碳淬火

渗碳淬火适合低碳钢和低碳合金钢，其目的是使零件表层含碳量增加，从而提高零件表面的硬度和耐磨性。由于渗碳淬火变形大，一般放在精加工之前进行。

6. 氮化、氰化等热处理工序

可根据零件的加工要求安排在粗、精磨之间或精磨之后进行。

7. 辅助工序的安排

(1) 检验工序的安排是主要的辅助工序，是保证产品质量的重要措施。除了各工序操作者自检外，在粗加工之后、重要工序前后、送往其他车间加工前后以及零件全部加工结束之后，一般均应安排检验工序。

(2) 表面装饰，如镀层、发蓝、发黑处理，一般都安排在机械加工完成后进行。此外，去毛刺、倒钝锐边、去磁、动平衡及清洗等都是不可缺少的辅助工序，在拟定工艺规程时切不可轻视。

六、拟定轴类零件加工工艺

图 5-7 所示为车床溜板箱中的传动轴。现以此轴为例进行机械加工工艺分析与拟定。

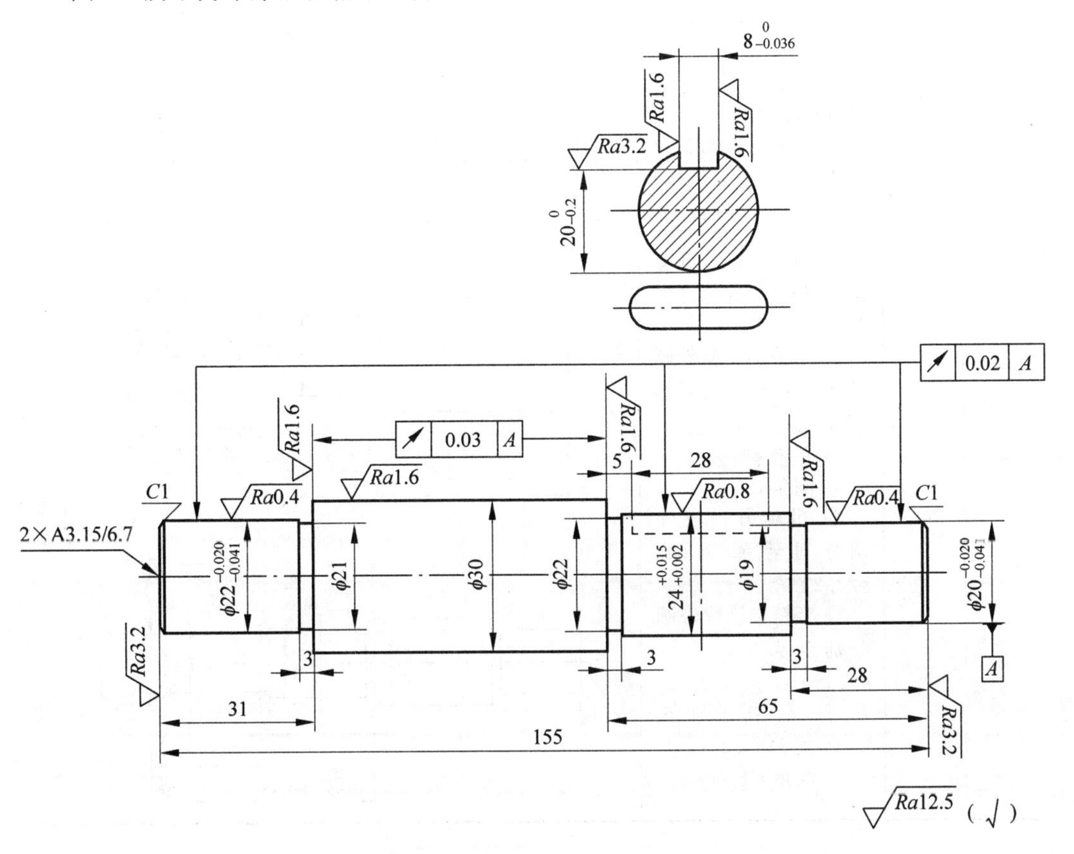

图 5-7 车床溜板箱中的传动轴

(1) 传动轴各主要部分的作用及技术要求。

① 在 $\phi24^{+0.015}_{+0.002}$ 的轴段上装有双联齿轮，传递运动和动力，轴上开有键槽。

② 轴上左、右两端 $\phi22^{-0.020}_{-0.041}$、$\phi24^{+0.015}_{+0.002}$ 和 $\phi20^{-0.020}_{-0.041}$ 为轴颈，支承在溜板箱箱体的轴承孔中。

③ $\phi22^{-0.020}_{-0.041}$、$\phi24^{+0.015}_{+0.002}$ 和 $\phi20^{-0.020}_{-0.041}$ 等配合面对轴线 A 的径向圆跳动允差为 0.02mm。

④ $\phi30$ 轴颈两端面对轴线 A 的端面跳动允差不大于 0.03mm。

⑤ 工件材料为 45 钢，两端轴颈淬火硬度为 40～45HRC。

(2) 基准选择。为保证各主要外圆表面和端面的相互位置精度，选用两端的中心孔作为粗、精加工定位基准。这样，符合基准统一和基准重合原则，也可提高生产率。

(3) 生产类型。单件小批量生产，选用 $\phi45$ 圆钢料作为毛坯。

(4) 工艺分析。该零件各加工面均有一定的尺寸精度、位置精度和粗糙度要求。轴上的键槽可在立式铣床上使用键槽刀铣出，其余各加工表面根据技术要求，可采用“粗车—半精车—粗磨—精磨”的加工顺序，其加工工艺过程见表 5-8。

表 5-8 传动轴机械加工工艺过程(单件小批量生产)

工序号	工序名称	工序内容	工序简图	设备
1	车	① 车一端面，钻中心孔。 ② 切断，长度为 157mm。 ③ 车另一端面至长度 155mm，钻中心孔	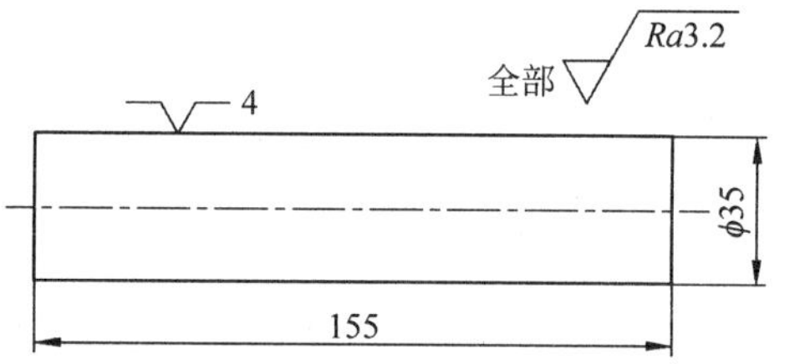	卧式车床
2	车	① 粗车一段外圆分别至 $\phi32\times98$、$\phi24\times30$。 ② 半精车该段外圆分别至 $\phi30\times94$、$\phi22.4^{0}_{-0.21}\times31$。 ③ 车槽 $\phi21\times3$。 ④ 倒角 C1.2。 ⑤ 粗车另一段外圆分别至 $\phi26\times64$、$\phi22.27$。 ⑥ 半精车该段外圆分别至 $\phi24.4^{0}_{-0.21}\times65$、$\phi20.4^{0}_{-0.21}\times28$。 ⑦ 车槽分别至 $\phi22\times3$、$\phi19\times3$。 ⑧ 倒角 C1.2	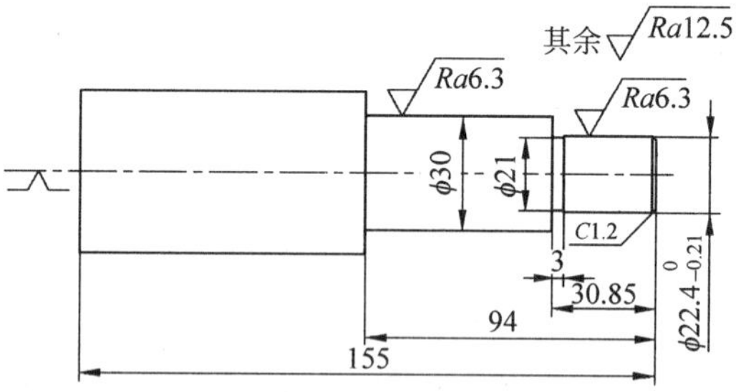 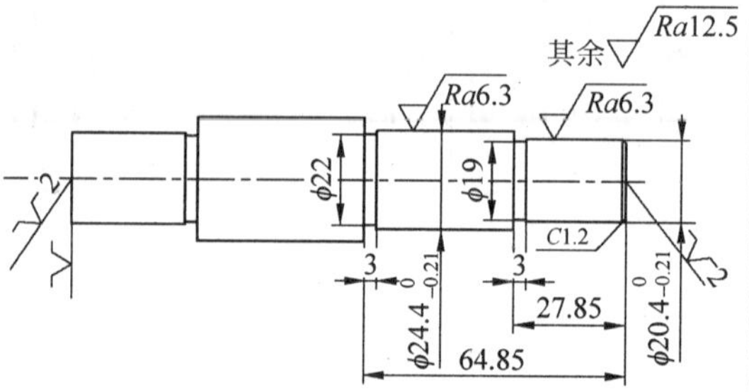	卧式车床

续表

工序号	工序名称	工序内容	工序简图	设备
3	钳	划键槽线		钳工
4	铣	粗、精铣键槽至 $8_{-0.036}^{0}\times20.2_{-0.2}^{0}\times28$		立式铣床
5	热处理	两段轴颈高频淬火，回火至40～45HRC		
6	钳	修研两端中心孔		钻床
7	磨	① 粗磨一段外圆至 $\phi22.1_{-0.033}^{0}$。② 精磨该段外圆至 $\phi22_{-0.041}^{-0.020}$。③ 粗磨另一段外圆分别至 $\phi24.1_{-0.021}^{0}$、$\phi20.1_{-0.033}^{0}$。④ 精磨该段外圆分别至 $\phi24_{+0.002}^{+0.015}$、$\phi20_{-0.041}^{-0.020}$		磨床
8	检验	按图样要求检验		

注：①图中粗实线为该工序加工表面；②图中 ⋏ 符号所指为定位基准。

5.5　加工余量的确定

知识目标

（1）掌握加工余量概念及类型。

（2）明确加工余量的影响因素。

（3）掌握确定加工余量的方法。

（1）合理地确定加工余量。

（2）能对加工余量进行计算。

拟定零件加工工艺路线之后，需要进一步确定出各工序的工序尺寸。工序尺寸的确定与工序的加工余量有着密切的关系。

一、加工余量概念

加工余量是指在机械加工过程中从加工表面切除的金属层厚度。加工余量分为工序加工余量和总加工余量。工序加工余量是指相邻两个工序的工序尺寸之差；总加工余量是指毛坯尺寸与零件图设计尺寸之差，又称毛坯余量，如图 5-8 所示，总加工余量等于各工序加工余量之和，即

$$Z_0 = \sum_{i=1}^{n} Z_i$$

式中：Z_0——总加工余量；

Z_i——第 i 道工序的加工余量；

n——形成该表面的工序总数。

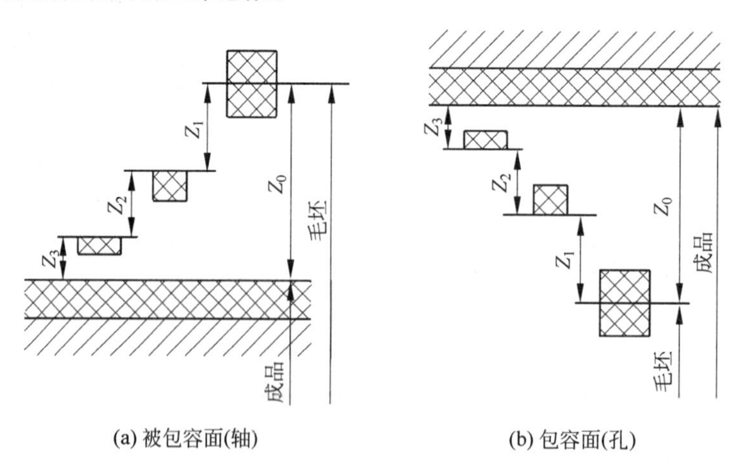

(a) 被包容面(轴)　　(b) 包容面(孔)

图 5-8　加工总余量与工序余量的关系

由于工序尺寸有公差，故实际切除的余量大小不等，出现最小加工余量和最大加工余量。图 5-9 表示工序余量与工序尺寸的关系。

由图可知，工序余量的基本尺寸（公称余量或基本余量）可按下式计算：

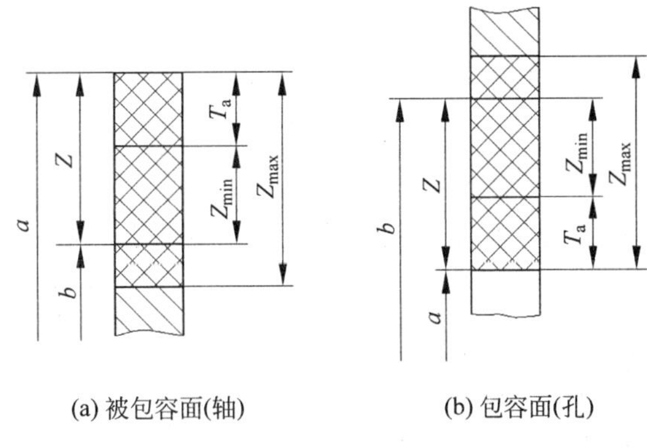

(a) 被包容面(轴)　　(b) 包容面(孔)

图 5-9　工序余量与工序尺寸及其公差的关系

对于被包容面(轴)：　$Z=a-b$

对于包容面(孔)：　$Z=b-a$

式中：Z——本道工序余量的基本尺寸；

a——前道工序的基本尺寸；

b——本道工序基本尺寸。

为了便于加工，工序尺寸都按"入体原则"标注极限偏差，即被包容面的工序尺寸取上偏差为零；包容面的工序尺寸取下偏差为零。毛坯尺寸则按双向布置上、下偏差。工序余量和工序尺寸公差按下式计算：

$$Z = Z_{min} + T_a$$

$$Z_{max} = Z + T_b = Z_{min} + T_a + T_b$$

式中：Z_{min}——最小工序余量；

Z_{max}——最大工序余量；

T_a——前道工序尺寸的公差；

T_b——本道工序尺寸的公差。

加工余量有单边余量和双边余量之分。平面的加工余量是单边余量，它等于实际切削的金属层厚度。对于回转表面(如外圆和孔等)，加工余量是指双边余量，即以直径方向计算，实际切削的金属为加工余量数值的一半。

二、影响加工余量的因素

加工余量的大小对工件的加工质量和生产率有较大影响。加工余量过大，会浪费工时，增加刀具、金属材料及电力的消耗；加工余量过小，既不能消除前道工序留下的各种缺陷和误差，也不能补偿本道工序的装夹误差，造成废品。因此，应合理地确定加工余量。确定加工余量的基本原则是在保证加工质量的前提下，越小越好，影响加工余量的因素如下。

1. 前道工序的尺寸公差

由于工序尺寸有公差，前道工序的实际工序尺寸有可能出现最大或最小极限尺寸。为了使前道工序的实际工序尺寸在极限尺寸的情况下，本道工序也能将前道工序留下的表面粗糙度和缺陷层切除，本道工序的加工余量应包括前道工序的尺寸公差。

2. 前道工序的形位误差

当工件上有些形状和位置偏差不包括在尺寸公差的范围内时，这些误差又必须在本道工序加工纠正，则在本道工序的加工余量中必须包括它。

3. 工序的表面粗糙度和缺陷层

为了保证加工质量，本道工序必须将前道工序留下的表面粗糙度和缺陷层切除。

4. 本道工序的装夹误差

安装误差包括工件的定位误差和夹紧误差，如果用夹具装夹，还应包括夹具在机床上的装夹误差。这些误差会使工件在加工时的位置发生偏移，所以加工余量还必须考虑安装误差的影响。如图 5-10 所示，用三爪自定心卡盘夹持工件外圆加工孔时，若工件轴心线偏离主轴旋转轴线 e 值，造成孔的切削余量不均匀，为了确保前后道工序各项误差和缺陷的切除，孔的直径余量应增加 $2e$。

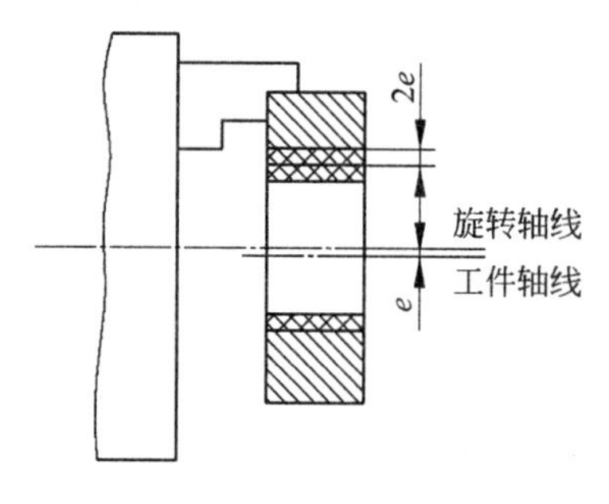

图 5-10 三爪自定心卡盘装夹误差对加工余量的影响

三、确定加工余量的方法

确定加工余量的方法有三种：分析计算法、查表修正法和经验估算法。

1. 分析计算法

本方法是根据有关加工余量计算公式和一定的试验资料，对影响加工余量的各项因素进行分析和综合计算来确定加工余量。用这种方法确定加工余量比较经济合理，但必须有比较全面和可靠的试验资料。目前，只在材料十分贵重，以及军工生产或少数大量生产的工厂中采用。

2. 查表修正法

根据工艺手册或工厂中的统计经验资料查表，并结合具体情况加以修正来确定加工余量，此法在实际生产中广泛应用。

3. 经验估算法

依靠实际经验来确定加工余量。为防止因余量过小而产生废品，所估余量一般偏大，此法只可用于单件小批量生产。

5.6 工艺尺寸链

(1) 掌握工艺尺寸及确定方法。

(2) 了解尺寸链概念并掌握计算步骤与方法。

（1）能对工艺尺寸进行计算。

（2）运用合理的方法计算尺寸链。

课前知识导入

加工过程中，工件的尺寸是不断变化的，由毛坯尺寸到工序尺寸，最后达到满足零件性能要求的设计尺寸。一方面，由于加工的需要，在工序图以及工艺卡上要标注一些专供加工用的工艺尺寸，工艺尺寸往往不是直接采用零件图上的尺寸，而是需要另行计算；另一方面，当零件加工时，有时需要多次转换基准，因而引起工序基准、定位基准或测量基准与设计基准不重合。这时，需要利用工艺尺寸链原理来进行工艺尺寸及其公差的计算。

一、工艺尺寸链的概念

1. 尺寸链的定义

在机器装配或零件加工过程中，由相互联系的尺寸形成封闭尺寸组称为尺寸链。如图 5-11(a)所示，用零件的表面 1 来定位加工表面尺寸 2，得尺寸 A_1，从而定位加工表面 3，保证尺寸 A_2，于是 A_1—A_2—A_0 连接成一个封闭的尺寸组，如图 5-11(b)所示，形成尺寸链。

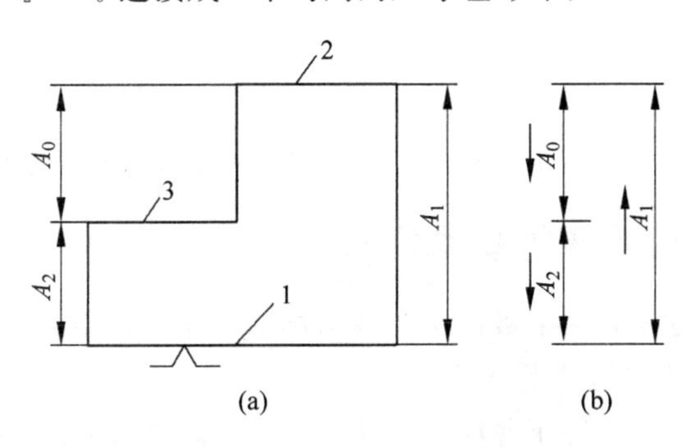

图 5-11 加工尺寸链形式

在机械加工过程中，同是一个工件的各有关工艺尺寸组成的尺寸链称为工艺尺寸链。

2. 工艺尺寸链的组成

（1）环：组成工艺尺寸链的各个尺寸都称为工艺尺寸链的环。图 5-11 中的尺寸 A_1、A_2、A_0 都是工艺尺寸链的环。

（2）封闭环：从工艺尺寸链中间接得到的环称为封闭环。图 5-11 中的尺寸 A_0 是加工后间接获得的，因此是封闭环，每个尺寸链是一个封闭环。

(3) 组成环：除封闭环以外的其他环都称为组成环。图 5-11 中尺寸 A_1、A_2 都是组成环，组成环分增环和减环两种。

(4) 增环：在组成环中，那些自身增大会使封闭环也随之增大的组成环称为增环，图 5-11 中尺寸 A_1 为增环，用$\overrightarrow{A}_1$ 表示。

(5) 减环：在组成环中，那些自身增大会使封闭环随之减小的组成环称为减环，图 5-11 中尺寸 A_2 为减环，用$\overleftarrow{A}_2$ 表示。

3. 增减环的判定方法

为了正确地判断增环与减环，可在尺寸链图上先给封闭环任意定出方向并画出箭头，然后沿此方向环绕尺寸链回路，依次给每一个组成环画出箭头。凡箭头方向与封闭环相反的为增环，相同的则为减环，如图 5-12 所示。

4. 工艺尺寸链的特征

(1) 关联性：组成工艺尺寸链的各尺寸之间必然存在着一定关系，工艺尺寸链中的每一个组成环不是增环就是减环，其尺寸发生变化都要引起封闭环尺寸变化。

(2) 封闭性：尺寸链必须是一组首尾相接并构成一个封闭图形的尺寸组合，其中应包含一个间接得到的尺寸，不构成封闭图形的尺寸组合就不是尺寸链。

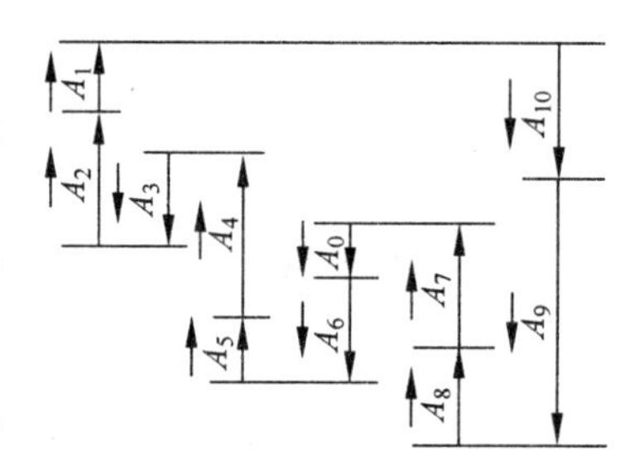

图 5-12 增、减环的简易判断

5. 建立工艺尺寸链的步骤

(1) 确定封闭环。即加工后间接得到的尺寸。

(2) 查找组成环。从封闭环一端开始，按照尺寸之间的联系，首尾相连，依次画出对封闭环有影响的尺寸，直到封闭环的另一端，形成一个封闭图形，就构成一个工艺尺寸链，如图 5-11 所示。

(3) 判断增减环是按照各组成环对封闭环的影响，确定增环或减环。

二、工艺尺寸链计算的基本公式

尺寸链的计算方法有两种：极值法与概率法。目前生产中多采用极值法计算。

用极值法计算尺寸链的基本公式。

(1) 封闭环的基本尺寸等于各增环尺寸之和减去减环尺寸之和。

$$A_0 = \sum_{i=1}^{n} \overrightarrow{A}_i - \sum_{i=n+1}^{m} \overleftarrow{A}_i$$

式中：A_0——密封环基本尺寸；

$\overrightarrow{A}_i$——增环的基本尺寸；

$\overleftarrow{A}_i$——减环的基本尺寸；

n——增环的环数；

m——组成环的环数。

(2) 封闭环的最大值等于各增环的最大值之和减去各减环最小值之和。封闭环的最小值等于各增环最小值之和减去各减环最大值之和。

$$A_{0\max} = \sum_{i=1}^{n} \vec{A}_{i\max} - \sum_{i=n+1}^{m} \overleftarrow{A}_{i\min}$$

$$A_{0\min} = \sum_{i=1}^{n} \vec{A}_{i\min} - \sum_{i=n+1}^{m} \overleftarrow{A}_{i\max}$$

(3) 封闭环的上偏差等于各增环上偏差之和减去各减环最小值之和。封闭环的最小值等于各增环最小值之和减去各减环的上偏差之和。

$$ES_0 = \sum_{i=1}^{n} \overrightarrow{ES}_i - \sum_{i=n+1}^{m} \overleftarrow{EI}_i$$

$$EI_0 = \sum_{i=1}^{n} \overrightarrow{EI}_i - \sum_{i=n+1}^{m} \overleftarrow{ES}_i$$

(4) 封闭环的公差等于各组成环公差之和。

$$T_0 = \sum_{i=1}^{m} T_i$$

三、计算工艺尺寸链的步骤

工艺尺寸链的计算一般有下面两种情况：已知全部组成环的尺寸，求封闭环的尺寸，称为正计算，多用于验算、校核设计的正确性；已知封闭环的尺寸，求组成环的尺寸，称为反计算，多用于工序设计。计算工艺尺寸链问题的步骤如下：

(1) 根据题意，按照零件各表面间的相互联系，绘出尺寸链简图。

(2) 确定封闭环。

(3) 判断增、减环。

(4) 按上述公式计算。

(5) 按工序尺寸标注尺寸公差。即轴的工序尺寸，其上偏差为零；孔的工序尺寸，其下偏差为零；长度尺寸，可按轴也可按孔分布。

四、工艺尺寸链的应用

1. 基准不重合时的工序尺寸及公差的确定

在零件加工中，有时会遇到一些表面加工之后，按设计尺寸不便(或无法)直接测量的情况。因此需要在零件上另选一易于测量的表面作为测量基准面进行加工，以间接保证设计尺寸要求。此时，需要进行工艺换算。另外，当加工表面的定位基准与设计基准不重合时，也要进行一定的尺寸换算。

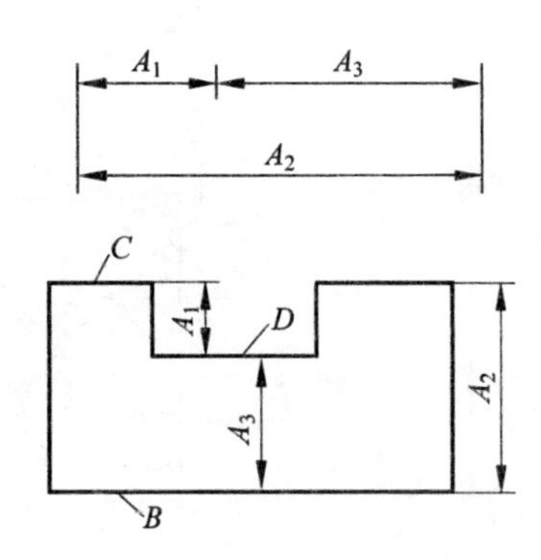

图 5-13 基准不重合时的尺寸换算

如图 5-13 所示零件，当 C、B 面均加工完，现需加工 D 面，由于 D 面的设计基准是 C 面(保证尺寸 A_1)，但采用 C 面定位时加工不便，若采用调整法加工时，以 B 面为定位基准面需控制 A_3 尺寸。而控制 A_3，尺寸需要通过尺寸链计算。已知 $A_1=(15\pm0.12)$mm，$A_3=30_{-0.2}^{\ 0}$mm，求 A_3 尺寸。

解：采用调整法加工时，定位基准 B 面需要控制尺寸为 A_3，A_2 尺寸在前一道工序中已保证，所以 A_1 为封闭环。画尺寸链简图，如图 5-13 所示。

判断增环：A_1——封闭环，A_2——增环，A_3——减环。

根据公式计算：

由 $A_1=A_2-A_3$ 得 $A_3=A_2-A_1=(30-15)\text{mm}=15\text{mm}$

由 $ES_1=ES_2-EI_3$ 得 $EI_3=ES_2-ES_1=(0-0.12)\text{mm}=-0.12\text{mm}$

由 $EI_1=EI_2-ES_3$ 得 $ES_3=EI_2-EI_1=(-0.2-(-0.12))\text{mm}=-0.08\text{mm}$

则 $A_3=15_{-0.12}^{-0.08}\text{mm}\rightarrow14.92_{-0.04}^{\ 0}\text{mm}$（入体分布）。

如果基准不转换，只要保证加工尺寸精度为 0.24mm 即可；但转换基准后，要保证加工尺寸精度为 0.04mm，提高了本道工序的加工精度，因此运用极值法计算工序尺寸和公差应注意可能有假废品出现。为避免假废品的出现，对换算后工序尺寸超差的零件，应按设计尺寸再进行复量和核算。

2. 多环尺寸链的工序尺寸及公差的确定

(1) 从尚需继续加工表面标注工序尺寸及公差确定

在零件加工中，有些加工表面的测量基准或定位基准是一些还需要继续加工的表面，造成这些表面在最后一道加工工序中出现需要同时控制两个尺寸，其中一个尺寸是直接控制由测量获得，而另一个尺寸变成间接获得，形成了尺寸链系统中的封闭环。

图 5-14 所示为齿轮内孔简图，其加工工艺过程如下。

工序Ⅰ镗内孔至 $A_1=\phi39.6_{\ 0}^{+0.10}$mm。

工序Ⅱ插键槽至尺寸 A_2。

工序Ⅲ淬火。

工序Ⅳ磨内孔至 $A_3=\phi40_{\ 0}^{+0.025}$mm，同时间接保证键槽深度 $A_4=46_{\ 0}^{+0.3}$mm。

求插键槽深度 A_2。

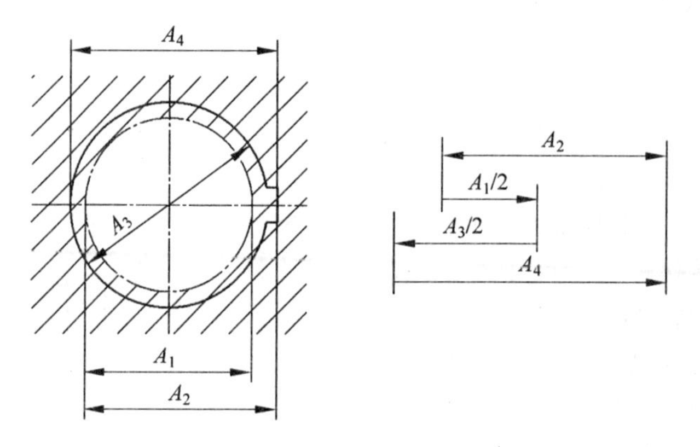

图 5-14　内孔键槽加工尺寸换算

解：① 画尺寸链简图，如图 5-14 所示。

根据工艺过程可知，磨削内孔时保证 A_3 尺寸的同时也间接保证了 A_4 尺寸，且 A_4 尺寸随其他尺寸变化而变化，所以 A_4 是封闭环。由于孔和磨孔尺寸及公差的一半对封闭环有影响，所以作出如图 5-14 所示尺寸链简图。

② 判断增减环。

A_4——封闭环，A_2、$A_3/2$——增环，$A_1/2$——减环。

③ 根据公式计算。

由 $A_4=A_2+\dfrac{A_3}{2}-\dfrac{A_1}{2}$ 得 $A_2=A_4-\dfrac{A_3}{2}+\dfrac{A_1}{2}=(46-20+19.8)\text{mm}=45.8\text{mm}$

由 $ES_4=ES_2+\dfrac{ES_3}{2}-\dfrac{EI_1}{2}$ 得 $ES_2=ES_4-\dfrac{ES_3}{2}+\dfrac{EI_1}{2}=(0.3-0.0125+0)\text{mm}=0.2875\text{mm}$

由 $EI_4=EI_2+\dfrac{EI_3}{2}-\dfrac{EI_1}{2}$ 得 $EI_2=EI_4-\dfrac{EI_3}{2}+\dfrac{EI_1}{2}=(0-0+0.05)\text{mm}=0.05\text{mm}$

则 $A_2=45.8^{+0.2875}_{+0.05}\text{mm}\rightarrow 45.85^{+0.2375}_{0}\text{mm}$（入体分布）

（2）零件进行表面处理时的工序尺寸计算

某些零件表面需要进行渗碳、渗氮或表面镀铬等工序，且在精加工后还需保持其一定的厚度时，也涉及尺寸链的计算问题。

如图 5-15 所示零件的 ϕF 表面要求镀银，镀银层为 $0.2^{+0.1}_{0}\text{mm}$，ϕF 的最终尺寸为 $\phi 63^{+0.03}_{0}\text{mm}$，该表面的加工顺序为：磨内孔至尺寸 A_1，镀银；磨内孔至尺寸 A_2，并保证镀银层厚度 $0.2^{+0.1}_{0}\text{mm}$，问镀层尺寸 A_1 为多少才能保证要求？

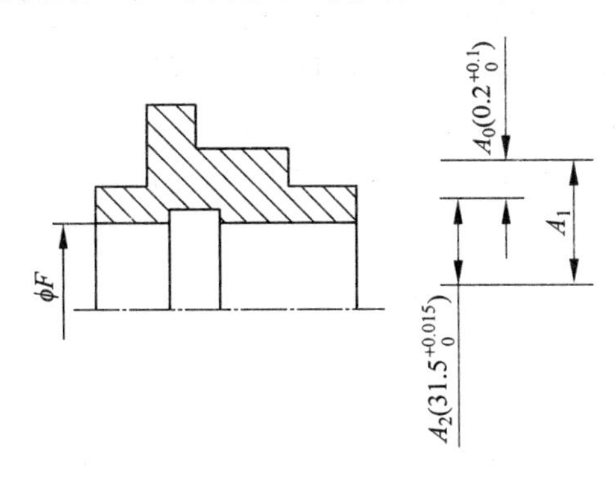

图 5-15　表面处理层尺寸换算

解：① 画尺寸链图。

因镀层是单边的，因此应把 $\phi 63^{+0.03}_{0}\text{mm}$ 换成半径方向为 $\phi 31.5^{+0.015}_{0}\text{mm}$。尺寸链如图 5-15 所示。

② 判断增减环。

A_1——增环，A_2——减环，A_0——封闭环。

③ 根据公式计算。

由 $A_0=A_1-A_2$ 得 $A_1=A_0+A_2=(0.2+31.5)\text{mm}=31.7\text{mm}$

由 $ES_0=ES_1-EI_2$ 得 $ES_1=ES_0+EI_2=(0.1+0)\text{mm}=0.1\text{mm}$

由 $EI_0=EI_1-ES_2$ 得 $EI_1=EI_0+ES_2=(0+0.015)\text{mm}=0.015\text{mm}$

则 $A_1=31.7^{+0.1}_{+0.015}\text{mm}\rightarrow 31.715^{+0.085}_{0}\text{mm}$

换算成直径方向上的尺寸为：$\phi 63.43^{+0.17}_{0}\text{mm}$。

5.7 机床及工艺装备的选择

（1）了解机床的选择原则。

（2）理解工艺装备的选择。

（1）明确机床选择时的注意事项。

（2）选择合理的工艺装备。

课前知识导入

制订工艺规程的原则是在保证产品质量的前提下，提高劳动生产率和降低成本，即做到高产、优质、低消耗。要达到这一目的，制订工艺规程时，必须对工艺过程认真开展技术经济分析，有效地采取提高机械加工生产率的工艺措施。在设计加工工序时，需要正确地选择机床和工艺装备，并填入相应工艺卡片中，这是保证零件的加工质量，提高生产率和经济效益的重要措施。

一、机床的选择

选择机床时应注意以下几点。

（1）所选机床的主要规格尺寸应与加工工件的尺寸相适应。即小零件应选小的机床，大零件应选大的机床，做到设备合理使用。

（2）所选机床的精度应与要求的工件加工精度相适应。对于高精度的工件，在缺乏精密设备时，可通过设备改造，以粗干精。

（3）所选机床的生产率应与加工工件的生产类型相适应。单件小批量生产一般选择通用设备，大批量生产宜选高生产率的专用设备。

（4）机床的选择应结合现场实际情况。例如设备的类型、规格及精度状况，设备负荷的平衡情况以及设备分布排列情况等。

(5) 合理选用数控机床。在通用机床无法加工、难加工、质量难以保证情况下,可考虑选用数控机床,当加工效率要求高、工人劳动强度大时,也可选用数控机床。

二、工艺装备的选择

工艺装备的选择包括夹具、刀具和量具的选择。

1. 夹具的选择

单件小批量生产,应尽量选择通用夹具。例如各种卡盘、台虎钳、回转台等。如果条件具备,为了提高生产效率和加工精度,可选用组合夹具。大批大量生产,应选择生产效率和自动化程度高的专用夹具。多品种中、小批量生产可选用可调夹具或成组夹具。夹具的精度应与加工精度相适应。

2. 刀具的选择

选择刀具时,优先选择通用刀具,以缩短刀具制造周期和降低成本。必要时可采用各种高生产效率的专用刀具和复合刀具。刀具的类型、规格及精度等应符合加工要求,如铰孔时,应根据被加工孔不同精度,选择相应精度等级的铰刀。

3. 量具的选择

单件小批量生产应采用通用量具,如游标卡尺、百分表等。大批量生产应采用各种量规和高效的专用检具,量具的精度必须与加工精度相适应。

确定了加工设备与工装之后,就需要合理选择切削用量,正确选择切削用量,对满足加工精度、提高生产效率、降低刀具损耗具有重要意义。在一般工厂中,由于工件材料、毛坯状况、刀具材料与几何角度及机床刚度等工艺因素的变化较大,故在工艺文件上不规定切削用量,而由操作者根据实际情况自己确定。但是在大批量生产中,特别是在流水线或自动化生产线上,必须合理地确定每一道工序的切削用量。确定切削用量可查阅相关的工艺手册,或按经验估算而定。

5.8 切削用量的确定

(1) 了解切削用量的概念。

(2) 理解合理选择切削用量的因素。

根据不同的情况选择合理的切削用量。

结合前面单元中关于切削用量的相关知识，下面将机械加工工艺中涉及的内容总结如下。

制定切削用量，是在选择好刀具材料和几何角度的基础上，确定背吃刀量 a_p、进给量 f 和切削速度 v_c。

制定切削用量的原则：在保证加工质量、降低成本和提高生产率的前提下，使 a_p、f、v_c 的乘积最大。

（1）背吃刀量的选择

首先选择尽可能大的背吃刀量 a_p，其值应根据加工余量确定。粗加工时应尽可能一次进给切除全部粗加工余量；在加工余量过大或工艺系统刚度不够时应分成两次以上进给，第一次近给的背吃刀量取大些，使第二次进给的背吃刀量小些。精加工的背吃刀量应大于上道工序的加工公差，其数值可参照相关手册查取。

（2）进给量的选择

在保证机床、刀具不至于因切削力太大而损坏，切削力造成的工件挠曲度不至于超出工件精度允许的数值，表面粗糙度值不至于太大的前提下，尽量选择大的进给量 f，粗加工时限制进给量的主要是切削力，半精加工和精加工时，限制进给量的主要是表面粗糙度。进给量的数值一般多根据经验按一定表格选取。

（3）切削速度的确定

当 a_p 与 f 确定后，在刀具耐用度和机床功率允许的条件下选择合理的切削速度 v_c，选择时，可以先按刀具耐用度计算出切削速度，然后校验机床是否超载。一般情况下按不同的 a_p、f 和刀具耐用度值计算出的 v_c 值选取。

加工精度的一般标准

工件表面的加工方法是由其加工精度来决定的，加工精度的高低是由工件的用途来决定的，见表 5-9。

表 5-9　表面粗糙度的等级、分类和加工方法

表面粗糙度 Ra		表面特征	主要加工方法	应用举例
名称	数值/μm			
粗面	50	明显可见刀痕	粗车、粗铣、粗刨、钻	为粗糙度最低的加工面，一般很少应用
	25	可见刀痕	用粗纹锉刀和粗砂轮加工	
	12.5	可见刀痕	粗车、刨、立铣、平铣、钻	不接触表面、不重要的接触面，如螺钉孔、倒角、机座底面等

续表

表面粗糙度 Ra		表面特征	主要加工方法	应用举例
名称	数值/μm			
半光面	6.3	可见加工痕	精车、精铣、精刨、铰、镗、粗磨等	没有相对运动的零件接触面，如箱、盖、套筒
	3.2	微见加工痕		要求紧贴的表面、键和键槽工作表面，相对运动速度不高的接触面，如支架孔、衬套、皮带轮轴孔的工作面
	1.6	看不见加工痕		
光面	0.80	可辨加工痕迹方向	精车、精铰、精拉、精镗、精磨等	要求很好密合的接触面，如与滚动轴承配合的表面、锥销孔等。相对运动速度较高的接触面，如滑动轴承的配合表面、齿轮轮齿的工作表面等
	0.40	微辨加工痕迹方向		
	0.20	不可辨加工痕迹方向		
最光面	0.10	暗光泽面	研磨、抛光、超级精细研磨等	精密量具的表面，极重要零件的摩擦面，如气缸的内表面、精密车床主轴颈、坐标镗床的主轴颈等
	0.05	亮光泽面		
	0.025	镜状光泽面		
	0.012	雾状光泽面		
	0.006	镜面		

课后习题

一、填空题

1. 机械加工工艺过程卡片以________为单位，是制订其他工艺文件的基础。
2. 一张完整的零件图包括的基本内有________、________、________和________。
3. 尺寸基准包括：________和________。
4. 在起始工序中，工件定位只能选择未加工的毛坯表面，这种定位表面称为________。
5. 粗加工阶段其主要任务是________，使毛坯在形状和尺寸上接近零件成品。
6. 工序集中原则是指零件的加工________，而每道工序的加工内容较多。
7. 常用的热处理方法有________、________、________和________等。
8. 淬火处理的目的是提高零件材料的________和________。
9. 加工余量是指在机械加工过程中从________切除的金属层厚度。

二、判断题

1. 机械加工工艺卡片是以工步为单位。（　）
2. 加工顺序就是指工序的加工次序。（　）
3. 热处理的目的主要是提高材料的力学性能，改善加工性能和消除内应力。（　）
4. 退火和正火一般安排在毛坯制造和粗加工之后进行。（　）
5. 检验工序是主要的辅助工序，是保证产品质量的重要措施。（　）
6. 以一次安装的加工内容作为一道工序，适用于加工内容很多的工件。（　）

7. 在数控加工中先进行内腔的加工工序，后进行外形的加工工序。 ( )

8. 在机械加工过程中，同是一个工件的各有关工艺尺寸组成的尺寸链称为工艺尺寸链。 ( )

9. 在组成环中，那些自身增大会使封闭环随之减小的组成环称为增环。 ( )

10. 工艺装备的选择包括夹具、刀具和量具的选择。 ( )

三、简答题

1. 机械加工工艺规程制定的原则是什么？
2. 制定工艺规程的原始资料有哪些？
3. 精基准的选择总原则是什么？
4. 加工顺序的安排原则有哪些？
5. 影响加工余量的因素有哪些？

单元6

典型零件的加工

单元知识导入

在现代生活中，人们可以看到许许多多的机械设备，如农业机械、重型矿山机械、工程机械、机床和汽车等，在这些机械设备中涉及的零件非常多，但是基本上可以归纳为四类，即轴类、套类、箱体类及齿轮类零件，如图 6-1 所示。本单元将以典型零件为例，介绍这四类零件机械加工工艺的制订方法。

(a) 异形轴

(b) 气缸套

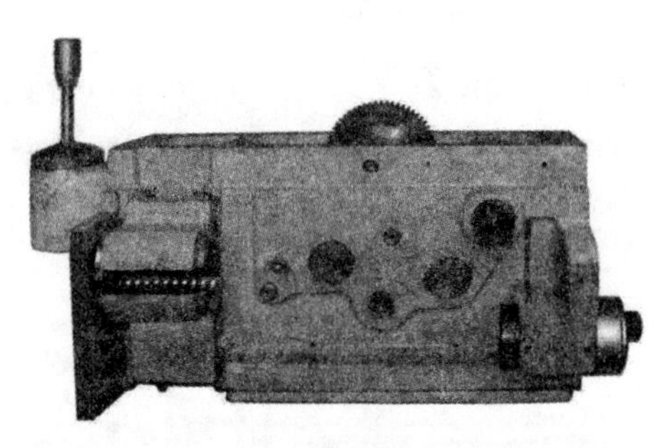

(c) 车床进给箱

(d) 汽车四驱系统

图 6-1　常见的零件类型

6.1 轴类零件加工

(1) 了解轴类零件的结构特点及功用。
(2) 了解轴类零件的技术要求。

(1) 能够标识轴类零件的各部分结构名称。
(2) 能够掌握轴类零件的加工方法。
(3) 能够掌握螺纹的车削加工方法。

课前知识导入

在轴类零件的加工中，外圆表面占有很大比重。不同用途、不同加工精度和表面粗糙度值的轴类零件外圆表面的加工方法也不相同，如图 6-2 所示，一般有车削、磨削及精密加工等。那么该选择何种方法加工呢?

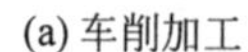
(a) 车削加工

(b) 花键加工

图 6-2　零件表面加工方法

一、概述

1. 轴类零件的结构特点

轴类零件是机械加工中最典型、最常见的零件之一，一般由圆柱面、台阶、沟槽等结构组成。轴类零件大多是回转体零件，其长度远大于直径，它的主要表面是同轴线的若干外圆柱面、圆锥表面、孔、螺纹、键槽、花键、沟槽等，如图6-3所示。

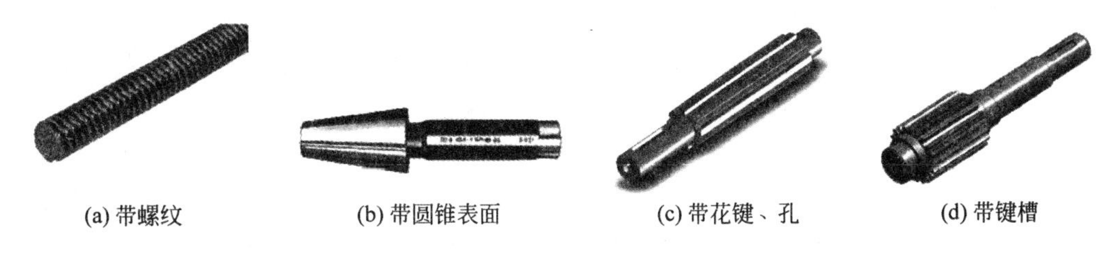

(a) 带螺纹　(b) 带圆锥表面　(c) 带花键、孔　(d) 带键槽

图6-3　轴类零件的常见结构

2. 轴类零件的功用

轴类零件是机械加工中经常遇到的典型零件之一，它的作用是支承传动零件、传递转矩、承受载荷，以及保证装在轴上的零件具有一定的回转精度。轴类零件根据结构形状可分为光轴、空心轴、半轴、台阶轴、花键轴、十字轴、偏心轴、曲轴及凸轮轴等。

3. 轴类零件的技术要求

轴类零件是同轴线的回转体零件，在机械加工中经常遇到有外圆柱面、圆锥面、内孔和螺纹等加工。轴类零件与其他所有零件一样其主要技术要求有如下5项。

(1) 尺寸精度

尺寸精度主要包括直径和长度尺寸等。

(2) 形状精度

形状精度包括圆度、圆柱度、直线度、平面度等。

(3) 位置精度

位置精度包括同轴度、平行度、垂直度、径向圆跳动和端面圆跳动等。

(4) 表面粗糙度

在普通车床上车削金属材料时，表面粗糙度 Ra 值为0.8～1.6μm。

(5) 热处理要求

根据工件的材料和实际需要，轴类工件常进行退火或正火、调质、淬火、渗氮等热处理，以获得一定的强度、硬度、韧性和耐磨性等。

此外，根据不同的用途和结构，轴类零件还规定有不同的技术要求。因此，应采取各种相应的加工方法来加工。

二、轴类零件外圆表面的加工方法

1. 外圆的车削加工

加工轴类零件时，一方面要保证零件图上要求的尺寸精度和表面粗糙度；另一方面还应保证形状和位置公差的要求。车削轴类零件外圆表面一般分为粗车和精车两个阶段。

粗车时，除留一定的精车余量外，应尽快地将毛坯上的多余金属车去。公差等级可达IT11，表面粗糙度 Ra 值为12.5～50μm。

精车时，余量小，必须使工件达到图样上规定的尺寸精度、形位精度和表面粗糙度。

工件公差等级为 IT7～IT8，表面粗糙度值 Ra 为 0.8～1.6μm。

车削外圆的一般步骤如下：

(1) 起动车床，使工件旋转。

(2) 用手摇动床鞍和中滑板的进给手柄，使车刀刀尖靠近并接触工件右端外圆表面。

(3) 反方向摇动床鞍手柄，使车刀向右离开工件 3～5mm。

(4) 摇动中滑板手柄，使车刀横向进给，进给量为背吃刀量。

(5) 床鞍纵向进给车削 3～5mm 后，不动中滑板手柄，将车刀纵向快速退回，停车测量工件。与要求的尺寸比较，再重新调整背吃刀量，把工件的多余金属车去。

(6) 床鞍纵向进给车到尺寸时，退回车刀，停车检查。

2. 外圆的磨削加工

磨削是精加工外圆表面的主要方法。磨削加工可以达到的公差等级为 IT6～IT8，表面粗糙度 Ra 值为 0.1～0.8μm。磨削一般可分为粗磨、精磨、超精密磨削和镜面磨削。采用不同方法，可获得相应的公差等级和表面粗糙度。当外圆表面的公差等级和质量要求不高时，粗磨或精磨就可作为轴类零件的最终加工工序。

磨削时，影响磨削表面质量的主要工艺因素有：砂轮的特性、磨削用量、冷却、砂轮的修整、加工时的振动等。砂轮的特性包括磨料、磨粒、硬度、结合剂、组织及形状尺寸等。一般在砂轮端面上印有这六个方面的特性。

为了获得良好的磨削效果，选择砂轮应注意以下几点。

(1) 磨粒应具有较好的磨削性能。

(2) 砂轮在磨削时应具有合适的“自锐性”。

(3) 砂轮不宜磨钝，有较长的使用寿命。

(4) 磨削时产生较小的磨削力。

(5) 磨削时产生较小的磨削热。

(6) 能达到较高的加工精度(尺寸精度、形状精度、位置精度)。

(7) 能达到较小的表面粗糙度值。

(8) 工件表面不产生烧伤和裂纹等。

3. 外圆的精密加工

外圆表面的光整加工是用来提高尺寸精度和表面质量的加工方法。它包括研磨、超精加工、滚压和抛光加工。

(1) 研磨

研磨是利用涂敷或压嵌在研具上的磨料颗粒，通过研具与工件在一定压力下的相对运动，对加工表面进行的精整加工(如切削加工)。研磨可用于加工各种金属和非金属材料，加工的表面形状有平面，内、外圆柱面和圆锥面，凸、凹球面，螺纹，齿面及其他型面。

研磨常在精车和粗磨后进行。研磨后的工件直径尺寸误差为 0.001～0.003mm，表面粗糙度 Ra 值为 0.006～0.1μm，因而，往往又将研磨作为最终加工方法。但研磨不能提高工件表面间的同轴度等相互位置精度。

研具常用铸铁、铜、铝、软钢等比工件材料软些的材料制成。研磨时，部分磨粒嵌入研具表面层，部分磨粒悬浮于工件与研具之间，磨粒就在工件表面切去很薄的一层金属，主要是上道工序粗糙的凸峰。此外，研磨还有化学作用，研磨剂能使被加工表面形成氧化层，而氧化层易于被磨料除去，因而加速了研磨过程。

研磨的方法可分为手工研磨和机械研磨两种。手工研磨外圆可在车床上进行，工件和研具之间涂上研磨剂，工件由车床主轴带动旋转，研具用手扶持作轴向往复移动；机械研磨外圆在研磨机上进行，一般用于研磨滚珠类零件的外圆。

(2) 超精加工

超精加工是用细粒度的磨具对工件施加很小的压力，并作往复运动和慢速纵向进给运动，以实现微量磨削的一种光整加工方法。

超精加工一般安排在精磨工序后进行，其加工余量仅几微米，适于加工曲轴、轧辊、轴承环和各种精密零件的外圆、内圆、平面、沟道表面和球面等。

(3) 滚压加工

滚压加工是一种无切屑加工，通过一定形式的滚压工具向工件表面施加一定压力。在常温下利用金属的塑性变形，使工件表面的微观不平度碾平从而达到改变表层结构、机械特性、形状和尺寸的目的。因此，这种方法可同时达到光整加工及强化两种目的。

(4) 抛光加工

抛光是指利用机械、化学或电化学的作用，使工件表面粗糙度降低，以获得光亮、平整表面的加工方法。抛光加工是利用抛光工具和磨料颗粒或其他抛光介质对工件表面进行的修饰加工。

抛光不能提高工件的尺寸精度或几何形状精度，而是以得到光滑表面或镜面光泽为目的，有时也用以消除光泽(消光)。通常以抛光轮作为抛光工具。抛光轮一般用多层帆布、毛毡或皮革叠制而成，两侧用金属圆板夹紧，其轮缘涂敷由微粉磨料和油脂等均匀混合而成的抛光剂。

抛光时，高速旋转的抛光轮(圆周速度在20m/s以上)压向工件，使磨料对工件表面产生滚压和微量切削，从而获得光亮的加工表面，表面粗糙度一般可达 $Ra0.01 \sim 0.63\mu m$；当采用非油脂性的消光抛光剂时，可对光亮表面消光以改善外观。

4. 花键加工

花键是轴类零件经常遇到的典型表面，它与单键相比，具有定心精度高，导向性能好，传递转矩大，易于互换等优点，因而得到广泛应用。

花键按齿形可分为矩形花键、三角形花键、渐开线花键、梯形花键等，其中矩形花键应用较多。矩形花键有三种定心方式：外径定心、内径定心和齿侧定心。

通常，轴上的矩形花键采用铣削和磨削加工；孔上的矩形花键采用拉削加工。

(1) 花键加工方法

花键成形方法各不相同，根据工件材料、热处理状态、精度要求、批量大小等情况的不同而加工方法各异。

① 拉制、推制：精度高，质量稳定性好，效率高，适合大批量专业生产。

② 铣加工：成形刀具配合精度合适的工装可以生产精度较高、质量稳定的产品，适

合单件或批量生产，效率一般。

③ 滚齿加工：使用展成法加工齿轮的方法，只适用于渐开线花键的成形加工。

④ 磨削加工：精度要求非常高，常规加工方法难以达到，可以磨齿顶圆，齿根圆或者花键两侧作用面，以提高加工精度，满足装配或使用要求。

⑤ 一次成形，采用精密铸锻一次成形；也可以通过粉末冶金一次成形；生产过程需要较精密的模具来保证其精度，适合批量大的生产规模，工件精度要求相对较低。

(2) 花键的加工刀具

花键是一端或两端贯穿的浅沟槽，所以适于用三面刃铣刀和键槽铣刀加工。

① 三面刃铣刀加工。图 6-4 所示的三面刃铣刀可分为直齿三面刃铣刀、交错齿三面刃铣刀和镶齿三面刃铣刀，主要用在卧式铣床上加工台阶和一端或两端贯穿的浅沟槽。三面刃铣刀除了圆周具有主切削刃外，两侧也有副切削刃，从而改善了切削条件，提高了切削效率，减小了表面粗糙度值。但它重磨后尺寸变化较大，镶齿三面刃铣刀可解决这个问题。

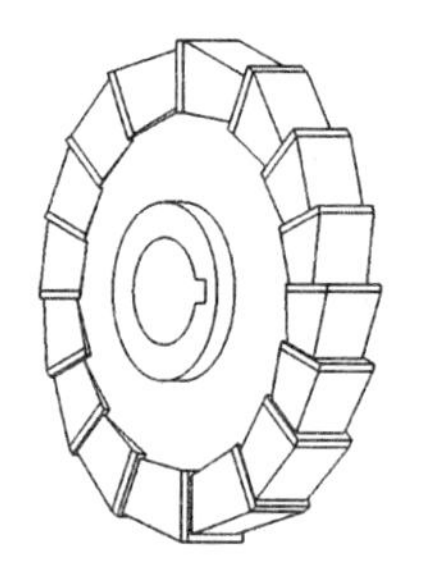

(a) 直齿三面刃铣刀

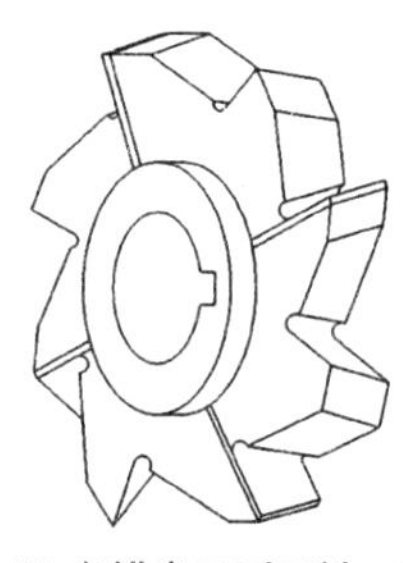

(b) 交错齿三面刃铣刀

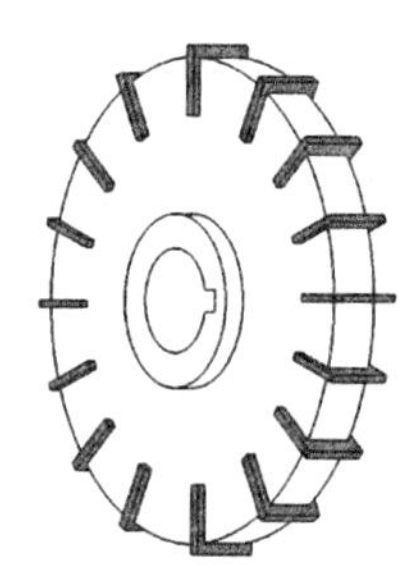

(c) 镶齿三面刃铣刀

图 6-4 三面刃铣刀

② 键槽铣刀加工。图 6-5 所示的键槽铣刀外形与立铣刀相似，由于周围只有两个螺旋刀齿，其端面刀齿的刀刃延伸至中心，因此，加工两端不通的键槽时，可以作适当的轴向进给。

键槽铣刀主要适用于加工圆头封闭键槽，且要作多次垂直进给和纵向进给才能完成。

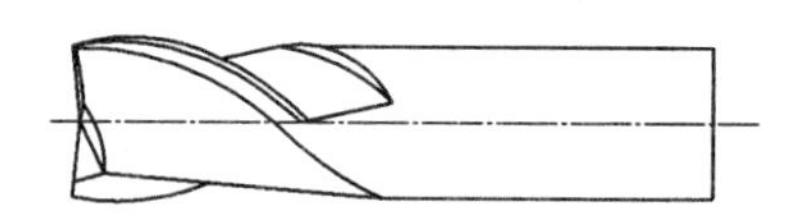

图 6-5 键槽铣刀

5. 螺纹加工

(1) 螺纹的分类

螺纹零件是机械设备中应用较广泛的一种零件。

螺纹是在圆柱或圆锥母体表面上制出的螺旋线形的、具有特定截面的连续凸起部分。螺纹按其母体形状分为圆柱螺纹和圆锥螺纹；按其在母体所处的位置分为内螺纹和外螺纹；按其截面形状分为三角形螺纹、矩形螺纹、梯形螺纹和锯齿形螺纹等。

螺纹应用很广，可作连接、紧固、传动和调节之用。

常见螺纹的种类、代号、牙型和用途见表 6-1。

(2) 螺纹的主要加工方法

按螺纹的使用要求和生产批量可选用车螺纹、铣螺纹、攻丝和套丝、磨螺纹、滚压螺纹等加工方法。

表 6-1 螺纹种类、代号、牙型和用途

螺纹种类		特征代号	牙型	主要用途
连接螺纹	普通螺纹	M	P 60°	主要用于连接件和紧固件，也常作调节之用
	英制螺纹	G	P 55°	主要用于英制设备的修配
传动螺纹	梯形螺纹	Tr	P 30°	主要用于传动件，如机床丝杠
	锯齿形螺纹	B	P 30° 3°	用于支承重型传动件，如千斤顶、压力机的丝杠

① 车螺纹

在车床上车削螺纹可采用成形车刀或螺纹梳刀。用成形车刀车削螺纹，由于刀具结构简单，是单件和小批量生产螺纹工件的常用方法；用螺纹梳刀车削螺纹，生产效率高，但刀具结构复杂，只适用于中、大批量生产中车削细牙的短螺纹工件。

② 铣螺纹

在螺纹铣床上用盘形铣刀或梳形铣刀进行铣削。盘形铣刀主要用于铣削丝杠、蜗杆等工件上的梯形外螺纹。梳形铣刀用于铣削内、外普通螺纹和锥螺纹。这种方法适用于成批生产一般精度的螺纹工件或磨削前的粗加工。

③ 攻丝和套丝

攻丝是用一定的扭矩将丝锥旋入工件上预钻的底孔中加工出内螺纹。套丝是用板牙在棒料工件上切出外螺纹。加工螺纹的方法很多，但是小直径的内螺纹只能依靠丝锥加工。攻丝和套丝可用手工操作，也可用车床、钻床、攻丝机和套丝机加工。

④ 磨螺纹

磨螺纹主要用于在螺纹磨床上加工淬硬工件的精密螺纹。按砂轮截面形状不同分单线砂轮和多线砂轮磨削两种。单线砂轮磨削适于磨削精密丝杠、螺纹量规、蜗杆、小批量的螺纹工件和铲磨精密滚刀。多线砂轮磨削又分纵磨法和切入磨法两种。纵磨法砂轮纵向移动一次或数次即可把螺纹磨到最后尺寸。切入磨法生产效率高，但精度稍低，适于磨削批量较大的丝锥和某些紧固用的螺纹。

⑤ 滚压螺纹

用成形滚压模具使工件产生塑性变形以获得螺纹的加工方法。螺纹滚压一般在滚丝机、搓丝机或附装自动开合螺纹滚压头的自动车床上进行，适用于大批量生产标准紧固件和其他螺纹连接件的外螺纹。

(3) 车削螺纹的方法

车削螺纹的方法如图 6-6 所示。

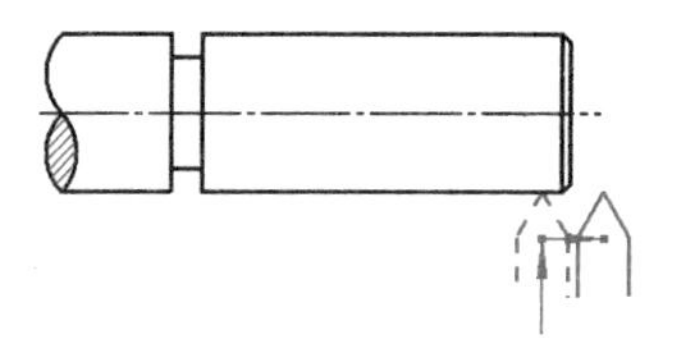

(a) 开车，使车刀与工件轻微接触，记下刻度盘读数。向右退出车刀

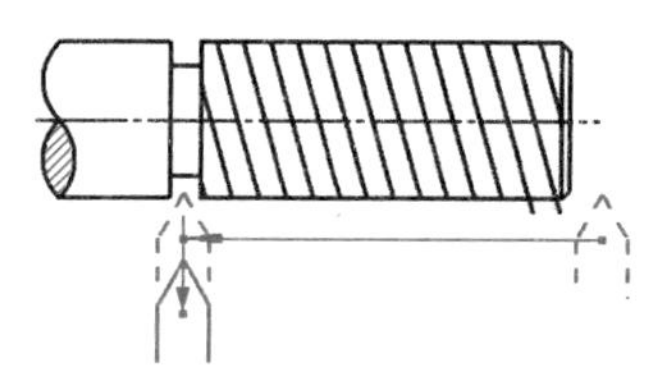

(b) 合上开合螺母，在工件表面车出一条螺旋线。横向退出车刀，停车

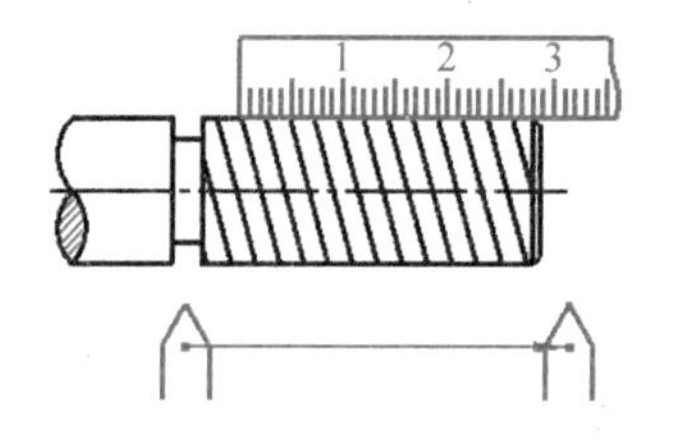

(c) 开反车使车刀退到工件右端，停车。用钢直尺检查螺距是否正确

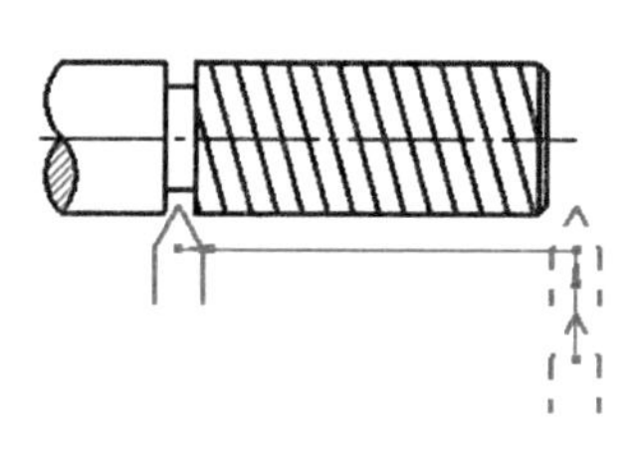

(d) 利用刻度盘调整切深。开车切削，车钢料时加机用润滑油

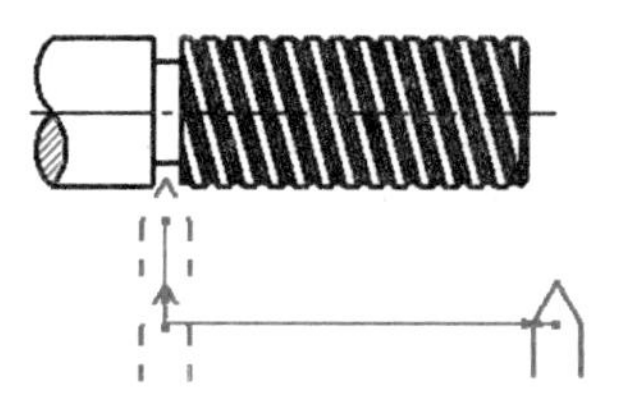

(e) 车刀将至行程终点时，应做好退刀停车准备。先快速退出车刀，然后停车。开反车退回刀架

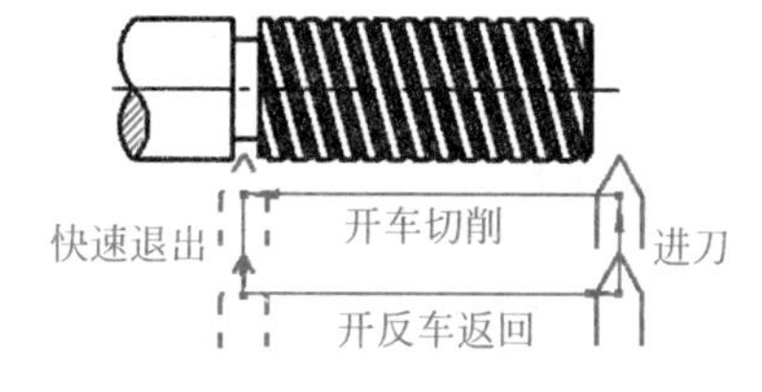

(f) 再次横向切入，继续切削

图 6-6 车削螺纹的方法

(4) 加工螺纹注意事项

① 车削螺纹前要用对刀样板仔细对刀，以保证车刀工作时具有正确的位置。

② 工件要装夹牢固，伸出部分不宜过长，避免工件松动或变形。

③ 为了便于退刀，主轴转速不宜过高，工件上应有退刀槽。

④ 若在车削过程中换刀或磨刀，均应重新对刀。

⑤ 车削螺纹时，若第二次车削的运动轨迹与第一次不重合，结果把螺纹车乱而报废，称乱扣。为避免乱扣发生，在车削过程中和退刀时，一般不得脱开开合螺母。但当丝杠螺距与工件螺距之比为整数倍时，退刀时可以脱开开合螺母，再次切削时及时合上就不会乱扣。

⑥ 工件与主轴及车刀的相对位置不可改变，确需改变时，必须重新对刀检查。

⑦ 车削内螺纹时，车刀横向进退方向与车螺纹时相反。

6.2　套类零件加工

知识目标

(1) 了解轴套类零件的结构特点及功用。

(2) 掌握套类零件孔的加工方法及工艺特点。

能力目标

(1) 能分析套类零件技术要求。

(2) 能正确选择孔加工方案。

(3) 能拟定简单套类零件的机械加工工艺规程。

课前知识导入

套类零件是机械中常用的一种零件，它的应用范围很广，如支承旋转轴的各种形式的滑动轴承、夹具上引导孔加工刀具的导向套、内燃机气缸套、液压系统中的液压缸以及一般用途的套筒等，如图 6-7 所示。

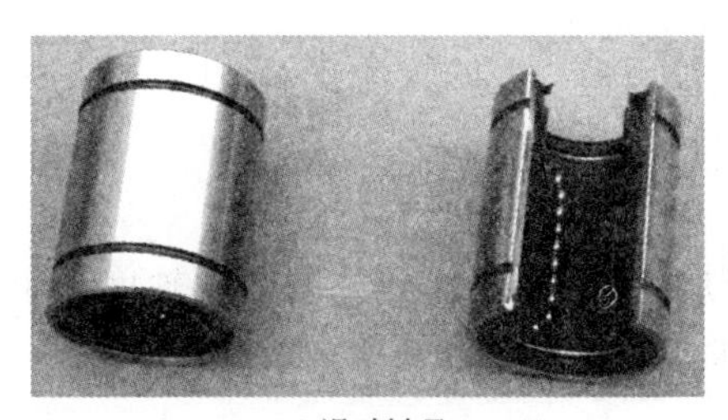

(a) 滑动轴承

(b) 车刀套筒

图 6-7　套类零件

学习内容

一、概述

1. 套类零件的结构特点

(1) 零件的主要表面为同轴度要求较高的内、外圆回转表面。

(2) 零件壁厚、较薄、易变形。

(3) 长度一般大于直径。

2. 套类零件的功用

(1) 用作旋转轴轴径的支承时,在工作中承受径向力和轴向力,并将其传至机架。

(2) 用于油缸或缸套时,主要起导向作用。

3. 套类零件的技术要求

套类零件的主要表面是孔和外圆,其主要技术要求如下。

(1) 内孔的技术要求

内孔是套类零件起支承或导向作用的主要表面,它通常与运动着的轴、刀具或活塞相配合。

① 尺寸精度　其尺寸精度一般为IT7,精密轴套可取IT6,气缸和液压缸由于与其配合活塞上有密封圈,要求较低,通常取IT9。

② 形状精度　内孔的形状精度一般控制在孔径公差以内,精密套筒的形状精度应控制在孔径公差的1/3～1/2,甚至更严。对于长的套类零件除了圆度要求外,还应该注意孔的圆柱度。

③ 位置精度　内、外圆之间的同轴度一般为0.01～0.05mm;孔轴线与端面的垂直度一般取0.02～0.05mm。

④ 表面质量　一般要求内孔的表面粗糙度 Ra 值为0.8～3.2μm;要求高的孔 Ra 值为0.05μm以上;若与油缸相配合的活塞上装有密封圈时,其内孔表面粗糙度 Ra 值为0.2～0.4μm。

(2) 外圆表面的技术要求

外圆表面是套类零件的支承表面,常以过盈或过度配合与箱体机架上的孔连接。

① 尺寸精度　通常为IT7、IT6。

② 形状精度　一般控制在外径公差以内。

③ 表面粗糙度　Ra 值为0.8～6.3μm。

(3) 孔与外圆的同轴度要求

当孔的最终加工是将轴套装入机座后进行时,套筒内外圆的同轴度要求较低;若最终加工是在装配前完成的,其同轴度要求较高,一般为0.01～0.05mm。

(4) 孔轴线与端面的垂直度要求

套筒的端面(包括凸缘端面)若在工作中承受轴向载荷,或虽不承受载荷,但在装配或加工中作为定位基准时,端面与孔轴线垂直度要求较高,一般为0.01～0.05mm。

4. 套类零件的材料、毛坯及热处理

套类零件一般用钢、铸铁、青铜或黄铜制成。有些滑动轴承采用双金属结构,以离心铸造法或铸铁套内壁上浇铸巴氏合金等轴承合金材料制造,既可以节省贵重的非铁金属,又能提高轴承的寿命。

套类的毛坯选择与其材料、结构、尺寸及生产批量有关。孔径小的套筒,一般选择热轧或冷拉棒料,也可采用实心铸件。孔径较大的套筒,常选择无缝钢管或带孔的铸件、锻件。大量生产时,采用冷挤压和粉末冶金等先进毛坯制造工艺,既节约用材,又提高生产率。

套类零件常用的热处理方法有渗碳淬火、表面淬火、调质、高温时效及渗氮等。

二、套类零件典型表面的加工方法

1. 孔加工方案确定的原则

(1) 常见内孔有以下几种。

① 配合用孔　配合用孔是指装配中有配合要求的孔。如与轴有配合要求的套筒孔、齿轮或带轮上的孔、车床尾座体孔、主轴箱体上的主轴和传动轴的轴承孔等都是配合用孔，其中箱体上的孔往往构成孔系，且加工精度要求较高。

② 非配合用孔　非配合用孔是指装配中无配合要求的孔。如紧固螺栓用孔、油孔、内螺纹底孔、齿轮或带轮轮辐孔等都是非配合用孔，其加工精度要求不高。

③ 深孔　深径比 $L/D>5$ 的孔称为深孔，如车床主轴上的轴向通孔。由于深孔加工难度大，对刀具和机床均有特殊要求。

④ 圆锥孔　如车床主轴前端的锥孔、钻床刀杆的锥孔等，通常圆锥孔有较高的加工精度和表面质量要求。

(2) 内孔加工方法：钻孔、扩孔、铰孔、镗孔、磨孔、拉孔、珩孔、研磨孔及滚压孔加工。其中钻孔、扩孔与镗孔作为粗加工与半精加工(镗孔也可作为精加工)，而铰孔、精镗孔、拉孔加工则为孔的精加工方法，磨孔、珩孔、研磨孔、滚压孔为孔的精密加工方法。孔加工方案的确定，需考虑以下原则。

① 孔径较小时(如 30～50mm 以下)，大多采用钻—扩—铰的方案，根据孔的精度决定采用一次铰削还是粗精铰(两次铰削)。批量大的生产，则可采用钻孔后用拉刀拉孔的方案，其精度和生产效率很高。

② 孔径较大时(缸筒、箱体机架类零件)，大多采用钻孔后镗孔或直接镗孔，以及进一步精加工方案。箱体上的孔多采用精镗、浮动镗孔，缸筒件的孔则多采用精镗后珩磨或滚压加工。

③ 淬硬套筒类零件，多采用磨削孔方案。孔的磨削与外圆磨削一样，可获得很高的精度与较小的表面粗糙度值。对于精密套筒零件，还应增加孔的精密加工，如高精度磨削、精密镗孔、珩磨、研磨、抛光等方法。

2. 孔表面的典型加工路线

(1) 钻—粗拉—精拉　对于大批量生产中的孔一般可选择这种路线加工，加工质量稳定，生产效率高，特别是带键槽的内孔，用拉削更为方便。若毛坯上没有孔时，则要有钻孔工序，如果是中孔($\phi30$～$\phi50$mm)，有时毛坯上铸出或锻出，这时则需要粗镗后再粗拉孔。对模锻的孔，因精度较高也可以直接粗拉。

(2) 钻—扩—铰—手铰　主要用于小孔和中孔，孔径超过 $\phi50$mm 时则用镗孔，手铰就是用手工铰孔。加工时铰刀以被加工表面本身定位，主要提高孔的形状精度、尺寸精度和降低表面粗糙度值，是成批生产中加工精密孔的有效方法之一。

(3) 钻或粗镗—半精镗—精镗—金刚镗　对于毛坯未铸出或锻出孔时，先要钻孔。

已有孔时，可直接粗镗孔。对于大孔，可采用浮动镗刀镗削，非铁金属的小孔则可以采用金刚镗。

（4）钻或粗镗—粗磨—半精磨—精磨—研磨、珩磨　这条路线主要用于淬硬零件或精度要求高、表面粗糙度值小的内孔表面加工。

三、套类零件机械加工工艺过程举例

1. 轴承套加工工艺分析

图 6-8 所示为轴承套，其主要技术要求为：ϕ34js7 外圆对 ϕ22H7 孔的径向圆跳动公差为 0.01mm；左端面对 ϕ22H7 孔的轴线垂直度公差为 0.01mm。由此可见，该零件的内孔和外圆的尺寸精度和位置精度要求较高。

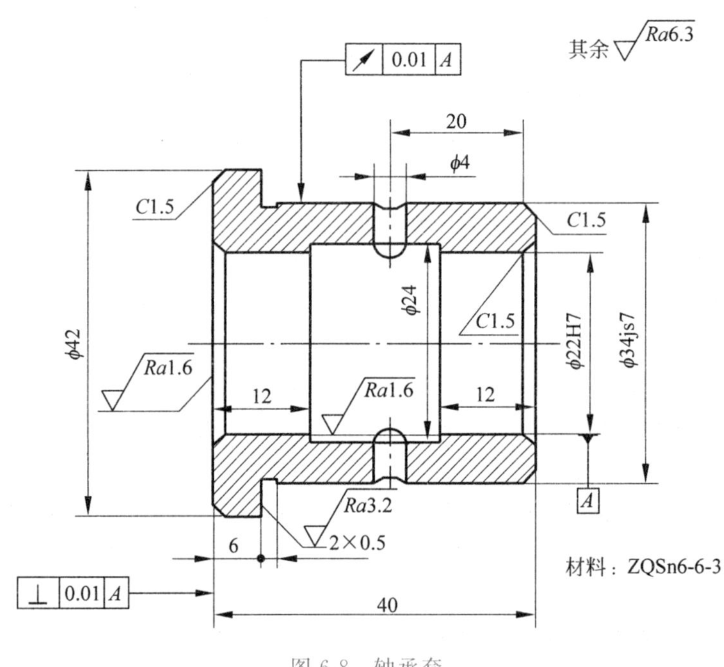

图 6-8　轴承套

该轴承套的材料为 ZQSn6-6-3。其外圆为 IT7 级精度，采用精车可以满足精度要求；内孔的精度也是 IT7 级，铰孔可以满足精度要求。所以内孔的加工顺序为钻—扩孔—铰孔。

2. 轴承套的加工工艺过程

轴承套的加工工艺过程见表 6-2。

3. 保证套筒位置精度的方法

（1）先加工外圆，再以外圆为基准加工孔。

（2）在一次装夹中完成内外表面及端面的加工。这种方法没有装夹误差，可以获得较高的相对位置精度。工序 5 中，在车、铰内孔和加工端面时，以 ϕ42 端面在一次装夹中完成，以保证端面与孔轴线的垂直度误差在 0.01mm 之内。

表 6-2 轴承套的加工工艺过程

序号	工序名称	工序内容	定位与夹紧
1	备料	棒料 $\phi45\times42$	
2	钻中心孔	① 车端面，钻中心孔。 ② 调头车另一端面，倒 C1.5 倒角，钻中心孔	三爪卡盘
3	粗车	① 车外圆 $\phi42$ 至 $\phi6.5$。 ② 车外圆 $\phi34$js7 至 $\phi35$。 ③ 车退刀槽 2×0.5	中心孔
4	钻	钻 $\phi22$ 孔	软爪 $\phi42$ 外圆
5	车、铰	① 车端面至总长 40，倒 C1.5 倒角。 ② 车内孔 $\phi22$H7 为 $\phi22$。 ③ 车内孔 $\phi24\times16$ 至尺寸。 ④ 铰孔 $\phi22$H7 至尺寸。 ⑤ 孔两端倒角 C1.5	软爪 $\phi42$ 外圆
6	精车	车 $\phi34$js7(±0.012)至尺寸	$\phi22$H7 孔心轴
7	钻	钻径向油孔 $\phi4$	$\phi34$ 外圆及端面
8	检查		

(3) 先加工孔，再以孔为基准加工外圆。工序 5 将内孔精加工后，工序 6 采用小锥度心轴以孔定位，精加工外圆，以保证外圆对孔轴线的径向跳动误差在 0.01mm 之内。

6.3 箱体类零件加工

(1) 了解箱体类零件的结构特点及功用。
(2) 了解常用箱体类零件平面加工方法、特点及适用场合。
(3) 了解常用箱体孔系保证加工质量的方法。

(1) 能分析箱体类零件技术要求。
(2) 能找正箱体类零件的孔系加工。

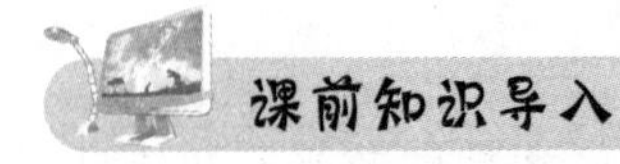

箱体类零件一般是指具有一个以上孔系，内部有一定型腔或空腔，在长、宽、高方向有一定比例的零件。这类零件在机械行业、汽车、飞机制造等各个领域使用较多，如汽车的发动机缸体、变速箱体、机床的床头箱、主轴箱、柴油机缸体、齿轮泵壳体等，如图 6-9 所示。

(a) 减速器箱体

(b) 汽车发动机箱体

图 6-9 箱体类零件

学习内容

一、概述

1. 箱体类零件的结构特点

箱体类零件结构形式虽然多种多样，但仍有共同的主要特点：其外表面主要由平面构成，形状复杂、壁薄且不均匀，内部呈腔形，加工部位多，加工难度大，既有精度要求较高的孔系和平面，也有许多精度要求较低的紧固孔。

2. 箱体类零件的功用

箱体类零件是机器或部件的基础零件，它将机器或部件中的轴、套、齿轮等有关零件组装成一个整体，使它们之间保持正确的相互位置，并按照一定的传动关系协调地传递运动或动力。

3. 箱体类零件的技术要求

为了保证箱体类零件的装配要求，达到机器设备对它的要求，对箱体类零件的主要技术要求有以下几个方面。

(1) 孔系的技术要求

① 孔的尺寸精度、几何形状精度和表面粗糙度

箱体上的轴承支承孔本身的尺寸精度、形状精度和表面粗糙度都要求较高；否则，将影响轴承与箱体孔的配合精度，使轴的回转精度下降，也易使传动件(如齿轮)产生振动和噪声。一般机床主轴箱的主轴支承孔的尺寸精度为IT6，圆度、圆柱度公差不超过孔径公差的一半，表面粗糙度 Ra 值为0.32～0.63μm。其余支承孔尺寸精度为IT6～IT7，表面粗糙度 Ra 值为0.63～2.5μm。

② 支承孔之间的孔距尺寸精度及相互位置精度

在箱体上有齿轮啮合关系的相邻孔之间，应有一定的孔距尺寸精度及平行度要求；否则会影响齿轮的啮合精度，工作时会产生噪声和振动，并影响齿轮寿命。该精度主要是传动齿轮副的中心距允差与啮合齿轮精度。

一般箱体的中心距允差为±(0.025～0.06)mm，轴心线平行度允差在全长取0.03～

0.1mm。

(2) 主要平面的形状精度、相互位置精度和表面质量

① 主要平面的形状精度、相互位置精度和表面粗糙度

箱体的主要平面是装配基准，并且往往是加工时的定位基准，所以，应有较高的平面度和较小的表面粗糙度值；否则，直接影响箱体加工时的定位精度，影响箱体与机座总装时的接触刚度和相互位置精度。

一般箱体主要平面的平面度在0.03～0.1mm，表面粗糙度 Ra 值为0.63～2.5μm，各主要平面对装配基准面垂直度为0.1/300。

② 支承孔与主要平面的尺寸精度及相互位置精度

同一轴线的孔应有一定的同轴度要求，各支承孔之间也应有一定的孔距尺寸精度及平行度要求；否则，不仅装配有困难，而且使轴的运转情况恶化，温度升高，轴承磨损加剧，齿轮啮合精度下降，引起振动和噪声，影响齿轮寿命。支承孔之间的孔距公差为0.05～0.12mm，平行度公差应小于孔距公差，一般在全长取0.04～0.1mm。同一轴线上孔的同轴度公差一般为0.01～0.04mm。支承孔与主要平面的平行度公差为0.05～0.1mm。主要平面间及主要平面对支承孔之间垂直度公差为0.04～0.1mm。

二、箱体类零件平面加工方法

1. 刨削

(1) 刨削加工的工艺特点

① 成本较低　由于刨床的结构较为简单，调整操作都较方便，加上刨刀的制造与刃磨也很容易，价格低廉。

② 生产效率较低　刨削是以刨刀(或工件)的直线往复运动为主运动，以方向与之垂直的工件(或刨刀)的间歇移动为进给运动的切削加工方法，如图6-10所示。因为在变速时有惯性，限制了切削速度的提高，并且在回程时不切削，所以刨削加工生产效率低。另外，刨削时是直线往复运动，难免产生冲击与振动等不利影响，所以加工质量较低。

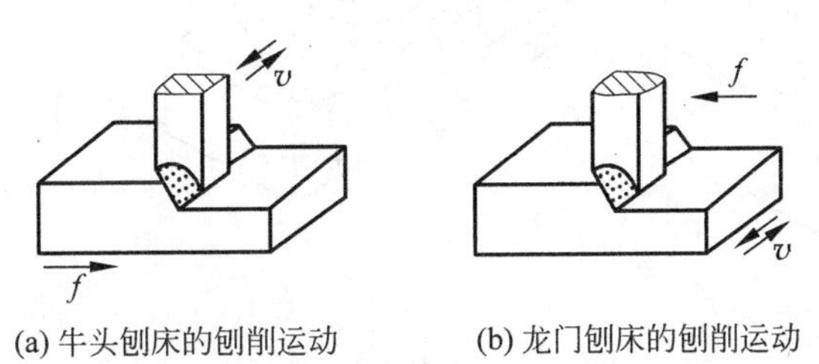

(a) 牛头刨床的刨削运动　(b) 龙门刨床的刨削运动

图6-10　刨削运动

③ 加工质量中等　刨削加工的精度通常为IT7～IT9，表面粗糙度 Ra 值为3.2～12.5μm。

④ 通用性强　刨削所需的机床、刀具结构简单，制造安装方便，调整容易，通用性强。

当前，普遍采用宽刃刀精刨代替刮研，能取得良好的效果。采用宽刃刀精刨，切削速度较低(2～5m/min)，加工余量小(预刨余量为0.08～0.12mm，终刨余量为0.03～

0.05mm)，工件发热变形小，可获得较小的表面粗糙度 Ra 值为 0.25～0.8μm 和较高的加工精度(直线度为 0.02/1000)，且生产率也较高。另外，刨削大平面时无接刀痕，表面质量较好。

(2) 常用平面刨削加工方案

常用平面刨削加工方案见表 6-3。

表 6-3 平面刨削加工方案

刨削类型	加工方案	表面粗糙度 Ra 值/μm
低精度平面	粗刨	6.3～50
中精度平面	粗插—精插 粗刨—精刨	1.6～6.3
高精度平面	粗刨—精刨—宽刃刀精刨(代刮) 粗刨—精刨—磨削	0.2～0.8
精密平面	粗刨—精刨—磨削 粗刨—精刨—磨削—超级光磨	0.12～0.4

2. 铣削

(1) 铣削加工的工艺特点

① 生产效率高　铣削加工是将毛坯固定，用高速旋转的铣刀在毛坯上走刀，切出需要的形状和特征。铣削的主运动是铣刀的旋转运动，进给运动是工件的直线运动，如图 6-11 所示。铣刀由多个刀齿组成，各刀齿依次切削，没有空行程，而且铣刀高速回转，因此与刨削相比，铣削生产率高于刨削，在中批以上生产中多用铣削加工平面。

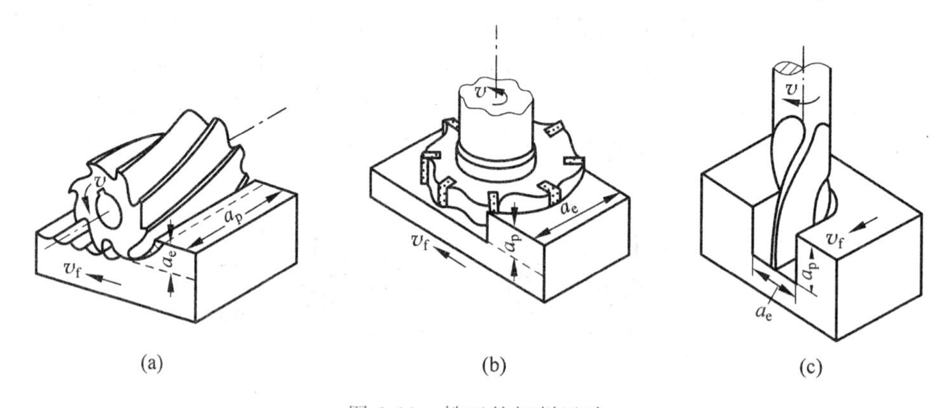

图 6-11 铣刀的切削运动

当加工尺寸较大的平面时，可在龙门铣床上用几把铣刀同时加工各有关平面，这样，既可保证平面之间的相互位置精度，也可获得较高的生产率。

② 适应性好　铣刀的类型多，铣床的附件多，特别是分度头和回转工作台的适应，使得铣削加工的应用范围极为广泛。

③ 加工质量中等　铣削时，每个刀齿轮流切入切出工件，断续地进行切削，使刀齿和工件受到周期性的冲击，切削力发生波动。因此，铣削总是处于振动和不平稳的工作状态

中,使加工质量受到影响。铣削尺寸精度一般可达到 IT7～IT9 级,表面粗糙度 Ra 值为 1.6～6.3μm。

④ 成本较高 铣床结构复杂,铣刀的制造和刃磨比较困难。一般来说,铣削加工成本比刨削高。

(2) 铣削方法

加工平面可以用周铣和端铣。

周铣是指利用分布在铣刀圆柱面上的切削刃来形成平面(或表面)的铣削方法,如图 6-12(a)所示。周铣法一般采用卧式铣床,其通用性较好,适用范围较广,故在单件小批量生产应用较多。

端铣是指利用分布在铣刀端面上的端面切削刃来形成平面的铣削方法,如图 6-12(b)所示。在平面加工中端铣应用较多。

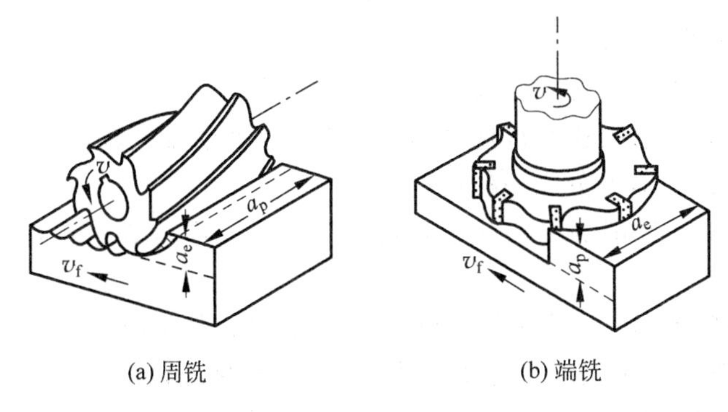

(a) 周铣　　(b) 端铣

图 6-12 铣削方式

周铣时,根据铣削力的水平分力与工件的进给方向是否相同,又分为顺铣和逆铣的两种加工方式,如图 6-13 所示。

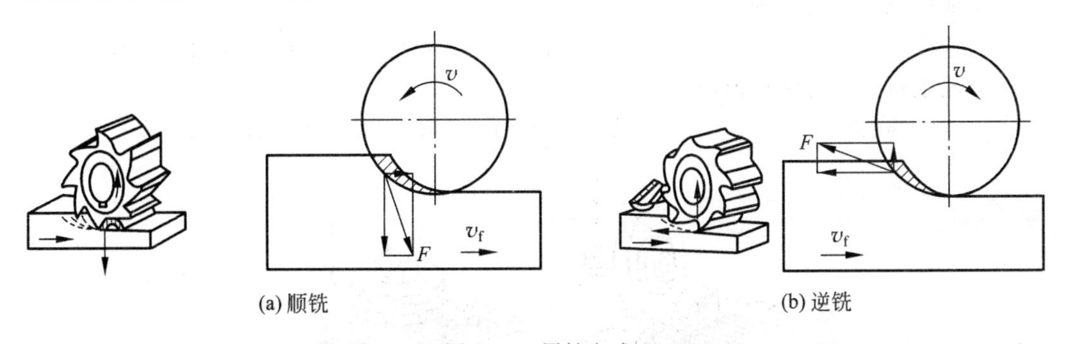

(a) 顺铣　　(b) 逆铣

图 6-13 周铣方式

顺铣:工件进给方向与铣刀旋转方向相同。顺铣适用于精加工,但因不能排除丝杠间隙,容易拉刀。

逆铣:工件进给方向与铣刀旋转方向相反。逆铣不易拉刀,适合粗加工。

(3) 常用平面铣削加工方案

常用平面铣削加工方案见表 6-4。

表 6-4　常用平面铣削加工方案

铣削类型	加工方案	表面粗糙度 Ra 值/μm
中精度平面	粗铣—精铣	0.4～0.8
高精度平面	粗铣—精铣—高速精铣 粗铣—精铣—磨削 粗铣—精铣—拉削	0.025～0.2
精密平面	粗铣—精铣—高速精铣—抛光 粗铣—精铣—磨削—研磨	0.012～0.05

3. 磨削

磨削加工属于精加工(机械加工分粗加工、精加工、热处理等加工方式)，加工量少、精度高，主要用于在平面磨床上磨削平面、沟槽等。

(1) 磨削加工的工艺特点

磨削与铣削、刨削加工方式比较，具有以下特点。

① 生产效率高　磨削速度每秒可达 30～50m；磨削温度较高，可达 1000～1500℃；磨削过程历时很短，只有万分之一秒左右。

② 加工质量高　磨削加工的加工精度可达 IT5～IT7，表面粗糙度 Ra 值为 0.2～1.6μm。

③ 被加工材料范围广　磨削不但可以加工软材料，如未淬火钢、铸铁等，而且还可以加工淬火钢及其他刀具不能加工的硬质材料，如陶瓷、硬质合金等。

④ 安全性较差　当磨削加工时，从砂轮上飞出大量细的磨屑，而从工件上飞溅出大量的金属屑。磨屑和金属屑都会使操作者的眼部遭受危害，尘末吸入肺部也对身体有害。

(2) 磨削加工方法

平面磨削方法有两种。

用砂轮外圆表面磨削的称为周磨法，如图 6-14(a)所示，一般使用卧轴平面磨床，如用成形砂轮也可加工各种成形面。

用砂轮端面磨削的称为端磨法，如图 6-14(b)所示，一般使用立轴平面磨床。

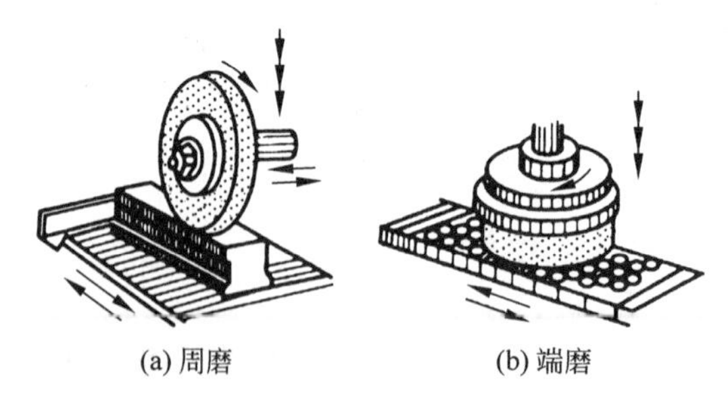

(a) 周磨　　(b) 端磨

图 6-14　平面磨削方式

(3) 周磨法和端磨法对比

① 周磨法　其特点是利用砂轮的圆周面进行磨削，工件与砂轮接触的面积小，磨削热少，容易排屑，冷却与散热条件好。砂轮磨损均匀，磨削精度高，表面粗糙度值小，但生

产率低，多用于单件小批量生产中，有时也用于大批量工件生产。

② 端磨法 其特点是利用砂轮的端面进行磨削，砂轮轴立式安装，刚度好，可采用大的磨削用量，工件与砂轮接触的面积大，生产率明显高于周磨法。但是，与周磨法相比，磨削热多，冷却与散热条件差，工件变形量大，磨削精度低。多用于大批量生产中磨削平面精度要求不高的工件，或作为精磨的前道工序——粗磨。

4. 刮研

刮研是利用刮刀、基准表面、测量工具和显示剂，以手工操作的方式，边研点边测量，边刮研加工，使工件达到工艺上规定的尺寸、几何形状、表面粗糙度和密合性等要求的一项精加工方法。由于使用的工具简单，通用性比较强，加工余量少，而达到的精度在IT5以上，表面粗糙度 Ra 值为0.1～1.6μm，一般多用于单件小批量生产及维修工作。

人工刮研是平面修复加工的方法之一，其目的是降低表面的粗糙度值，提高接触精度和几何精度，从而提高机床及平面整体的配合刚度、润滑性能、机械效益和使用寿命。人工刮研更是高档机床设备和铸铁平板、精密工量具加工所必需的加工工艺。

三、箱体类零件的孔系加工

1. 平行孔系的加工

平行孔系的主要技术要求是各平行孔中心线之间及中心线与基准面之间的距离尺寸精度和相互位置精度。生产中常采用以下几种方法。

(1) 找正法

找正法是在通用机床上，借助辅助工具来找正要加工孔的正确位置的加工方法。这种方法加工效率低，一般只适用于单件小批量生产。根据找正方法的不同，找正法又可分为以下几种。

① 划线找正法 加工前按照零件图在毛坯上划出各孔的位置轮廓线，然后按划线一一进行加工。划线和找正时间较长，生产率低，而且加工出来的孔距精度也低，一般在±0.5mm左右。为提高划线找正的精度，往往结合试切法进行。即先按划线找正镗出一孔，再按线将主轴调至第二孔中心，试镗出一个比图样要小的孔，若不符合图样要求，则根据测量结果更新调整主轴的位置，再进行试镗、测量、调整，如此反复几次，直至达到要求的孔距尺寸。此法虽比单纯的按线找正所得到的孔距精度高，但孔距精度仍然较低，且操作的难度较大，生产效率低，适用于单件小批量生产。

② 心轴和块规找正法 镗第一排孔时将心轴插入主轴孔内(或直接利用镗床主轴)，然后根据孔和定位基准的距离组合一定尺寸的块规来校正主轴位置，如图6-15所示。校

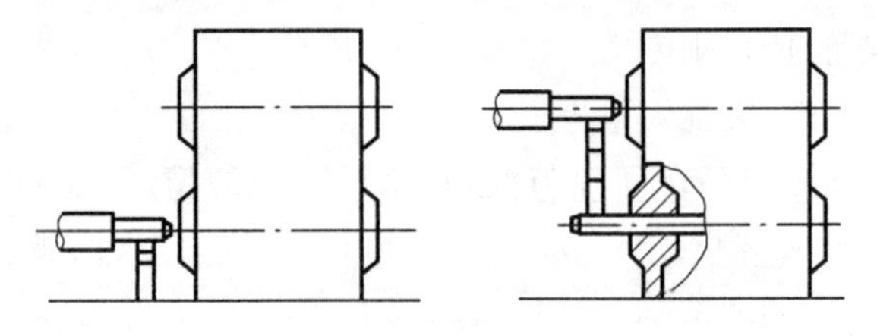

图6-15 量块心轴找正

正时用塞尺测定块规与心轴之间的间隙，以避免块规与心轴直接接触而损伤块规。镗第二排孔时，分别在机床主轴和加工孔中插入心轴，采用同样的方法来校正主轴线的位置，以保证孔心距的精度。这种找正法的孔心距精度可达±0.3mm。

③ 样板找正法　用10～20mm厚的钢板制造样板，装在垂直于各孔的端面上(或固定于机床工作台上)，如图6-16所示。样板上的孔距精度较箱体孔系的孔距精度高(一般为±(0.1～0.3)mm)，样板上的孔径较工件孔径大，以便于镗杆通过。样板上孔径尺寸精度要求不高，但要有较高的形状精度和较小的表面粗糙度值。当样板准确地装到工件上后，在机床主轴上装一块千分表，按样板找正机床主轴，找正后，即换上镗刀加工。此法加工孔系不易出差错，找正方便，孔距精度可达±0.05mm。这种样板成本低，仅为镗模成本的1/9～1/7，单件小批量的大型箱体加工常用此法。

④ 定心套找正法　先在工件上划线，再按线攻螺钉孔，然后装上形状精度高而光洁的定心套。定心套与螺钉间有较大间隙，然后按图样要求孔心距公差的1/5～1/3调整全部定心套的位置，并拧紧螺钉。复查后即可上机床，按定心套找正镗床主轴位置，卸下定心套，镗出一孔。每加工一个孔找正一次，直至孔系加工完毕。此法工装简单，可重复使用，特别适宜于单件生产下的大型箱体和缺乏坐标镗床条件下加工钻模板上的孔系。

(2) 镗模法

镗模法即利用镗模夹具加工孔系。镗孔时，工件装夹在镗模上，镗杆被支承在镗模的导套里，增加了系统刚性，如图6-17所示。这样，镗刀便通过模板上的孔将工件上相应的孔加工出来，机床精度对孔系加工精度影响很小，孔距精度主要取决于镗模的制造精度，因而可以在精度较低的机床上加工出精度较高的孔系。当用两个或两个以上的支承来引导镗杆时，镗杆与机床主轴必须浮动连接。

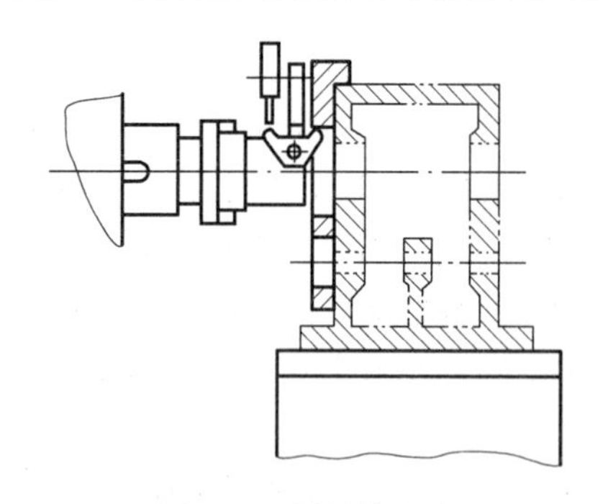

图6-16　样板找正法

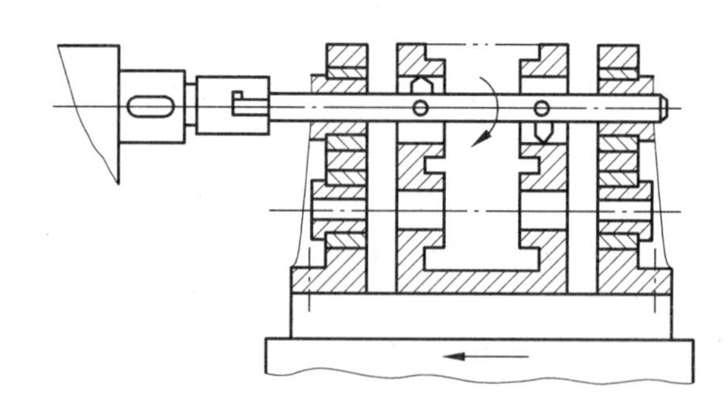

图6-17　用镗模加工孔系

镗模法加工孔系时镗杆刚度大大提高，定位夹紧迅速，节省了调整、找正的辅助时间，生产效率高，是中批生产、大批大量生产中广泛采用的加工方法。但由于镗模自身存在的制造误差，导套与镗杆之间存在间隙与磨损，所以孔距的精度一般可达±0.05mm，同轴度和平行度从一端加工时可达0.02～0.03mm；当分别从两端加工时可达0.04～0.05mm。此外，镗模的制造要求高、周期长、成本高，对于大型箱体较少采用镗模法。

用镗模法加工孔系，既可在通用机床上加工，也可在专用机床或组合机床上加工。

(3) 坐标法

如图 6-18 所示,坐标法镗孔是加工前先将图样上被加工孔系间的孔距尺寸及其公差换算为以机床主轴中心为原点的相互垂直的坐标尺寸及公差,加工时借助于机床设备上的测量装置,调整机床主轴与工件在水平与垂直方向的相对位置,从而保证孔距精度的一种镗孔方法。进行尺寸换算时,可利用三角几何关系及工艺尺寸链理论推算,复杂时可由计算机应用相应的坐标转换计算程序完成。

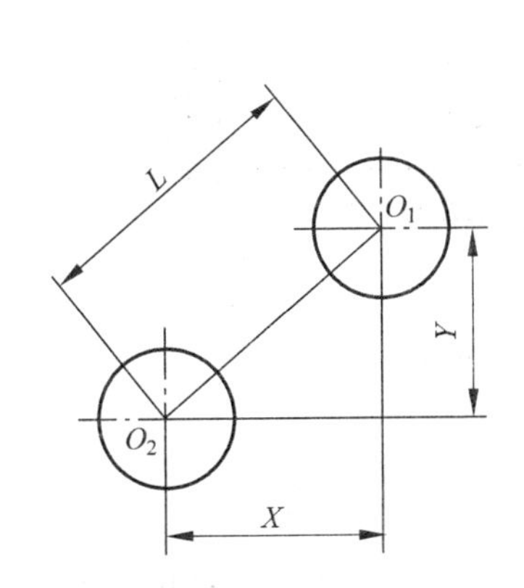

(a) 坐标法的三角几何关系

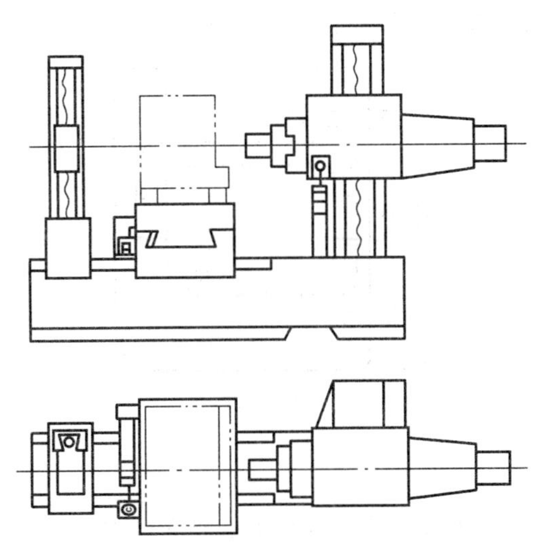

(b) 普通镗床上用坐标法加工孔系

图 6-18 坐标法

坐标法镗孔的孔距精度取决于坐标位移精度,即取决于机床坐标测量装置的精度。目前,生产中采用坐标法加工孔系的机床有坐标镗床、数控镗铣床或加工中心等。这些机床自身具有精确的坐标测量系统,可进行高精度的坐标位移、定位及测量等坐标控制。

采用坐标法加工孔系时,应特别注意基准孔和镗孔顺序的选择;否则,坐标尺寸的累积误差会影响孔距精度。基准孔应选择本身尺寸精度高、表面粗糙度值小的孔,以使在加工过程中可方便地校验其坐标尺寸。有孔距精度要求的两孔应连在一起加工以减少累积误差;加工中尽可能使工作台向一个方向移动,避免工作台往复移动由进给机构的间隙造成累积误差。

2. 同轴孔系的加工

(1) 利用已加工孔作支承导向

如图 6-19 所示,当加工箱壁上距离较近的同轴孔时,箱体前壁上的孔加工好后,在孔内装一导向套,支承和引导镗杆加工后壁上的孔,以保证两孔的同轴度要求。

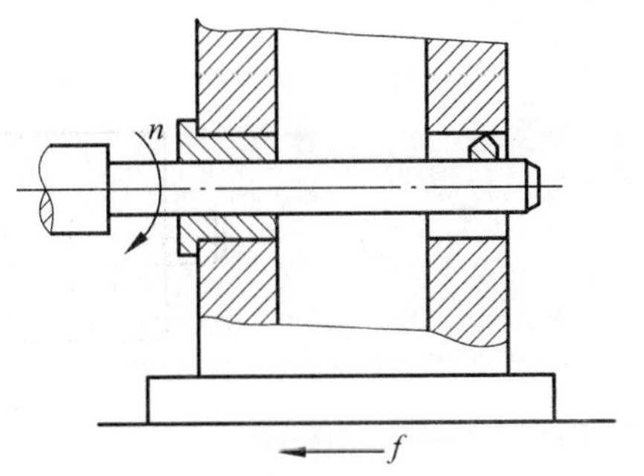

图 6-19 利用已加工孔导向

(2) 调头镗孔

当箱壁上的同轴孔相距较远时,采用调头镗

较为合适。加工时，工件一次装夹完，镗好一端的孔后，将镗床工作台回转 180°，再镗另一端的孔。考虑调整工作台回转后会带来误差，所以实际加工中一般用工艺基面校正，具体方法如下。

镗孔前用装在镗杆上的百分表对箱体上与所镗孔轴线平行的工艺基面进行校正，使其和镗杆轴线平行，如图 6-20(a)所示。当加工完 A 壁上的孔后，工作台回转 180°，并用镗杆上的百分表沿此工艺基面重新校正，如图 6-20(b)所示。校正时使镗杆轴线与 A 壁上的孔轴线重合，再镗 B 壁上的孔。

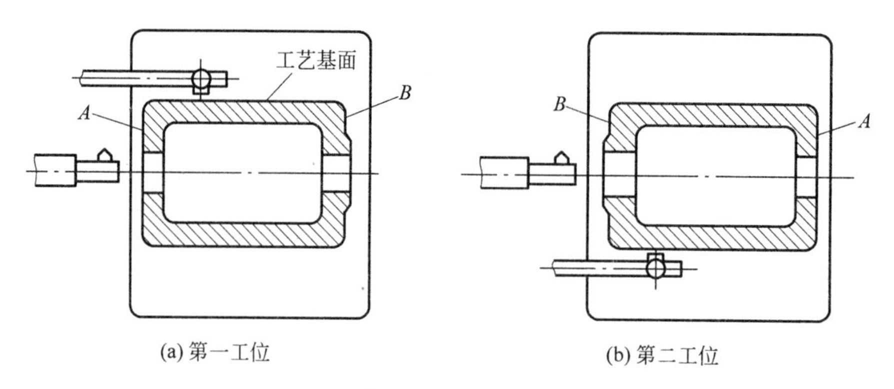

(a) 第一工位 (b) 第二工位

图 6-20 调头镗孔

(3) 利用镗床后立柱上的导向套支承导向

利用镗床后立柱上的导向套支承导向是采用镗杆两端支承，解决了镗杆因悬伸较长而挠度大的问题，刚性好，但需要较长的镗杆，而且后立柱导套的调整麻烦、费时，往往用于大型箱体的加工。

3. 交叉孔系的加工

箱体上垂直孔系的加工主要是控制有关孔的垂直度误差。加工时应先将精度要求高或表面粗糙度值要求较小的孔全部加工好，然后加工另外与之相交叉的孔。成批生产中多采用镗模法，垂直度精度由镗模保证。单件小批量生产时，垂直度一般靠普通镗床工作台上的 90°对准装置(挡块)来保证，但对准精度低，还要借助心轴与百分表找正，如图 6-21 所示。在已加工好的孔中插入心轴，然后将工作台旋转 90°，移动工作台用百分

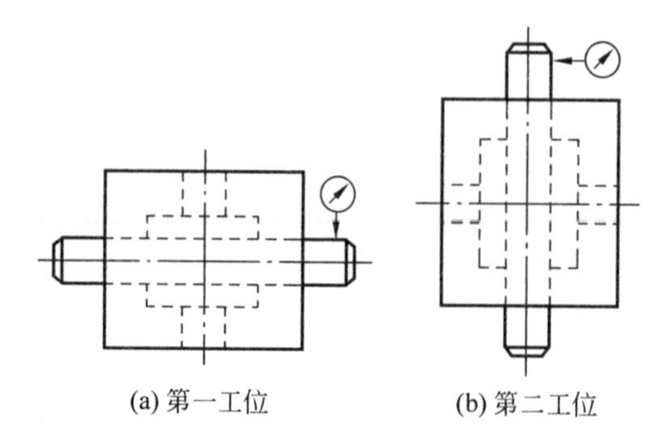
(a) 第一工位 (b) 第二工位

图 6-21 用找正法加工交叉孔系

表找正。

4. 箱体孔系的高效自动化加工

箱体孔系的精度高，加工量大，实现高效自动加工对提高产品质量和生产率意义重大。根据生产批量不同，实现高效自动化加工的途径也不相同。

对于多品种单件小批量的箱体加工，加工中心是一种较为理想的设备。加工中心就是多工序自动换刀数控机床。加工时各种刀具都存放在链式刀库中，工序转换、刀具和切削参数选择、各执行部件的运动都由程序控制自动进行。箱体加工时只需一次装夹就可以对工件各表面进行自动连续加工。铣、钻、镗、铰、攻螺纹等工序可任意顺序安排。

箱体大批量生产时，可采用柔性制造线进行加工。柔性制造线一般有两台或两台以上的自动化加工设备，可在加工自动换刀基础上实现物料流和信息流的自动化，其基本组成部分有：自动化加工设备、工件输送系统、刀具储运系统、多层计算机控制系统等。图 6-22 所示为一加工箱体零件的柔性自动线示意图，整个生产过程包括孔系的加工、平面的加工，加工面的调换，工件的翻转和输送都按照一定的生产节拍自动地顺序进行。

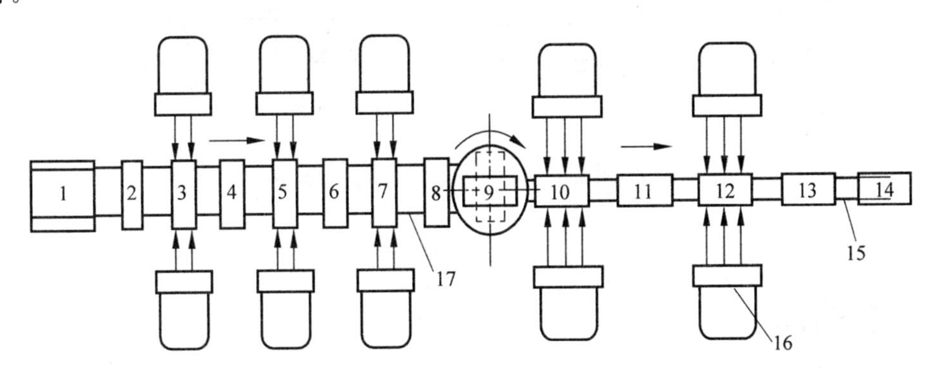

图 6-22 箱体零件的柔性制造线示意图

1、14—输送带的传动装置；2—装料工位；3、5、7、10、12—加工工位；4、6、8、11—检测工位
9—翻转台；13—卸料工位；15、17—输送带；16—动力头

6.4 圆柱齿轮加工

(1) 了解齿轮的结构特点。
(2) 掌握圆柱齿轮的主要技术要求。
(3) 掌握齿轮加工的各种加工方法。

能力目标

（1）能分析圆柱齿轮的主要技术要求。
（2）能够合理选用和使用齿轮加工机床。
（3）能对齿轮加工工艺过程进行分析。

课前知识导入

齿轮是用来传递运动和动力的重要零件，它在机器和仪器中应用很广。齿轮传动的性能，即传递运动的准确性、传动的平稳性、噪声、振动、载荷分布的均匀性，以及润滑等都与齿轮的加工质量和装配精度密切相关。常用的齿轮有圆柱齿轮、锥齿轮和蜗轮等，以圆柱齿轮应用最广，如图 6-23 所示。

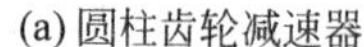

(a) 圆柱齿轮减速器

(b) 卡车主减速器

图 6-23 常用的齿轮

学习内容

一、概述

1. 齿轮的结构特点

圆柱齿轮一般由齿圈和轮体两部分组成。按轮齿的分布形式可分为直齿、斜齿和人字齿等；按轮体的结构形式可分为盘类齿轮、套类齿轮、轴类齿轮和齿条等，如图 6-24 所示。

圆柱齿轮的结构形式直接影响齿轮的加工工艺。单齿圈盘类齿轮（见图 6-24(a)）的结构工艺性最好，可采用任何一种齿形加工方法加工；双联或三联等多齿圈齿轮（见图 6-24(b)、(c)）的小齿圈加工受其轮缘间的轴高距离的限制，其齿形加工方法的选择就受到了限制，加工工艺性较差。

2. 圆柱齿轮的主要技术要求

根据齿轮的使用条件，对各种齿轮提出了不同的精度要求，以保证其传递运动准确、

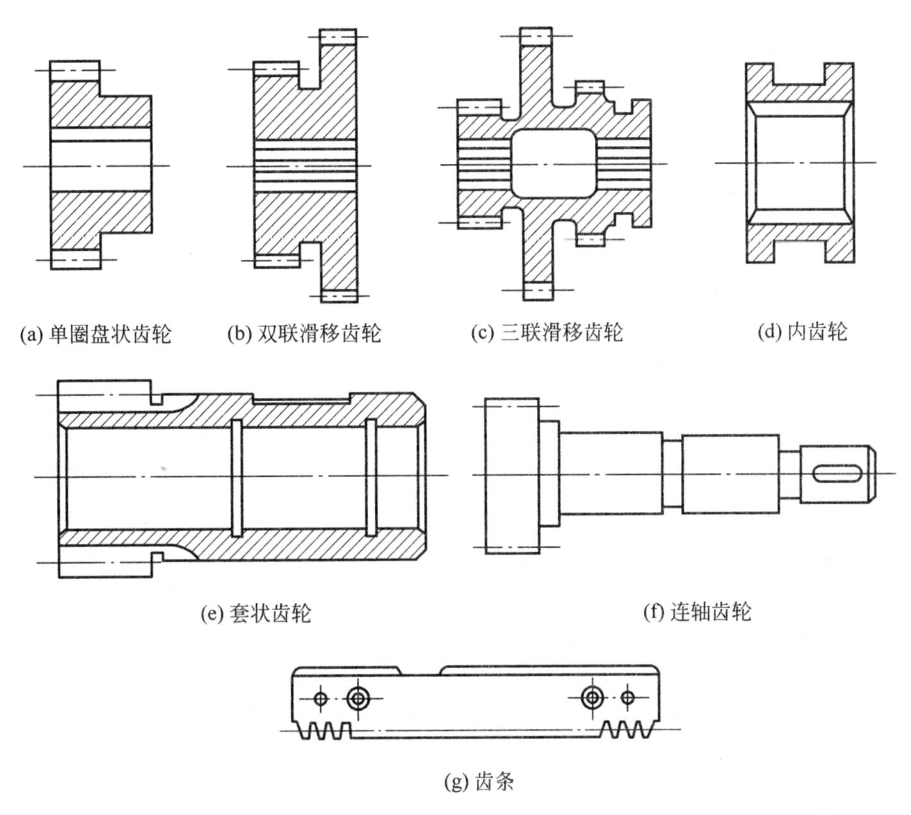

图 6-24 圆柱齿轮的结构形式

工作平稳、齿面接触良好和齿侧间隙适当。

(1) 齿轮的传动精度要求

齿轮的制造精度对机器的工作性能、承载能力、噪声及使用寿命影响很大,所以其制造必须满足齿轮传动的使用要求。

① 传递运动的准确性　要求齿轮在一转中的转角误差限制在一定范围内,使齿轮副传动比变化小,确保传递运动准确。

② 传递运动的平稳性　要求齿轮一齿范围内的转角误差限制在一定范围内,使齿轮副瞬时传动比变化小,以保证齿轮传动平稳,无冲击,振动和噪声小。

③ 载荷分布的均匀性　要求传动中工作齿面接触良好,以保证载荷分布均匀。否则将导致齿面应力集中,齿轮过早磨损而降低使用寿命。

④ 齿侧间隙的合理性　要求啮合轮齿的非工作齿面留有一定的侧隙,以便储存润滑油,补偿弹性变形和热变形及齿轮的制造和安装误差。

(2) 齿坯的主要技术要求

齿坯的内孔、端面常被用作齿轮加工、检验和安装的基准。因此,对齿坯基准孔的直径公差和基准端面的端面跳动有相应的要求。

二、齿形加工

齿形加工分为成形法和展成法两大类。常用齿形加工方法、设备精度及适用范围见表 6-5。

表 6-5 常用齿形加工方法、设备精度及适用范围

齿形加工方法		刀　具	机　　床	加工精度及适用范围
成形法	成形铣齿	模数铣刀	铣床	加工精度及生产率均较低，一般精度为 9 级以下
	拉齿	齿轮拉刀	拉床	精度和生产率均较高，但拉刀多为专用，制造困难、价格高，故只用于大量生产，宜于拉内齿轮
展成法	滚齿	齿轮滚刀	滚齿机	通常加工 6～10 级精度齿轮，最高能达 4 级；生产率较高，通用性大，常用于加工直、斜齿圆柱齿轮和蜗轮
	插齿	插齿刀	插齿机	通常能加工 7～9 级精度齿轮，最高能达 6 级；生产率较高，通用性大，适于加工内齿轮、多联齿轮
	剃齿	剃齿刀	剃齿机	能加工 5～7 级精度齿轮，生产率较高，主要用于齿轮滚、插预加工后、淬火前的精加工
	珩齿	珩磨轮	珩齿机或剃齿机	能加工 6～7 级精度齿轮，多用于经过剃齿和高频淬火后齿形的精加工
	磨齿	砂轮	磨齿机	能加工 3～7 级精度齿轮，生产率较低，加工成本较高，多用于齿形淬硬后的精密加工

1. 铣齿

在普通铣床上用盘形或指状齿轮铣刀加工齿形，是成形法加工齿轮较常用的方法。加工时，将齿坯安装在分度头上，铣完一个齿槽后用分度头分度，再铣另一个齿槽，依次铣完所有齿槽。铣齿加工的生产率和加工精度都较低，通常能加工 9 级以下的齿轮，如图 6-25 所示。

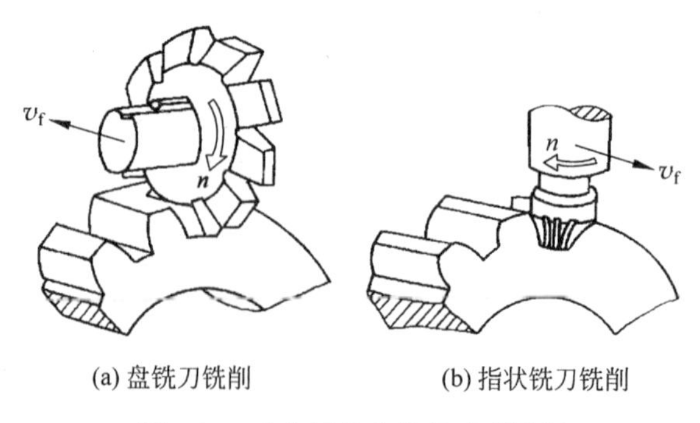

(a) 盘铣刀铣削　　(b) 指状铣刀铣削

图 6-25 直齿圆柱齿轮的成形铣削

铣齿加工的特点是：设备简单(用普通的铣床即可)，刀具成本低。生产率低，是因为铣刀每切一齿都要重复消耗一段切入、切出、退刀和分度等辅助时间。加工齿轮的精度

低，首先是因为铣制同一模数不同齿数的齿轮所用的铣刀一般只有 8 个刀号，每号铣刀有它规定的铣齿范围(见表 6-6)。铣刀的刀齿轮廓只与该号范围内最小齿数齿轮齿间的理论轮廓一致，对其他齿数的齿轮，只能获得近似齿形。其次是因为分度头的分度误差，引起分齿不均。所以，这种方法一般用于修配或简单地制造一些低速低精度的齿轮。

表 6-6　齿轮铣刀分号

铣刀号数	1	2	3	4	5	6	7	8
能铣制的齿数范围	12～13	14～16	17～20	21～55	26～34	35～54	55～134	135 以上

2. 滚齿

(1) 滚齿原理

滚齿加工是按照展成法原理加工的。在滚齿机上用齿轮滚刀加工齿轮的过程，相当于一对螺旋齿轮啮合传动的过程，如图 6-26 所示。将一对啮合的齿轮中的一个齿数减少到一个或几个，轮齿的螺旋角很大并进行开槽、铲背、刃磨及淬火后，就成为齿轮滚刀。当机床使滚刀和工件严格地按一对螺旋齿轮的传动关系作相对旋转运动时，就可在工件上连续不断地切出齿形来。

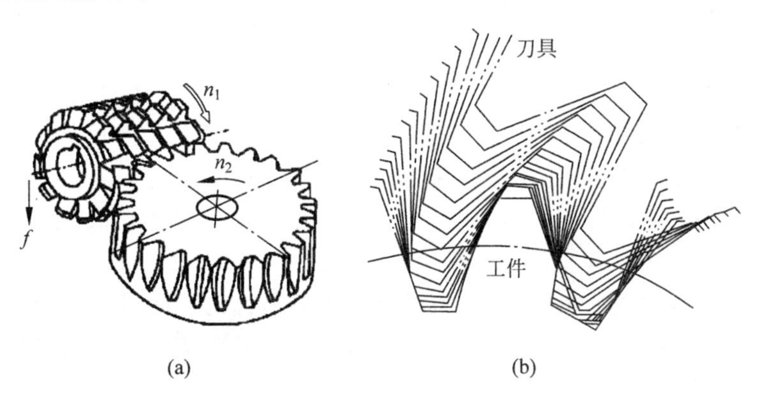

图 6-26　滚齿原理

(2) 滚齿的基本运动

图 6-26 所示的是用齿轮滚刀加工齿轮的情况。当加工直齿圆柱齿轮时：

① 主运动——滚刀的旋转运动。

② 展成运动——工件相对于滚刀所作的啮合对滚运动。

③ 垂直进给运动——滚刀沿工件轴线方向作连续的进给运动，从而加工出整个齿宽上的齿形。

当加工斜齿圆柱齿轮时，除上述三个运动，还需给工件一个附加运动。

(3) 滚刀的安装

为使滚刀刀齿方向与被切齿轮的齿槽方向一致，滚刀轴线与工件端面倾斜一个角度，如图 6-27 所示。

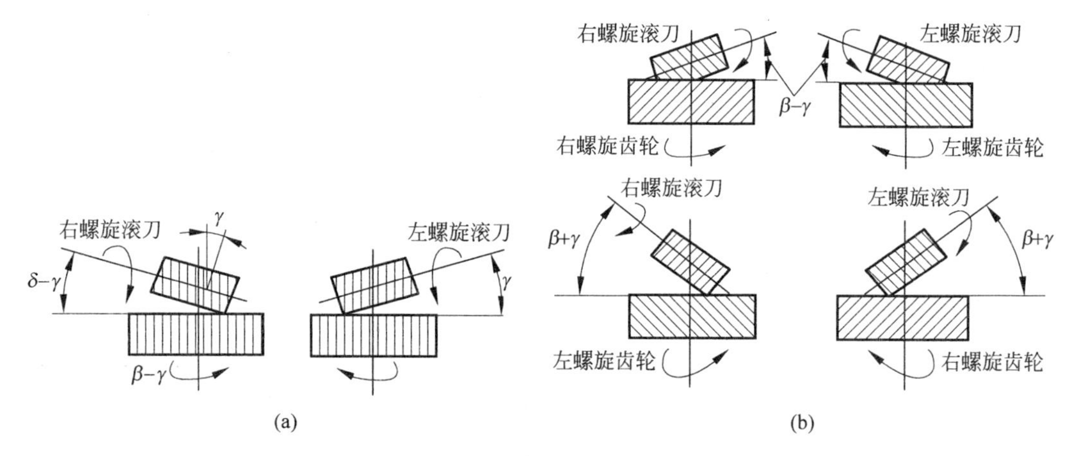

图 6-27 滚刀的安装角度

滚切直齿圆柱齿轮时 $\delta=\gamma$（γ 为滚刀的螺旋升角），滚刀的倾斜方向根据滚刀的螺旋线方向而定，如图 6-27(a)所示。

加工斜齿圆柱齿轮时，$\delta=\beta\pm\gamma$（β 为工件的螺旋角，滚刀和工件的螺旋线方向相反时取"＋"，相同时取"－"），如图 6-27(b)所示。滚切斜齿圆柱齿轮时，应尽量采用与工件螺旋方向相同的滚刀，使滚刀的安装角较小，以有利于提高机床运动的平稳性和加工精度。

(4) 滚齿加工的工艺特点

① 适应性好　滚齿加工可用一把滚刀加工模数相同而齿数和螺旋角不同的直齿圆柱齿轮、斜齿轮，还可用于加工蜗轮。

② 生产率较高　滚齿为连续切削，无空程损失，另外高速滚削、多头滚刀、多件加工等还可提高滚削效率，滚齿生产率一般比插齿高。

③ 分齿精度高但齿形精度较低　滚齿可以获得较高的运动精度，可用于齿轮的粗加工或精加工。加工精度一般为 6～9 级。滚齿时齿面是由滚刀的刀齿包络而成，由于参加切削的刀齿数有限，齿形精度较插齿低。

3. 插齿

(1) 插齿原理

插齿是一种常见的展成法齿面加工方法，相当于一对圆柱齿轮的啮合。插齿刀可看作一个端面磨有前角、齿顶及齿端磨有后角的变位齿轮，工件齿槽的齿面曲线由插齿刀切削刃多次切削的包络线所形成。插齿原理如图 6-28 所示。

(2) 插齿时的工作运动

① 主运动——插齿刀沿工件轴向所作的往复直线运动（双行程/min）。向下运动为工作行程，向上运动为空行程。

② 展成运动——工件与插齿刀所作的啮合旋转运动。

③ 圆周进给运动——插齿刀绕自身轴线的旋转运动。

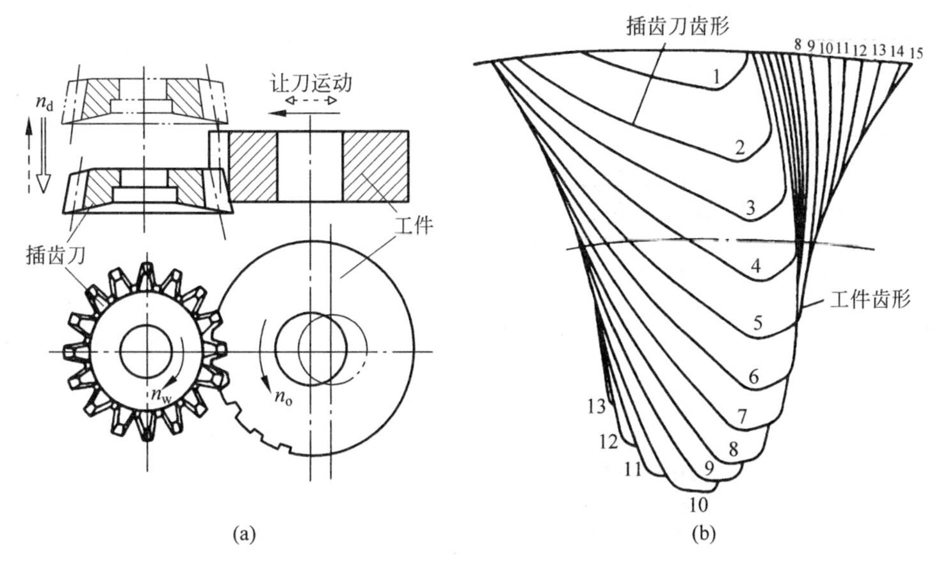

图 6-28 插齿原理

④ 径向进给运动——工件逐渐地向插齿刀径向送进。

⑤ 让刀运动——空行程时为避免擦伤已加工表面，减少刀具磨损，刀具和工件间应让开一小段距离，工作行程前，迅速复位。这种让开和恢复原位的运动称为让刀运动。

(3) 插齿加工的工艺特点

① 插齿能加工直齿圆柱齿轮，特别适宜加工多联齿轮、内齿轮、扇形齿轮和齿条等。机床配有专门附件时，可加工斜齿轮，但不如滚齿方便。插齿通常用于齿形的粗加工，也可用作精加工，插齿能加工 7～9 级精度齿轮，最高可达 6 级。

② 插齿过程为往复运动，有空行程，插齿系统刚度较差，切削用量不能太大。一般插齿的生产率比滚齿低，多用于中小模数齿轮加工。插齿刀的主要类型、应用范围与规格见表 6-7。

表 6-7 插齿刀的主要类型、应用范围与规格

序号	类型	简图	应用范围	规格		d_1/mm 或莫氏锥
				d_0/mm	m/mm	
1	盘形直齿插齿刀	d_1 d_0	加工普通直齿外齿轮和大直径内齿轮	63	0.3～1	31.743
				75	1～4	
				100	1～6	
				125	4～8	
				160	6～10	88.90
				200	8～12	101.60

续表

序号	类　型	简　　图	应用范围	规　　格		d_1/mm 或莫氏锥
				d_0/mm	m/mm	
2	碗形直齿插齿刀		加工塔形、双联直齿轮	50	1～3.5	20
				75	1～4	31.743
				100	1～6	
				125	4～8	
3	锥柄直齿插齿刀		加工直齿内齿轮	25	0.3～1	莫氏 2#
				25	1～2.75	
				38	1～3.75	莫氏 3#

4. 剃齿

剃齿是目前应用较广的圆柱齿轮精加工方法，专门用来加工未经淬火的直齿和斜齿圆柱齿轮，生产率很高。

(1) 剃齿原理

如图 6-29 所示，剃齿刀与被切齿轮相当于一对交错齿轮副的啮合，因螺旋角不等，它们的轴线在空间交错一个角度。当机床带动剃齿刀回转时，其圆周速度可分解为两个分量：一个与齿轮方向垂直的法向分速度，带动工件旋转；另一个与齿轮方向平行的齿向分速度，使两啮合面产生相对滑移。剃齿刀的齿面上开有小槽，沿渐开线齿形成刀刃，一定压力的作用下，剃齿刀从工件的齿面上剃下很薄的切屑，且在啮合过程中逐渐把余量切除。

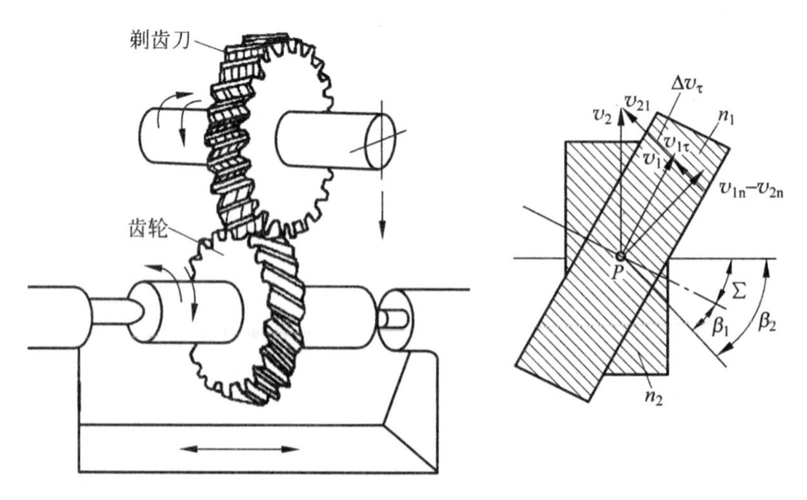

图 6-29　剃齿原理

(2) 剃齿的运动

剃齿时剃齿刀和齿轮是无侧隙的双面啮合，剃齿刀的两侧面都能进行切削。为使齿轮两侧均能得到剃削，剃齿过程需具备以下几种运动。

① 主运动——剃齿刀正反转动。

② 工件沿轴向往复进给运动——使齿轮全宽均可剃出。

③ 工件每次往复行程后的径向进给运动——以切除全部余量。

由上述剃齿原理可知，剃齿刀由机床传动链带动旋转，而工件由剃齿刀带动，它们之间无强制的展成运动，是自由对滚，故机床传动链短，结构简单。

(3) 剃齿加工的工艺特点

由于剃齿刀与被切齿轮自由对滚而无强制性的啮合运动，剃齿对齿轮传递运动的准确性提高不多或无法提高，对传动平稳性和载荷均匀性都有较大的提高，且齿面粗糙度值较小。因此剃齿前的齿形加工以滚齿为好，一般剃前精度比最终精度低一级。

剃齿生产率高，剃削中等尺寸的齿轮只需 2～4min，比磨齿效率高 10 倍以上；机床结构简单，调整操纵方便，辅助时间短；刀具耐用度高，但刀具价格昂贵，不易修磨。故剃齿广泛用于成批大量生产中未淬硬的齿轮精加工。

近年来，由于含钴、钼成分较高的高性能高速钢刀具的应用，使剃齿也能进行硬齿面(45～55HRC)的齿轮精加工，加工精度可达 7 级，齿面粗糙度 Ra 值为 0.8～1.6μm。但淬硬前的精度应提高一级，留剃齿余量 0.01～0.03mm。

5. 珩齿

珩齿与剃齿的原理完全相同。当工件的硬度超过 35HRC 时，一般剃齿刀便不能加工，此时可使用珩齿代替剃齿。珩齿对齿形精度改善不大，主要是降低齿轮热处理后的齿面粗糙度。珩齿在专门的珩齿机上进行，珩齿机与剃齿机区别不大，但转速高得多。

(1) 珩齿原理及运动

珩齿原理和运动与剃齿相同，珩轮与工件是一对交错齿轮副无侧隙的紧密啮合，珩齿所用的刀具(即珩磨轮)是由磨料、环氧树脂等原料混合后在铁心上浇铸而成的斜齿轮。当珩磨齿轮与工件齿轮自由对滚啮合时，借助于齿面间一定的压力和相对滑动速度而进行加工。当它以很高的速度带动工件旋转时，就能在工件表面上切除一层很薄的金属层，使齿面的粗糙度值降低。如图 6-30、图 6-31 所示。

(2) 珩齿加工的工艺特点

珩齿是齿轮热处理后的一种光整加工方法，目前生产中应用较广，与剃齿相比具有以下特点。

① 珩齿时由于切削速度低，加工过程为低速切削，是研磨和抛光的综合过程，故被加工工件表面不会出现烧伤和裂痕现象，表面质量好。

② 珩齿时，齿面间隙沿齿向产生滑移进行切削外，沿渐开线方向的滑移使磨粒也能切削，因而齿面形成复杂的刀痕，提高了齿面质量，其表面粗糙度 Ra 值由 1.6μm 降低到 0.4～0.8μm。

③ 珩齿弹性较大，对珩前齿轮各项误差修正能力不强，因此珩轮精度要求不高，主要用于去除热处理后齿面上的氧化皮和毛刺，加工精度可达 IT6～IT7。珩前的齿形预加工

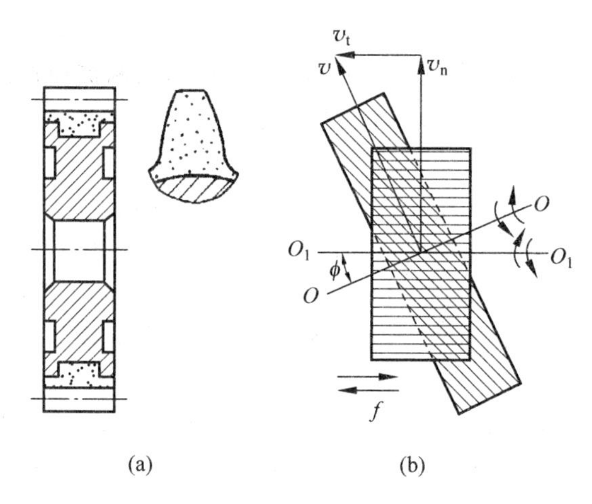

图 6-30 珩齿原理

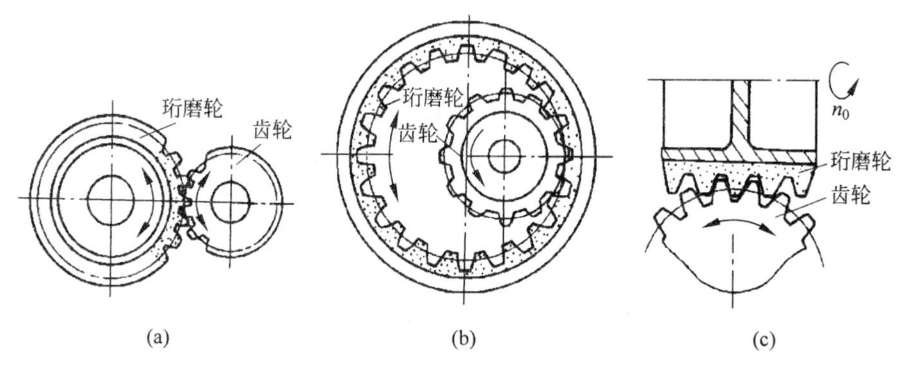

图 6-31 珩齿方法示意图

应尽量采用滚齿。

④ 珩齿余量一般不超过 0.025mm，珩轮速度达 1000r/min 以上，一般工作台 35 个往复行程即可完成珩齿，大约用时 1min。

6. 磨齿

(1) 加工原理及运动

按照齿轮加工的原理，磨齿分为成形法和展成法。

成形法磨齿时，砂轮的两侧面做成被加工齿槽的形状，用砂轮直接磨出齿形。该方法需专门的砂轮修整机构，而且磨削面积大，砂轮磨损不均匀，容易烧伤齿面，加工精度低，故应用很少。

如图 6-32 所示，展成法磨齿是利用齿轮与齿条的啮合原理来加工的，由砂轮侧面构成假想齿条。根据所用砂轮形状不同，展成法磨齿包括锥形砂轮磨齿、双碟形砂轮磨齿和蜗杆砂轮磨齿等形式。

① 锥形砂轮磨齿将砂轮的磨削部分修成锥形，以便构成假想齿条，如图 6-32(a)所示。磨削时强制砂轮与被磨齿轮保持齿轮和齿条的啮合关系，从而包络出渐开线齿形。磨削时，所需的运动为：砂轮的高速旋转运动(主运动)；齿轮的往复滚动即齿轮边转动

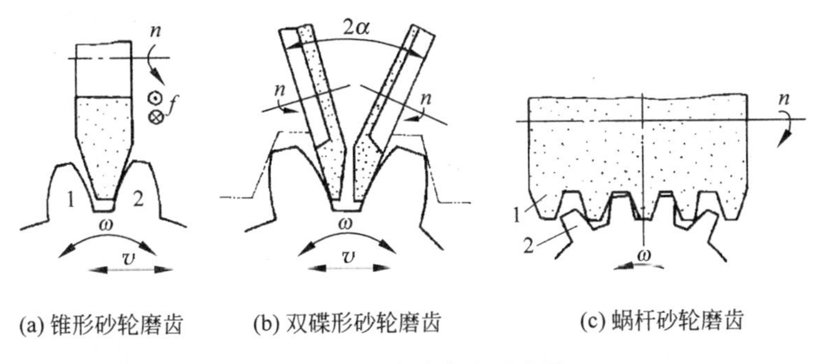

图 6-32 展成法磨齿示意图

边移动，以磨削齿槽的两个侧面 1 和 2；砂轮沿被加工齿轮齿向作往复进给运动；分齿运动，即每磨完一个齿槽后，砂轮自动退离，齿轮自动转过 $1/z$ 圈，直至磨完全部齿槽。

② 蝶形砂轮磨齿如图 6-32(b)所示，用两个碟形砂轮倾斜成一定角度，以构成假想齿条的两齿侧面，同时对齿轮的两齿面进行磨削，其原理与锥形砂轮磨齿相同。

③ 目前，在批量生产中日益采用蜗杆砂轮磨齿，它的工作原理与滚齿加工相同，蜗杆砂轮相当于滚刀。加工时，砂轮与工件相对倾斜一定角度，两者保持严格的啮合关系，如图 6-33(c)所示。由于砂轮的转速很高(约 2000r/min)，工件相应的转速也较高，所以磨削效率高。

(2) 磨齿加工的工艺特点

磨齿加工的加工精度高，一般条件下加工精度可达 IT4～IT6 级，表面粗糙度 Ra 值为0.2～0.8μm。由于采用强制啮合方式，不仅修正误差的能力强，而且可以加工表面硬度很高的齿轮，但磨齿(蜗杆砂轮磨齿除外)的加工效率低，机床结构复杂，调整困难，加工成本高，目前主要用于加工精度很高的齿轮。

随着工艺的发展，齿形加工也出现了一些新的工艺，例如精冲或电解加工微型齿轮，热轧中型圆柱齿轮，精锻锥齿轮，粉末冶金法制造齿轮，以及电解磨削精度较高的齿轮等。

三、齿轮加工工艺过程分析

1. 定位基准的选择

为保证齿轮的加工精度，应根据“基准重合”原则，选择齿轮的设计基准、装配基准和测量基准为定位基准，且尽可能在整个加工过程中保持“基准统一”。

轴类齿轮的齿形加工一般选择中心孔定位，某些大模数的轴类齿轮多选择轴颈和端面定位。

盘类齿轮的齿形加工可采用两种定位基准。

(1) 以内孔和端面定位 这种定位方式可使定位基准、设计基准、装配基准和测量基准重合，符合“基准重合”原则。采用专用心轴，定位精度高，生产率高，广泛用于成批生产中。为保证内孔的尺寸精度和对基准端面的精度要求，应尽量在一次安装中同时加工内孔和端面。

(2) 以外圆和端面定位 这种定位方式不符合“基准重合”原则。用端面作轴向定位，以外圆为找正基准，不需专用心轴，生产率较低，故适用于单件小批量生产。为保证齿轮的加工质量，必须严格控制齿坯外圆尺寸对内孔的径向圆跳动。

2. 齿轮毛坯的加工

齿坯加工工艺主要取决于齿轮的轮体结构、技术要求和生产类型，轴类、套类齿轮的齿坯加工工艺和一般轴类、套类零件的加工工艺相似。下面主要对盘齿轮的齿坯加工方案作一介绍。

(1) 中、小批量生产的齿坯加工

中、小批量生产尽量采用通用机床加工。对于圆柱孔齿坯，可采用粗车—精车的加工方案。

① 在卧式车床上粗车齿轮部分。

② 在一次安装中精车内孔和基准端面，以保证基准端面对内孔的圆跳动要求。

③ 以内孔在心轴上定位，精车外圆、端面及其他部分。

对于花键齿坯，采用粗车—拉—精车的加工方案。

① 在卧式车床上粗车外圆端面和花键底孔。

② 以花键底孔定位，端面支承，拉花键孔。

③ 以花键孔在心轴上定位，精车外圆、端面和其他部分。

(2) 大批量生产的齿坯加工

大批量生产中，花键和圆柱孔均采用高生产率的机床(如拉床、多轴自动或半自动车床等)加工，其加工方案如下：

① 以外圆定位加工端面和孔(留拉削余量)。

② 以端面支承拉孔。

③ 以孔在心轴上定位，在多刀半自动车床上粗车外圆、端面、切槽。

④ 不卸下心轴，在另一台车床上继续精车外圆、端面、切槽和倒角。

3. 齿形及齿端的加工

齿面加工是齿轮加工的关键，根据设备条件、齿轮精度、表面粗糙度、硬度等不同，加工方案也不同。常用的方案如下：

(1) 8 级精度以下、不淬硬的齿轮用滚齿或插齿加工便能满足要求。对于淬硬齿轮可采用滚(插)齿—齿端加工—淬火—校正孔的加工方案，但淬火前齿面加工精度应提高一级。

(2) 6、7 级精度齿轮对于淬硬齿轮，可采用滚(插)齿—齿端加工—剃齿—表面淬火—校正基准—珩齿。此方案生产率高、设备简单、成本较低，适于批量生产。

(3) 5 级以上精度的齿轮一般采用粗滚齿—精滚齿—齿端加工—淬火—校正基准—粗磨齿—精磨齿。此方案加工精度高，但生产率低、成本较高。

齿轮的齿端加工有倒圆、倒尖、倒棱和去毛刺等，如图 6-33 所示。倒圆、倒尖后的齿轮在换挡时容易进入啮合状态，减少碰击现象，倒棱可除去齿端尖边和毛刺。图 6-34 所示的是用指状铣刀对齿端进行倒圆的加工示意图。倒棱时，铣刀高速旋转，并沿圆弧作摆动，加工完一个齿后，工件退离铣刀，经分度再快速向铣刀靠近加工下一个齿的齿端。齿端加工必须在齿轮淬火之前进行，通常都在滚(插)齿之后，剃齿之前安排齿端加工。

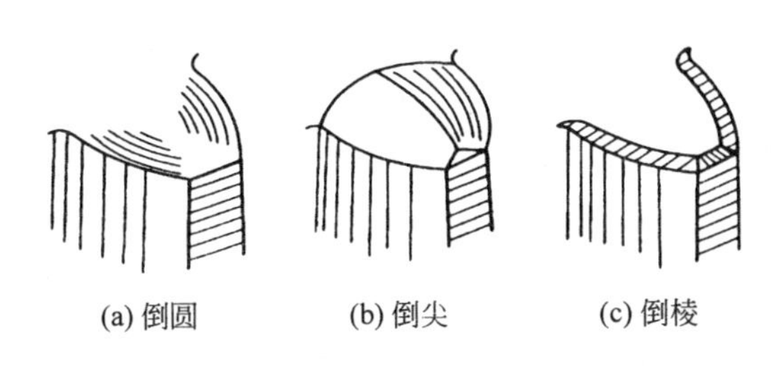

图 6-33　齿端加工方式

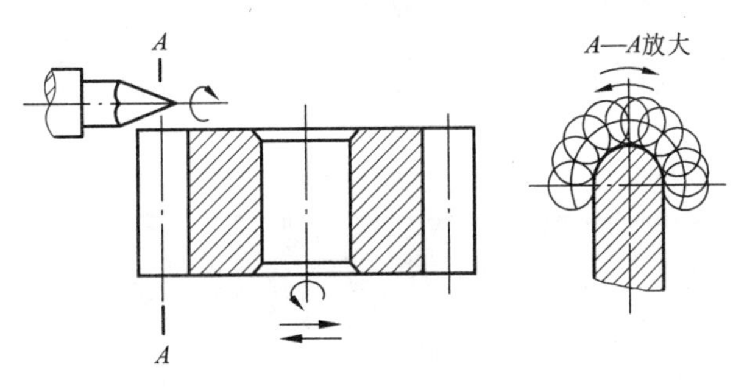

图 6-34　齿端倒圆

4. 齿轮加工中的热处理

在齿轮加工工艺编制过程中，热处理工序的合理安排十分重要，它直接影响齿轮的力学性能及切削加工的难易程度，一般来讲，在齿轮加工过程中要完成下面的两个热处理工序。

（1）毛坯热处理

在齿轮毛坯粗加工前后安排预先热处理——正火或调质。正火安排在齿坯加工前，目的在于消除锻造内应力，改善材料的加工性能，减缓拉孔和切削加工时刀具的磨损。调质一般安排在齿坯粗加工之后，可消除锻造内应力和粗加工引起的残余应力，提高材料的综合力学性能，但齿坯硬度较高，不易切削，故生产中应用较少。

（2）齿面热处理

为了提高齿面硬度，增强齿轮的承载能力和耐磨性应进行齿面高频感应加热淬火、渗碳淬火、液体氮碳共渗等热处理工序。以渗碳淬火的齿轮变形较大，对高精度齿轮还需进行磨齿加工。经高频感应加热淬火的齿轮变形较小，但内孔直径一般会缩小 0.01～0.05mm，应予以修正。有键槽的齿轮，淬火后内孔常呈现椭圆形，为此键槽加工应安排在淬火之后进行。

调　质

钢的热处理工艺包括退火、正火、淬火、回火和表面热处理等方法，如图 6-35 所示。其中回火又包括调质处理和时效处理。钢的回火：按照所希望的机械性能将已经淬火的钢重新加热到一定温度(350～650℃),碳将以均匀分布的渗碳体形式析出。随着回火温度的增加,碳化物的颗粒增大,屈服点和拉伸强度下降,降低钢的硬度和脆性,延伸率和收缩率升高,其目的是消除淬火产生的内应力,以取得预期的力学性能。

回火分高温回火、中温回火和低温回火三类。

(a) 退火　(b) 正火　(c) 回火

(d) 淬火　(e) 表面热处理

图 6-35　常用热处理方法

调质即淬火和高温回火的综合热处理工艺。

调质件大都在比较大的动载荷作用下工作,它们承受着拉伸、压缩、弯曲、扭转或剪切的作用,有的表面还具有摩擦,要求有一定的耐磨性等。总之,零件处在各种复合应力下工作。这类零件主要为各种机器和机构的结构件,如轴类、连杆、螺柱、齿轮等,在机床、汽车和拖拉机等制造工业中用得很普遍。尤其是重型机器制造中的大型部件,调质处理用得更多。因此,调质处理在热处理中占有很重要的地位。

在机械产品中的调质件,因其受力条件不同,对其所要求的性能也就不完全一样。一般来说,各种调质件都应具有优良的综合力学性能,即高强度和高韧性的适当配合,以保证零件长期顺利工作。

课后习题

一、填空题

1. 轴类零件按结构形式不同,一般可分为________、________和异形轴三类。
2. 轴类零件一般由________、________、沟槽等结构组成。
3. 螺纹按其截面形状可分为________、________、________和锯齿形螺纹等。
4. 铰刀的种类按使用方式可分为________铰刀和________铰刀。
5. 孔常用的精加工方法有________、________、________。
6. 圆孔拉刀结构由________、颈部、过渡锥、________、________、________、后导部组成。

7. 设计箱体零件加工工艺时,应采用基准________原则。
8. 铣削的主运动是________,进给运动是________。
9. 在齿轮精加工中,磨齿生产率远比________和珩齿低。
10. 利用展成原理加工齿轮的方法有________、________、________、珩齿和磨齿等。

二、选择题

1. 粗车时,保留一定的精车余量,主要是为了(　　)。
   A. 保证尺寸精度　　B. 保证表面粗糙度　　C. 提高劳动生产率
2. 研磨不能提高工件的(　　)。
   A. 尺寸精度　　B. 表面粗糙度　　C. 表面间的同轴度
3. 在普车上加工轴类零件,表面粗糙度 Ra 值为(　　)。
   A. 0.8～1.6μm　　B. 0.1～0.8μm　　C. 0.01～0.63μm
4. 下列(　　)不适宜进行沟槽的铣削。
   A. 立铣刀　　B. 圆柱形铣刀　　C. 锯片铣刀　　D. 三面刃铣刀
5. 平面光整加工能够(　　)。
   A. 提高加工效率　　B. 修正位置偏差
   C. 提高表面质量　　D. 改善形状精度
6. 采用镗模法加工箱体孔系,其加工精度主要取决于(　　)。
   A. 机床主轴回转精度　　B. 机床导轨的直线度
   C. 镗模的精度　　D. 机床导轨的平面度
7. 同模数的齿轮齿形不是固定不变的,(　　)会随齿轮的(　　)而变化。
   A. 齿数　　B. 齿厚　　C. 齿高　　D. 周节
8. 珩齿加工与剃齿加工的主要区别是(　　)。
   A. 刀具不同　　B. 成形原理不同
   C. 所用齿坯形状不同　　D. 运动关系不同
9. 在滚齿机上用齿轮滚刀加工齿轮的原理,相当于一对(　　)的啮合过程。
   A. 圆柱齿轮　　B. 圆柱螺旋齿轮
   C. 锥齿轮　　D. 螺旋锥齿轮
10. 滚刀轴线必须倾斜,用以保证(　　)。
    A. 刀具螺旋升角与工件螺旋角相等
    B. 刀齿切削方向与工件轮齿方向一致
    C. 刀具旋向与工件旋向一致

三、简答题

1. 套类零件孔的常用加工方法有哪几种?
2. 套类零件的毛坯常选用哪些材料?
3. 箱体加工顺序安排中应遵循哪些基本原则?为什么?
4. 如何保证孔系间的尺寸和位置精度要求?
5. 根据齿轮的精度等级、生产批量和热处理方法,如何选择其齿形加工方案?

单元7

装配工艺基础

单元知识导入

机械装配是整个机械制造过程的后期工作。各种零部件只有经过正确地装配，才能形成符合要求的产品。图7-1为增压机的工作图，我们可以看到，许多零件经过装配才能完成空气增压这个任务。如何从零件装配成机器，零件的精度和产品精度的关系，以及达到装配精度的方法，都是装配工艺所要解决的问题。机械装配的基本任务是在一定的生产条件下，以高的生产率、较低的成本装配出高质量的产品。

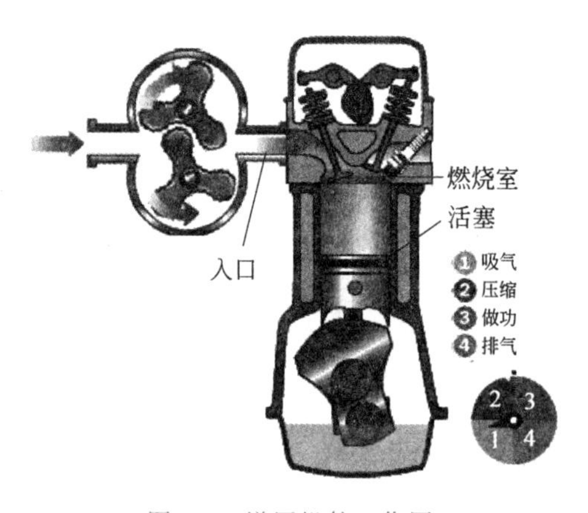

图7-1　增压机的工作图

7.1　装配工作的基本内容

知识目标

(1) 掌握装配的概念、作用及分类。

(2) 了解装配工作的基本内容。

能力目标

能准确地划分装配工作的各步骤。

课前知识导入

如图 7-2 所示为车床主轴箱，它是由若干个零件和部件按照规定的技术要求组合成的。组合过程一般包括装配、调整、检验和试验、涂装、包装等工作。

图 7-2　车床主轴箱

学习内容

一、机器装配的概念

任何机械产品都是由许多零件、组件和部件组成。按规定的技术要求，将零件、组件和部件进行配合和连接，使之成为半成品或成品的工艺过程称为装配。

二、机械装配的分类

机械装配可分为组装、部装、总装三类。以车床主轴箱（见图 7-1）为例介绍如下。

零件是构成机器（或产品）的最小单元，如齿轮。

组件是在一个基准零件上，装上若干零件而构成，直接进入机器（或产品）装配的部件，如车床主轴箱中的主轴组件。把零件装配成组件的过程称为组件装配，简称组装。

部件是在一个基准零件上，装上若干组件和零件而构成，成为机器的某一部分，如车床中的主轴箱。把零件装配成部件的过程称为部件装配，简称部装。

三、机器装配的内容

机器的装配是整个机器制造过程中的最后一个阶段。为了使产品达到规定的技术要求，装配不仅包括零、部件的结合过程，还包括调整、检验、试验、油漆和包装等工作。

1. 清洗

机械产品一般都比较精细，其精度要求都是在毫米级以下的，任何微小的脏污、杂质都会影响到产品的装配质量，尤其是对于轴承、密封件、精密器件、相互接触或相互配合的表面以及有特殊清洗要求的零件，稍有杂物就会影响产品的质量。所以，装配前要对零件进行清洗，去除零件表面的油污及杂质。

零件清洗的方法有擦洗、浸洗、喷洗和超声波清洗等。清洗液一般用煤油、汽油、碱液及各种化学清洗液。

2. 刮削

为了在装配过程中达到高精度配合要求，常对有关零件进行刮削。刮削能提高工件尺寸、形状、位置和接触精度，但刮削劳动强度大。因此，常采用机械加工来代替，如精磨、精刨代刮削等。

3. 平衡

对于转速高、运转平稳性要求高的机器(如精密磨床、内燃机、电动机等),为了防止在使用过程中因旋转件质量不平衡产生的离心惯性力而引起振动,装配时必须对有关旋转零件进行平衡,必要时还要对整机进行平衡。

4. 零、部件的连接

装配过程中有大量的连接工作,连接的方式一般有两种。

(1) 可拆连接　相互连接的零件拆卸时不损坏任何零件,且拆卸后能重新装配。常见的有螺纹连接、键连接、销钉连接及间隙配合连接等。

(2) 不可拆连接　零件相互连接后是不可拆卸的,若要拆卸则会损坏某些零件。常见的有焊接、铆接和过盈配合连接等。

5. 校正、调整与配作

为了保证部装和总装的精度,在批量不大的情况下,常需进行校正、调整与配作工作。

校正是指产品中相关零部件相互位置的找正、找平,并通过各种调整方法以达到装配精度。校正必须重视基准,校正的基准面力求与加工和装配基准面相一致。

调整是指相关零部件相互位置的具体调节工作。通过相关零部件位置的调整来保证其位置精度或某些运动副的间隙。

配作是指以已加工工件为基准,加工与其相配的另一工件,或将两个(或两个以上)工件组合在一起进行加工的方法,如配钻、配铰、配刮及配磨等。配作和校正调整工作是结合进行的,在装配过程中,为消除加工和装配时产生和累积的误差,在利用校正工艺进行测量和调整之后,才能进行配作。

6. 产品验收及试验

机械产品装配完成后,应根据有关技术标准和规定的技术要求,对其进行全面的检验和必要的试验,合格后才准予出厂。

另外,产品验收合格后还应对产品进行油漆和包装,因为外观和包装的完美是促进产品销售的一个重要措施。

四、机械装配的作用

产品结构设计的正确性是保证产品质量的先决条件,零件的加工质量是产品质量的基础,而产品的质量最终是通过装配工艺保证的。装配过程并不是将合格零件简单地连接起来的过程,而是根据各级部装和总装的技术要求,通过校正、调整、平衡、配作以及反复检验来保证产品质量的复杂过程。若装配不当,即使零件的制造质量都合格,也不一定装配出合格的产品;反之,当零件的质量不良好,但只要在装配中采取合适的工艺措施,也能使产品达到或基本达到规定的要求。由此可见,机械装配在产品制造过程中占有非常重要的地位,产品的质量最终是由装配工作来保证的。

7.2 装配的组织形式

知识目标

（1）了解装配的形式。

（2）掌握各种装配形式的特点。

能力目标

能识别各种装配形式。

课前知识导入

装配车间各式各样，我们能判断一下图 7-3 所示的装配车间装配形式一样吗？在生产过程中，通常根据产品结构特点和生产批量的大小，装配工作可以采用不同的组织形式，一般有固定式和移动式两种。

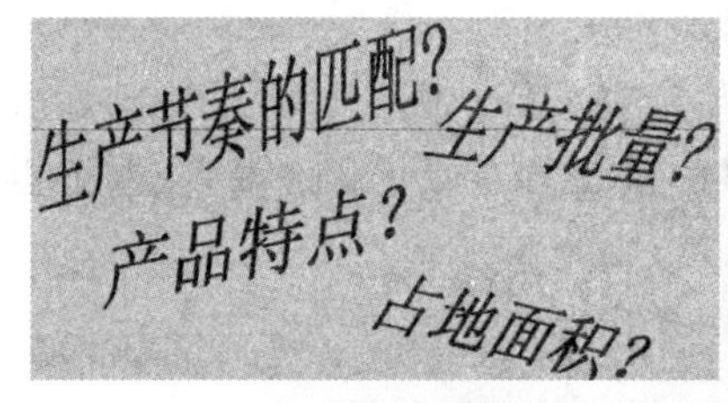

图 7-3 装配车间

学习内容

一、固定式装配

固定式装配是将产品或部件的全部装配工作安排在一个固定的工作地点进行。在装配过程中产品的位置不变，装配所需的零件也集中放在工作地点附近。根据产品的结构和生产类型，固定式装配有三种形式。

1. 集中固定式装配

集中固定式装配的全部装配工作由一组工人在一个工作地点集中完成。这种装配组织形式，要求工人技术水平高，而且装配时间长，多适用于装配精度较高的单件小批量生产的产品或新产品试制。

2. 分散固定式装配（又称为多组固定式装配）

分散固定式装配是把产品的全部装配过程分解为组部件装配和总装配，分别在多个工作地点进行。各部件的装配和产品的总装由几组工人在不同的工作地点分别进行。这种组织形式可使装配操作专业化，装配周期短，生产场地的使用率和生产效率较高。用于成批生产或较复杂的大型机器的装配。

3. 产品固定式流水装配

产品固定式流水装配是将装配过程分成若干个独立的装配工序，分别由几组工人负责。各组工人按工序顺序依次到各装配地点对固定不动的装配对象进行本组所要求的装配。这是固定装配的高级形式，工人专业化程度高，产品质量稳定，装配周期短，适用于中小批量以下的生产，或质量、体积较大，装配时不便移动的重型机器的成批生产。

二、移动式装配

移动式装配是装配工人和工作地点固定不变，装配对象不断地通过每个工作地点，在一个工作地点完成一个或几个工序，在最后一个工作地点完成装配工作。这种装配方式的特点是各装配时间重合或部分重合，因而装配周期短，工人专业化程度高，工作地点固定，降低了劳动强度。移动式装配有两种形式。

1. 自由移动式装配

自由移动式装配的装配对象由工人或运输装置运送到各个工作地点，完成有关的装配工作。在一个工作地点完成某一工序后，再送到下一个工作地点进行其他工序的装配。装配进度是自由调节的。应尽量使各工序的装配时间相同，不同时可用储备件来调节。它适用于修配、调整量较多的装配。

2. 强制移动式装配

强制移动式装配的装配对象是由传送带或传送链连续或间歇地由一个工作地点移向下一个工作地点，在各个工作地点进行不同的装配工序，最后完成全部装配工作。装配进度是强制调节的。强制移动式装配有两种形式。

(1) 连续移动式装配，是工人在装配对象移动过程中进行装配，装配时间和运输时间重合，所以生产率高，但是移动时易产生振动，工作条件变差，不易检验和校正，装配质量不高。

(2) 间歇移动式装配，是装配对象分别在各工作地点停留相同的时间，在此期间内，工人要完成一定量的装配工作。这种装配形式装配的产品质量高，装配工作按照严格的节拍进行，是装配流水线的基本形式，适用于大批大量生产。如汽车在流水线上的装配。

7.3　装配精度

（1）了解装配精度的含义。

（2）了解装配精度与零件精度间的关系。

了解控制装配精度的方法。

课前知识导入

产品的质量取决于什么？只要产品结构设计好，零件加工精度达到要求了，是不是将零件按图纸装在一起，机器就可以正常工作了呢？并不是这样，为了使机器具有正常工作性能，保证产品的装配精度至关重要。

一、装配精度的概念

机械产品的装配精度是指通过装配后实际达到的精度。装配精度是产品设计时根据使用性能规定的、装配时必须保证的质量指标。国家有关部门对各类通用机械产品都制订了相应的精度标准。

装配精度要求不仅影响产品的质量，而且关系到产品制造的经济性，它是确定零件制造精度和制订装配工艺的主要依据。

二、装配精度的含义

机器的装配精度通常包含四个方面的含义。

1. 零部件间的距离精度

零部件间的距离精度是指相关零部件的距离尺寸精度，如车床主轴与尾座的等高性精度、钻模夹具中钻套孔中心到定位元件工作面的距离尺寸等。

2. 零部件间的相互位置精度

零部件间的相互位置精度是指相关零件之间的同轴、平行、垂直、各种跳动等精度要求，如车床主轴的径向圆跳动、钻模中钻套轴线对夹具底面的垂直度等。

3. 零部件间相对运动精度

零部件间相对运动精度是指相对运动的零部件在运动方向和运动速度上的精度。前者多表现为零部件间相对运动时的平行度和垂直度，如车床溜板移动相对主轴轴线的平行度要求；后者为传动精度，是指有传动比要求的相对运动精度，如在滚齿机上加工齿轮时，滚刀与工件的相对运动精度，以及车床上车削螺纹时主轴的回转与刀架上车刀移动的相对运动精度。

4. 接触精度

接触精度是指两相互接触、相互配合的表面接触点数和接触点分布情况与规定值的符合程度，如导轨副的接触情况、齿轮副的接触斑点等要求。它主要影响相配零件的接触变形，从而也影响配合性质的稳定性及机床导轨接触面的接触斑点数，一般规定每25mm×25mm 面积上接触斑点数不应少于 10 点。

三、装配精度与零件精度的关系

机器及其部件都是由零件组合而成，零件的加工精度特别是关键零件的加工精度，对装配精度有很大影响。装配精度有时与一个零件的精度有关，有时则同时与几个零件有关。

如图 7-4 所示，在卧式车床装配中，要满足尾座移动对溜板移动的平行度要求，主要取决于床身上溜板移动的导轨 A 与尾座移动的导轨 B 的平行度以及导轨面间的接触精度。

一般而言，多数的装配精度是和它相关的若干个零、部件的加工精度有关，所以应合理地规定和控制这些相关零、部件的加工精度，在加工条件允许时，使它们的加工误差累积起来仍能满足装配精度的要求。但是，当遇到有些要求较高的装配精度时，如果完全靠相关零件的加工精度来直接保证，则零件的加工精度将会很高，给加工带来较大的困难。如图 7-5 所示，卧式车床床头和尾座两顶尖的等高度(A_0)要求很高(约 0.06mm)，而要使主轴箱 1、尾座 2、底板 3 的有关尺寸 A_1、A_3、A_2 的累积误差不大于 0.06mm 却很难保证，也很不经济。此时，可通过装配时适当地修配底板 3 来保证装配精度。这样做，虽然增加了装配的劳动量，但从整个产品制造的全局分析，仍是经济可行的。

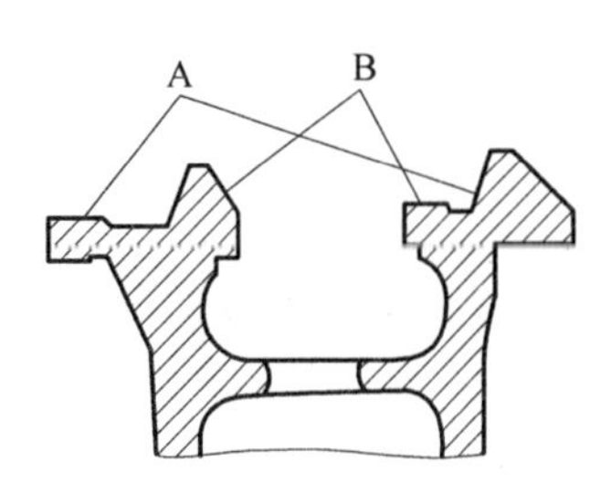

图 7-4　床身导轨简图

A—溜板移动导轨；B—尾座移动导轨

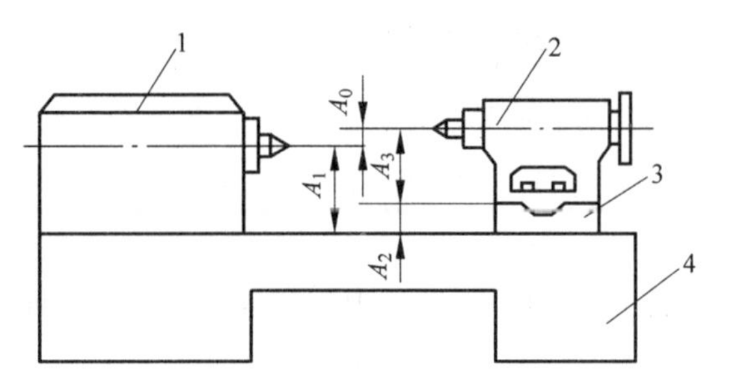

图 7-5　床头箱主轴与尾座套筒中心线等高示意图

1—主轴箱；2—尾座；3—底板；4—床身

由此可见，产品的装配精度和零件的加工精度有密切的关系，零件的加工精度是保证装配精度的基础，但装配精度并不完全取决于零件的加工精度，它还可以通过合理的产品结构设计和正确的装配方法来达到。

7.4 装配尺寸链

知识目标

(1) 熟悉装配尺寸链概念。
(2) 掌握建立装配尺寸链的原则。

能力目标

能建立装配尺寸链。

课前知识导入

装配精度的保证，应从产品的结构、机械加工和装配方法等方面进行综合考虑，故将尺寸链的基本原理应用到装配中，建立装配尺寸链和解算装配尺寸链是进行综合分析的有效手段。

学习内容

一、装配尺寸链的定义

在机器的装配关系中，由相关零件的尺寸(表面或中心线间距离)或相互位置关系(平行度、垂直度或同轴度)所组成的一个封闭的尺寸系统称为装配尺寸链。利用尺寸链，可以分析确定机器零件的尺寸精度，保证加工精度和装配精度。

二、建立装配尺寸链的基本原则

装配尺寸链的建立就是在产品或部件装配图上，根据装配精度的要求，找出与该项精度有关的零件及有关的尺寸，最后画出相应的尺寸链图。建立装配尺寸链是解决装配精度问题的第一步，只有建立的装配尺寸链正确，求解尺寸链才有意义。机器上的装配零件很多，究竟哪些零件对装配精度有影响？哪些零件对装配精度影响很小或无影响？查找相关零件是建立装配尺寸链的关键。建立装配尺寸链应注意以下基本原则。

1. 封闭原则

尺寸链的封闭环和组成环一定要构成一个封闭的环链，在查找组成环时，从封闭环出发寻找相关零件，一定要回到封闭环。

2. 环数最少（最短路线）原则

由尺寸链的基本原理可知，封闭环的公差等于各组成环公差之和。当封闭环公差一定时，组成环环数少，分配到各组成环的公差就大，便于按照经济精度加工零件，也便于实现装配精度要求。因此，装配尺寸链应力求组成环最少，且每个相关零件只能有一个尺寸列入尺寸链，即一件一环原则。要使组成环最少，就要注意相关零件的判别，保留对装配精度有影响的零件，舍弃对装配精度影响很小或无影响的零件，或将几个零件合并成部件，求解出合并的尺寸及公差，再列入装配尺寸。

3. 精确原则

当同一装配结构在不同位置方向上有装配精度要求时，应按不同方向分别建立装配尺寸链。例如，常见的蜗杆副结构，为保证正常啮合，蜗杆副两轴线间的距离（影响啮合间隙）、蜗杆轴线与蜗轮中心平面的对称度均有一定要求，这是两个不同位置的装配精度，因此需要在两个不同方向分别建立装配尺寸链。

例 7-1 分析图 7-6 所示传动轴结构简图，画出其装配尺寸链，并判断增环、减环。

解：

（1）确定封闭环。建立装配尺寸链，首先要正确地确定封闭环，一般产品或部件的装配精度就是封闭环。为避免轴端与滑动轴承端面的摩擦，在轴向要保证适当的间隙 A_0。间隙 A_0 就是轴系部件轴向尺寸的装配精度。间隙 A_0 的大小与大齿轮、齿轮轴、垫圈、左轴承、右轴承等零件有关。选择间隙 A_0 为封闭环，因为它是装配环节中最后形成的尺寸。

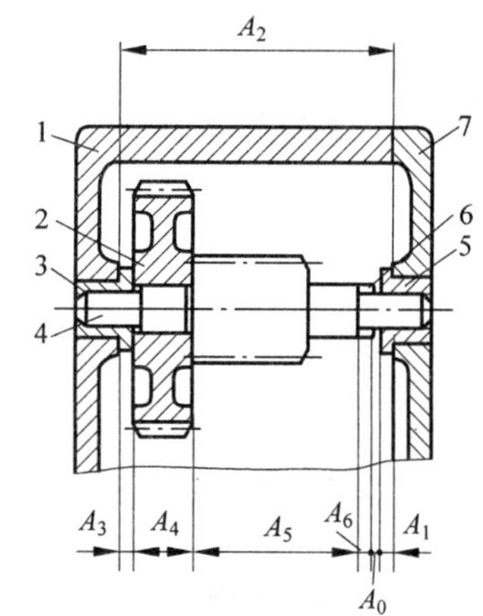

图 7-6 传动轴结构简图

1—传动箱体；2—大齿轮；3—左轴承；4—齿轮轴；5—右轴承；6—垫圈；7—箱盖

（2）查找组成环。从封闭环出发，按逆时针或顺时针方向依次寻找相邻零件，直至返回到封闭环，形成封闭环链。但并不是所有的相邻零件都是组成环，因此还要进行判别。如图 7-6 所示，从间隙 A_0 向右查找，其相邻零件是右轴承、箱盖、传动箱体、左轴承、大齿轮、齿轮轴和垫圈，共 7 个零件，通过判断，箱盖对间隙大小并无影响，应舍去，剩余 6 个零件，其对应的相关尺寸为 A_1、A_2、A_3、A_4、A_5、A_6，符合一件一环原则。

（3）画出装配尺寸链图。根据找出的封闭环和组成环，按零件的邻接关系即可画出装配尺寸链图，并判断组成环的性质。选封闭环 A_0 箭头方向为逆时针旋转，沿着封闭环，依次标出各组成环的箭头方向，最后返回到封闭环，组成环 A_2 箭头方向和 A_0 相反，是增环；A_1、A_3、A_4、A_5、A_6 箭头方向和 A_0 相同，均为减环。

判定了各环的性质，下一步就可运用尺寸链原理进行计算了。

三、装配尺寸链的计算

装配尺寸链的计算方法主要有两种：极值法和概率法。前面介绍的极值法工艺尺寸链基本计算公式，完全适用装配尺寸链的计算。

1. 极值法

极值法是在各组成环误差处于极值的状态下，确定封闭环与组成环关系的一种计算方法。其特点是简单可靠，但在封闭环公差较小且组成环数较多时，各组成环的公差将会更小，使加工困难，制造成本增加。

2. 概率法

当装配精度高，组成环的数目较多，生产批量较大时，应按概率论的原理来计算尺寸链，即概率法。

7.5　装配方法及其选择

了解常用的装配方法的特点及适用场合。

根据装配要求选择合适的装配方法。

课前知识导入

机器的精度最终是靠装配来保证的。在生产过程中用什么装配方法来达到规定的装配精度呢？如何以较低的零件精度、最小的装配工作量达到较高的装配精度？在装配实践中，人们根据不同的机械、不同的生产类型条件，使用的装配方法有很多，归纳起来可分为互换装配法、选配法、修配装配法和调整装配法四大类。

一、互换装配法

采用互换法装配时，被装配的每一个零件不需作任何挑选、修配和调整就能达到规定的装配精度要求。用互换法装配，其装配精度主要取决于零件的制造精度。根据零件的互换程度，互换装配法可分为完全互换装配法和不完全互换装配法，现分述如下。

1. 完全互换装配法

完全互换装配法是在全部产品中，装配时各组成环不需挑选或不需改变其大小或位置，装配后即能达到装配精度要求的装配方法。完全互换装配法适用于成批生产、大量生产中装配那些组成环数较少或组成环数虽多但装配精度要求不高的机器结构。

2. 不完全互换装配法

不完全互换装配法采用概率法解算装配尺寸链，以增大各组成环的公差值，使零件易于加工。绝大多数产品装配时各组成环可不需挑选、修配及调整，装配后即能达到装配精度的要求，但可能会有少数产品成为不能达到装配精度而需要采取修配措施甚至可能成为废品，但这种事件是小概率事件，很少发生。尤其是组成环数目较少，产品批量大，从总的经济效果分析，仍然是经济可行的。因此，对于大批量的生产类型，应考虑采用不完全互换法来替代完全互换法。

二、选配法

选配法是指将尺寸链中组成环的公差放大到经济加工精度，按此精度对各零部件进行加工，然后再选择合适的零件进行装配，以保证装配精度。修配法适用于装配精度要求高、组成环数较少的大批量生产类型。该方法又可分直接选配法、分组选配法和复合选配法。

1. 直接选配法

直接选配法是指在装配时，工人从许多待装配的零件中，直接选择合适的零件进行装配，以保证装配精度要求。

2. 分组选配法

当封闭环精度要求很高时，无论是采用完全互换法还是采用部分互换法都可能使各组成环分得的公差值过小，而造成零件难以加工且不经济，这时将各组成环的公差相对完全互换法所求数值放大数倍，使零件能按经济加工精度进行加工，加工后再按实际测量出的尺寸将零件分为若干组，装配时选择对应组内零件进行装配，来满足装配精度要求。由于同组内的零件可以互换，所以这种方法又叫作分组互换装配法。

3. 复合选配法

复合选配法是分组选配法和直接选配法的复合形式，即将组成环的公差相对于互换法所要求之值增大，然后对加工后零件进行测量、分组，装配时由工人在各对应组内挑选合适零件进行装配。这种方法既能提高装配精度、又不会增加分组数，但装配精度仍依赖于工人的技术水平，常用于相配件公差不等时，作为分组装配法的一种补充形式。

三、修配装配法

修配装配法是指将装配尺寸链中各组成环按经济加工精度制造，在装配时去除某一预先确定好的组成环上的材料，通过改变尺寸来保证装配精度的装配法。修配装配法适用于单件小批量生产中装配那些组成环数较多而装配精度又要求较高的机器结构。

四、调整装配法

调整装配法是在装配时用改变调整件在机器结构中的相对位置或选用合适的调整件来达到装配精度的装配方法。

五、装配方法的选择原则

上述各种方法各有优缺点，选择哪种要依据产品的结构特点、装配精度要求和生产纲领等具体情况而定，选择装配方法的一般原则。

(1) 组成环的加工精度可行时，优先考虑完全互换法。

(2) 产量大、组成环数较多时，采用不完全互换法。

(3) 装配精度要求较高、成批大量生产、组成环数较少时，采用选配法；组成环数较多时，采用调整装配法。

(4) 装配精度要求较高，单件、中小批量生产时，采用修配装配法、调整装配法。

7.6 典型部件装配

掌握典型部件的装配要点。

能准确地装配典型部件。

螺纹连接在机械装配中使用极广。使用螺纹连接既简单又可靠，可以随时拆装，又能达到牢固连接和密封的要求。其连接类型如图 7-7 所示。除了螺纹连接还有什么典型部件装配呢？

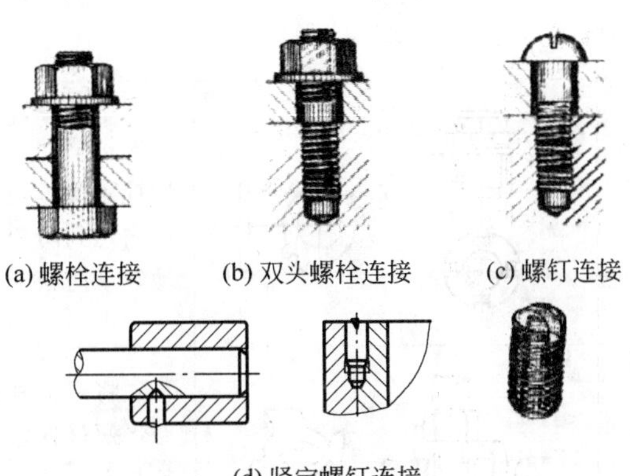

图 7-7 螺纹连接类型

一、螺纹连接

螺纹连接装配时应满足以下要求。

(1) 可靠的防松装置。

螺纹连接一般都具备自锁性，在受静载荷时不会自行松脱，但在受冲击、振动或交变载荷时，会使螺纹副之间正压力及摩擦力矩变小，造成松动。防松装置见表 7-1 和表 7-2。

表 7-1 附加摩擦力防松

防松形式	简图	防松原理
紧锁螺母防松	副 P P 主	依靠两螺母间产生的摩擦力达到防松目的，缺点是增加了质量和占用空间，在高速和振动情况下可靠性不高
弹簧垫圈防松		依靠垫圈弹力使螺母稍许偏斜，并顶住螺母，利用垫圈尖角切入螺母端面增大摩擦力阻止螺母松动

表 7-2 常用机械方法防松

防松形式	简图	防松原理
开口销与带槽螺母防松		用开口销插入六方螺母的槽和螺栓的孔中防松，开口销两脚分开角度不宜过大，防松可靠，多用于变载、振动处
止动垫圈防松	30° 30° 15°	先把垫圈的内翅插入螺杆的槽中，然后拧紧螺母，再把外翅弯入螺母的外缺口内达到防松，多用于圆螺母防松和滚动轴承防松
带耳止动垫圈防松		先将弯折耳插入固定件的容纳处，然后将螺母拧紧，再将垫圈的耳边弯折使其与六方螺母的一面贴紧达到防松，适用于六方螺母防松

续表

防松形式	简图	防松原理
串联钢丝防松		用钢丝穿过一组螺钉头部的径向小孔，利用穿绕方向的变化及相互的制约作用防止回松，适用于较紧凑的成组螺纹连接
点铆法防松	1~1.5D	将螺钉或螺母拧紧后在图示部位用样冲冲点达到防松的目的
粘接法防松	涂粘合剂	在螺纹的接触表面涂厌氧性粘合剂，拧紧螺母，粘合剂硬化、固着后，防松效果好

(2) 连接件所有接触的贴合表面都应经过加工、清洁，保证平整、光洁，否则易使连接件松动或使螺钉弯曲，特别是螺孔内更应清理彻底。

(3) 拧紧力矩要适当，若太大则易使螺钉拉长甚至断裂或使机件变形；若太小，则不能保证连接件工作时的正确性和可靠性。

(4) 在拧紧成组的螺母时，必须按一定的顺序分次逐步拧紧(一般分三次拧紧)，否则易使连接件松紧不一，甚至变形。如图7-8和图7-9所示，在拧紧长方形布置的成组螺母时，须从中间开始，逐渐向两边并对称地拧紧；在拧紧圆形或方形布置的成组螺母时，必须对称地进行。

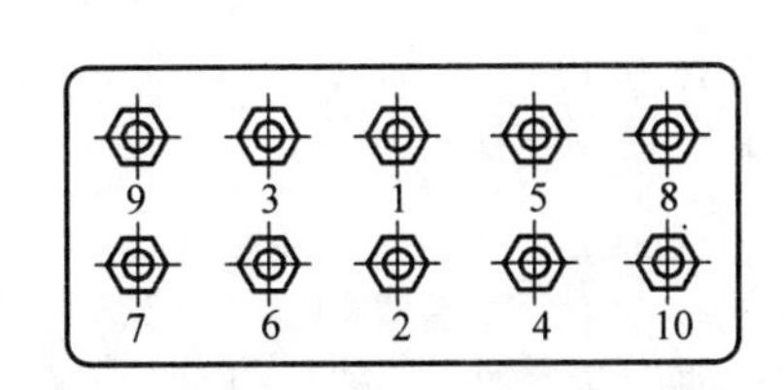

图7-8 拧紧长方形布置的成组螺母的顺序

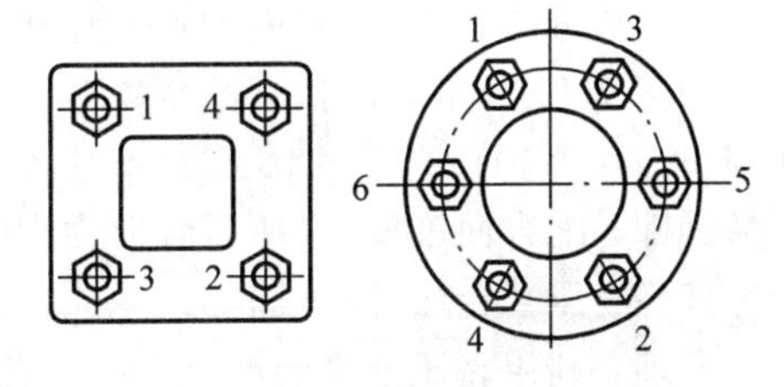

图7-9 拧紧方形、圆形布置的成组螺母的顺序

二、过盈连接

过盈连接是利用相互配合的零件间的过盈量实现连接的，一般属于不可拆卸的固定连接，近年来，由于液压套的合理应用，其可拆性日益增加。

1. 过盈连接装配要点

(1) 表面清洁：装配前要十分注意配合件的清洁。若对配合件进行加热或冷却处理，装配时，必须将配合面擦干净。

(2) 润滑：装配前，配合表面应涂油，以免装入时擦伤表面。

(3) 速度：装配时压入过程应连续，速度稳定，不宜太快，通常为 2～4mm/s，并准确控制压入行程。

(4) 细长件或薄壁件应注意检查过盈量和形位偏差，装配时最好垂直压入，以免变形。

2. 过盈连接的装配方法

(1) 压入法(圆柱面过盈连接)

可用锤子加垫块敲击压入或用压力机压入，如图 7-10 所示。常温下，适用于过盈量及装配尺寸较小的场合。

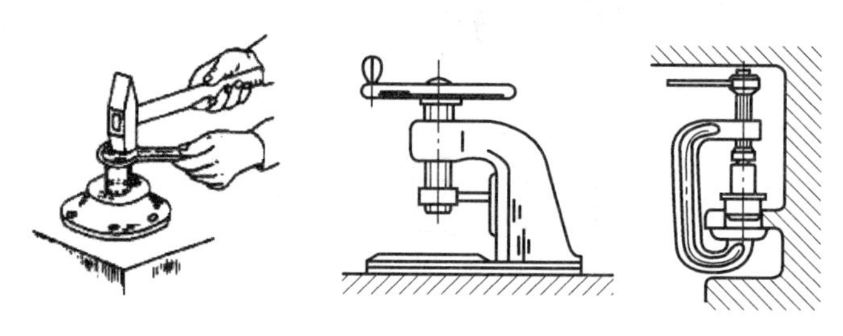

图 7-10 压入法过盈连接

(2) 热胀法(圆柱面过盈连接)

将孔加热使之膨胀变大，然后将轴装入胀大的孔中，待孔冷却收缩后，轴孔就形成过盈连接。

(3) 冷缩法(圆柱面的过盈连接)

将轴进行低温冷却，使之缩小，然后采用常温孔装配的方法。与热胀法比，收缩变形量较小，故多用于过渡配合或少量过盈配合。

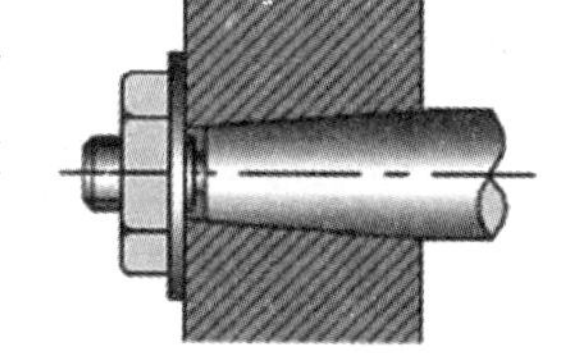

图 7-11 螺母压紧法

(4) 螺母压紧法(圆锥面的过盈连接)

如图 7-11 所示，螺母压紧法多用于轴端部位，拧紧螺母可使配合面压紧形成过盈连接。配合面锥度小，所需轴向力小，但不易拆卸；配合面锥度大，所需轴向力大，拆卸方便。

(5) 液压套合法(圆锥面的过盈连接)(见图 7-12)

原理：利用高压油来装配，装配时，用高压油泵将油由包容件(或被包容件)上的油孔和油沟压入配合面间。高压油使包容件体内径胀大，被包容件外径缩小，施加一定的轴向

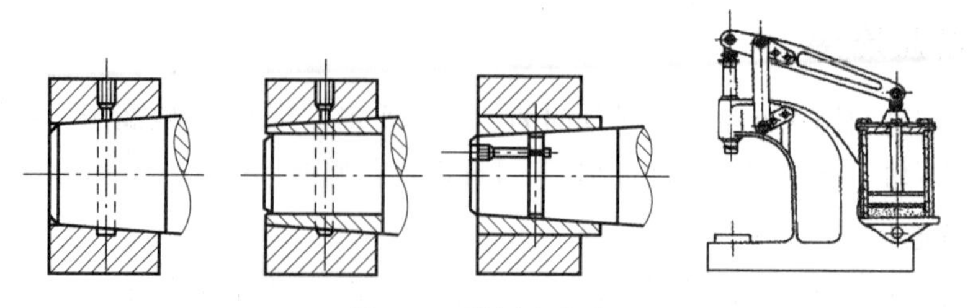

图 7-12 液压套合法

力，就使之互相压入，至预定位置后，排出高压油，即可形成过盈连接，如图 7-12 所示。也可用高压油来拆卸这种连接。

特点：不需要很大的轴向力，配合面也不易擦伤，但对配合面接触精度要求较高，并需要高压油泵。

适用：承载较大载荷，且需多次装拆场合，大、中型零件的连接。

三、轴承装配

1．滑动轴承装配

滑动轴承按结构可分为整体式（见图 7-13）和剖分式（见图 7-14）两种。

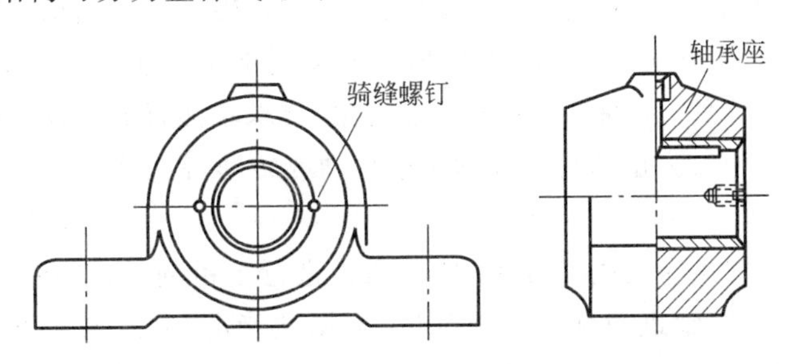

图 7-13　整体式滑动轴承

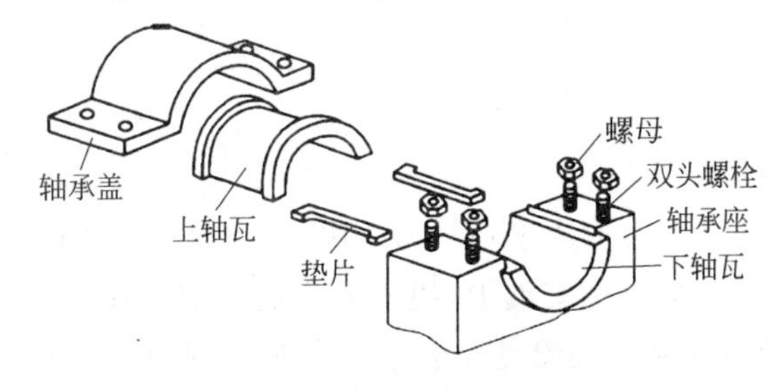

图 7-14　剖分式滑动轴承

（1）整体式滑动轴承的装配

装配过程包括压入轴套、轴套定位和修整轴套孔。

① 压入轴套：当轴套尺寸和过盈量都较小时，可在轴套上垫上衬垫，用锤子直接敲入。为防止轴套歪斜，可采用导向套，控制轴套压入方向。压紧薄壁轴套时，可采用心轴导向。当尺寸或过盈量较大时，则须用压力机压入或用拉紧工具将轴套压入。

压入轴承时必须去除毛刺，擦洗干净后在配合面上涂润滑油。不带凸肩的轴套，当压入机座后要与机座孔端面平齐。有油孔的轴套要对准机座上的油孔，可在轴套表面通过油孔中心划一条线，压入时对准箱体油孔。

② 轴套定位：压入轴套后，为了防止压入后的轴套发生转动，常用紧定螺钉或定位销将轴套固定，如图 7-15 所示。

③ 修整轴套孔：轴承压入后，其内孔往往发生变化，用内径百分表检验，根据变形量多少，采用铰孔或刮削的方法进行修整，使轴套与轴颈之间的间隙及接触点达到规定要求。

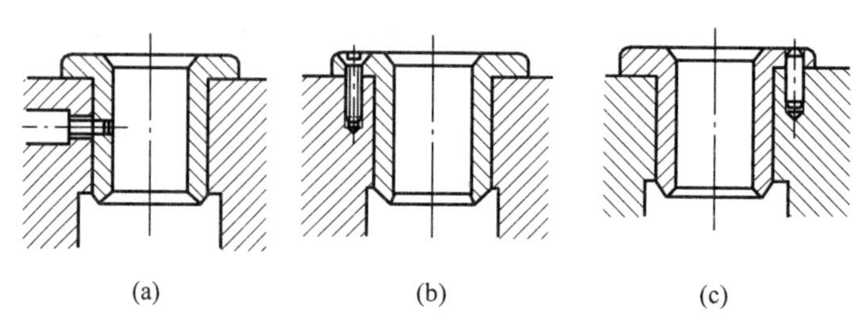

图 7-15 轴套定位方式

(2) 剖分式滑动轴承的装配

轴瓦的装配过程包括轴瓦装入轴承座(盖)内、固定轴瓦和修刮轴瓦。

① 轴瓦装入轴承座(盖)内 用木片垫在轴瓦的部分面上,注意与轴承座两侧要对称,然后用木槌打击木块,使轴瓦装入轴承座孔中,要求轴瓦背部与轴承接触紧密。

② 固定轴瓦 为了防止轴瓦在轴承座中移动或转动,常采用定位销或轴瓦上的凸台固定轴瓦。

③ 修刮轴瓦 轴瓦的配刮须分粗、精刮两步进行。粗刮时,准备一根比真轴直径小0.03～0.05mm的工艺轴进行研点;粗刮后,配以适当的垫片,装上真轴研点后进行精刮。精刮时,在每次装好轴承盖后,稍稍扳紧螺母,用木槌在轴承盖的顶部均匀敲击几下,目的是拧紧力矩大小应一致。精刮后,轴在轴瓦中应能轻轻地转动,且无明显间隙,接触点符合要求即可。

④ 将轴瓦拆下,经过清洗后重新装入。

2. 滚动轴承的装配

滚动轴承的装配方法主要取决于轴承的结构、尺寸大小和与相配件的配合性质,装配时的压力应直接作用在待配合的套圈上,决不允许通过滚动体传递压力;轴承的标记应装在可见部位,便于将来更换;装配过程中应保持清洁,装配后应运转灵活,无噪声,工作温度一般不应超过50℃。

(1) 圆柱孔轴承的装配

① 当轴承与轴的配合较紧而与座孔的配合较松时,应先将轴承装在轴上,压装时在轴承端面上垫软钢或铜质套筒(见图 7-16(a)),然后再装入座孔内;反之先压装轴承在座孔内(见图 7-16(b))。

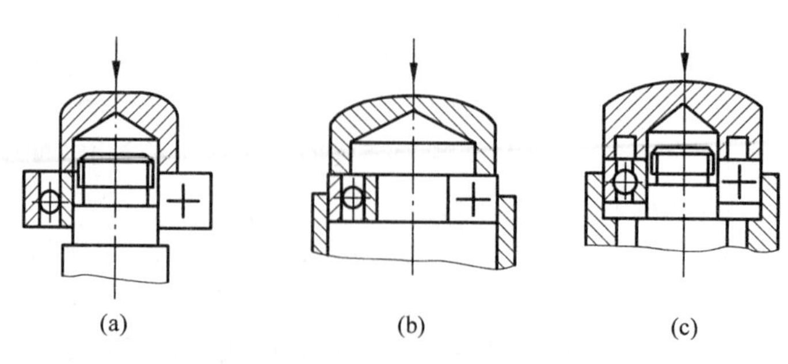

图 7-16 用压入法安装圆柱孔轴承

② 当轴承与轴和座孔都是紧配合时，应采用能同时压住轴承内、外圈端面的套筒，同时将轴承压入轴上和座孔中(见图 7-16(c))。

③ 对于圆锥滚子轴承，因内外圈分离，可分别将内外圈装在轴和座孔中，然后再调整间隙，如图 7-17 所示。轴承压入时采用的方法和工具可根据过盈量的大小来决定是采用锤击法、压力机压入法或是温差法等，具体选择时可参考前面所讲的过盈连接部分内容。

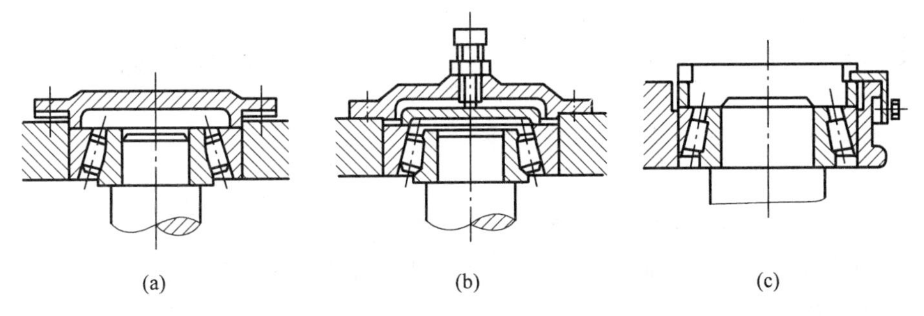

图 7-17 圆锥滚子轴承游隙的调整

(2) 圆锥孔轴承的装配

圆锥孔轴承可直接装在有锥度的轴颈上，或装在锥套的锥面上，装配中主要应注意调整轴承的径向间隙，如图 7-18 所示。

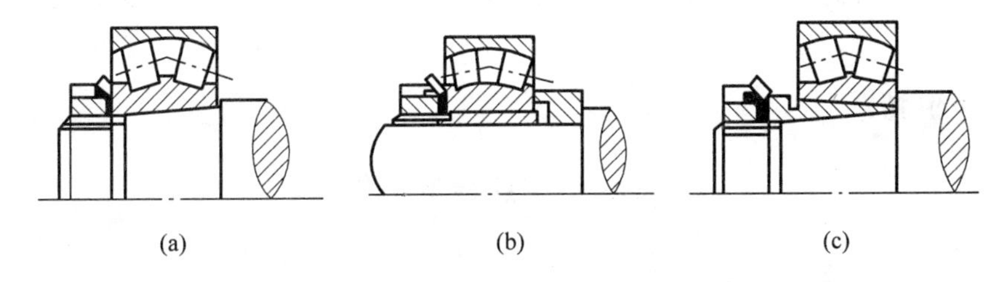

图 7-18 圆锥孔轴承的安装

(3) 推力球轴承的装配

对于推力球轴承的装配，重要的是要正确区分紧环和松环，松环的内孔比紧环的内孔大，紧环与轴一起转动，松环相对静止，如图 7-19 所示。右端的紧环靠在轴肩上，左端的紧环靠在轴上螺母端面上，否则使滚动体失去作用，加速配合件的磨损。轴承的间隙用圆螺母调整。

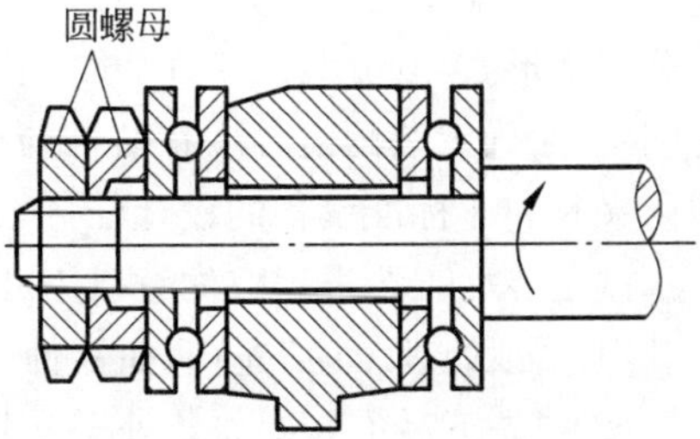

图 7-19 推力球轴承的装配和调整

四、密封件装配

1. 油封装配

油封是用来封油(油是传动系统中最常见的润滑介质)的机械元件，它将机器设备中需要润滑的部件与传动部件隔离，不至于让润滑油渗漏。从油封的密封作用、特点、结构类型、工作状态和密封机理等可以分成多种形式和不同叫法，但习惯上一般将旋转轴唇形密封圈叫作油封。

油封广泛用于低压润滑系统和旋转密封结构中。安装时应注意合理的过盈量，过小会降低密封性能，过大会降低油封使用寿命。安装时要注意以下几点。

(1) 安装时，注意唇口方向不能搞错，否则不能形成密封。

(2) 安装时，切忌划伤唇口，当轴上倒角很小或有键槽时，可使用导向套杆安装，如图 7-20 所示。

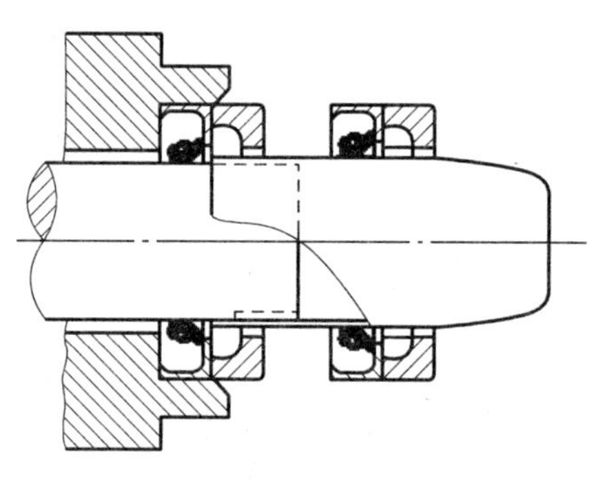

图 7-20 锥形轴套导向

(3) 油封装配定位后，不得随转轴转动。

(4) 轴上安装油封处表面粗糙度值要小，且此处轴线倾角不应大于 2°。

2. 成形填料密封装配

成形填料密封一般是靠内部的流体压力将填料压向活动的轴和填料室实现密封的，常用的成形填料有唇形型和挤压型，唇形型主要有 U 形环和 V 形环，挤压型主要有 O 形环。

对于唇形填料的装配主要注意唇口的方向，对于 O 形环的装配，主要防止划伤。

装配工艺规程的制订

机器装配工艺规程是指导装配生产的主要技术文件，制订装配工艺规程是生产技术准备工作的主要内容之一。它是组织装配工作、指导装配作业、设计或扩建装配车间的主要依据。

制订装配工艺规程的主要任务是划分装配单元，确定装配方法，拟定装配顺序，确定装配组织形式，划分装配工序，规定各工序的装配技术要求、质量检验方法及其工具，计算时间定额，确定装配过程中在装件与待装件的输送方法及其所需设备和工具，提出装配专用工夹具和非标准设备的设计任务书，填写装配工艺文件。

制定装配工艺过程应注意以下几点要求。

(1) “预处理工序”先行，如零件的清洗、倒角、去毛刺、油漆等工序要安排在前。

(2) “先下后上”，即先装处于机器下部的零部件，再装处于机器上部的零部件，使机器在整个装配过程中其重心始终处于稳定状态。

(3) “先内后外”，可使先装部分不会成为后续作业的障碍。

(4) “先难后易”，即先装难以装配的零部件。因为，开始装配时活动空间较大，便于安装、调整、检测及机器的翻转。

(5) “先重大后轻小”，即先安装体积、质量较大的零部件，后安装体积、质量较小的零部件。

(6)“先精密后一般”,即先将影响整台机器精度的零部件安装、调试好,再装一般要求的零部件。

(7) 安排必要的检验工序,特别是对产品质量和性能有影响的工序,在它的后面一定要安排检验工序,检验合格后方可进行后续的装配。

(8) 电线、液压油管、润滑油管的安装工序应合理串插在整个装配过程中,不能疏忽。

课后习题

一、填空题

1. 机器的质量主要取决于机器设计的正确性、零件加工质量和________。
2. 保证装配精度的方法有互换法、选择法、________和________。
3. 查找装配尺寸链时,每个相关零、部件能有________个尺寸作为组成环列入装配尺寸链。
4. 产品的装配精度包括尺寸精度、位置精度、________和________。
5. 采用更换不同尺寸的调整件以保证装配精度的方法叫作________装配法。
6. 机械的装配精度不但取决于________,而且取决于________。
7. 互换法就是在装配时各配合零件不经________或________即可达到装配精度的方法。

二、简答题

1. 什么叫装配?装配的基本内容有哪些?
2. 常用的装配形式有几种?有何特点?如何选择?
3. 何谓装配精度?包括哪些内容?举例说明装配精度与零件精度的关系。
4. 生产中确保装配精度的方法有哪些?
5. 螺纹连接应注意哪些问题?过盈连接的装配方法有哪些?
6. 滚动轴承常用的装配方法有几种?推力球轴承的装配要注意什么?

单元8

设备维修工艺基础

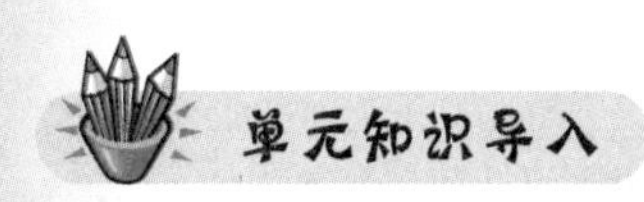

设备是指可供企业在生产中长期使用,并在反复使用中基本保持原有的实物形态和功能的劳动资料或物质资料的总称。

为了提高生产能力,企业不仅需要拥有先进的设备,而且也需要对设备合理使用、维护、保养和及时检修,使其充分发挥效率,如图8-1所示。设备管理和维护质量的好坏,直接关系到设备能否长期保持良好的工作精度与性能,关系到加工产品的质量,关系到工

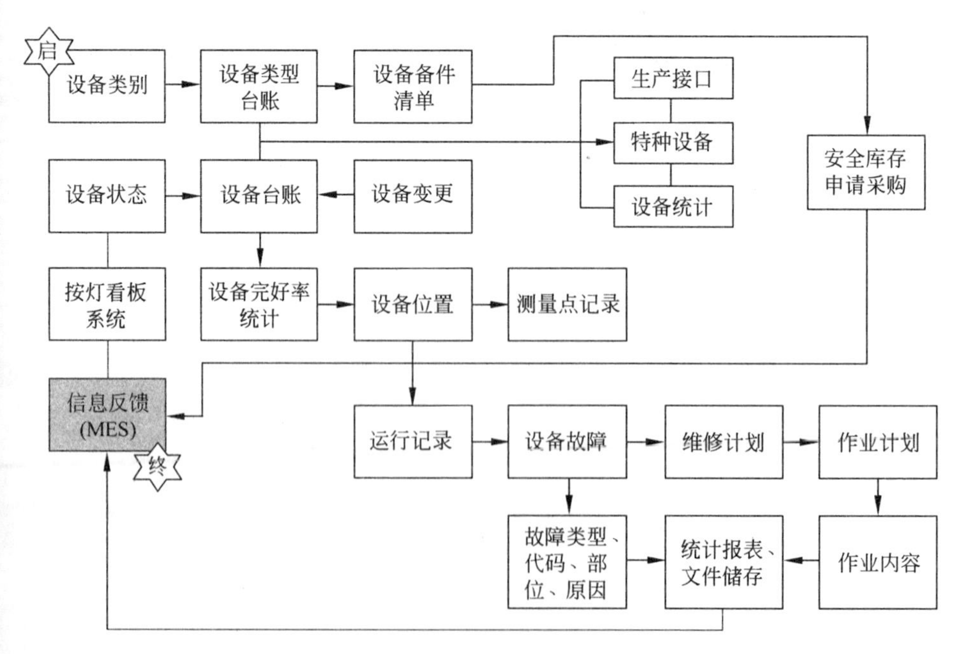

图8-1 PMS设备智能化系统

厂的生产效益和经济效益。设备的维修，是维护、检查及修理的总称，本单元主要介绍如何正确使用维护、日常检查、修理设备的方法及相关管理制度，同时介绍了基于状态监测的状态维修模式，培养学生“预防为主、维修和保养并重”的意识。

8.1　设备使用与维护的任务和工作内容

(1) 了解一般设备管理的任务。

(2) 了解设备的使用、维护的工作内容。

能结合实际，确定设备“正确使用、建章立制、检查监督”工作的具体内容。

课前知识导入

设备在生产中随着时间的推移，电子器件的老化及机械部件的疲劳不可避免，故障可能接踵而至。大家知道设备保养不良会有哪些后果吗？(不整洁的机器设备，影响操作人员的情绪；机器设备保养不讲究，对产品的质量就随之不讲究；机器设备保养不良，使用寿命及机器精度直接影响生产效率，同时，产品质量无法提升；故障多，减少开机时间及增加修理成本。)因此，必须要做好对设备的合理配置、正确使用、精心保养、及时修理，从而有效延长使用时间，获得良好的经济效益。

一、设备使用、维护的基本概念

1. 设备的定义

设备是指可供企业在生产中长期使用，并在反复使用中基本保持原有的实物形态和功能的劳动资料或物质资料的总称。可理解为实际使用寿命在一年以上，在使用中保持其原有实物形态，单位价值在规定限额以上(公司规定在××××元以上)，且能独立完成至少一道工序或提供某种动能的机器。

2. 设备的用途

企业使用生产设备，都是希望达到生产工艺要求，提高生产效率和提高产品的品质，从而实现企业效益的提高。

3. 设备的维护

维护即维修、保养，包含以下几方面。

(1) 预防性维护：作为制造过程设计输出之一的计划性活动，以消除设备失效和对生产的非计划性中断的原因。

(2) 预测性维护：以避免维护问题为目的，根据过程数据预测可能失效模式的活动。

(3) 大修：以全面恢复设备工作能力为目标，将设备的全部或大部分部件解体，修复基准件，更换或修复全部不合格的零件、附件，翻新外观，全面消除修前存在的缺陷，恢复设备的规定精度和性能。

(4) 项修：是在设备技术状态管理的基础上，针对设备精度和性能的劣化程度，在判明故障部件的情况下，根据检查、监测、诊断结果，进行某些项目或部件的计划修理，使项目或部件符合成套设备或整台设备的功能和参数要求。

二、设备使用与维护的任务

现代工厂，对设备的使用与维护的任务，概括起来为“三好”，即“管好设备，用好设备，维护好设备”。

1. 管好设备

作为企业管理人员，必须掌握设备的数量、质量以及变动情况，结合工厂生产实际合理配置相关设备，严格执行企业关于设备的移装、调拨、借用、改装、报废、更新等相关管理制度，同时设备操作人员必须管好自己使用的设备，未经批准不允许他人使用。

2. 用好设备

设备操作人员必须带证操作，杜绝无证操作现象，同时生产管理者在安排工作任务时，应充分考虑设备能力，不允许随意改动调整值和拼设备，严禁取消安全装置、超压、超速、超载、超温等超负荷运行。

3. 维护好设备

操作人员必须严格遵守操作维护规程，认真进行设备的日常保养，使设备保持“整齐、清洁、润滑、安全”，同时配合维护人员对设备进行维修维护；生产管理者则应该在安排生产任务时，考虑和预留计划维修维护时间，防止设备带病运行；设备维修人员则应制定预防维修制度，广泛采用新技术，保证维护维修质量，缩短维修时间，降低维护维修费用，提高设备的各项技术指标。

三、设备使用与维护的工作内容

在具体实施设备使用与维护的任务时，相关人员的主要工作内容概括起来如图 8-2 所示。

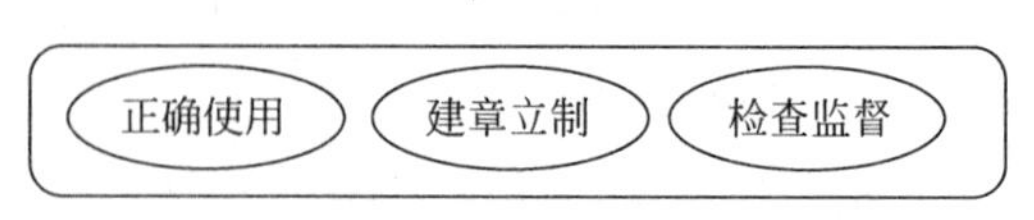

图 8-2 设备使用与维护的工作内容

1. 设备正确使用

(1) 根据设备特性，合理安排工作负荷

① 加工对象与设备的制造能力相符。

② 工作负荷与设备承受能力相符。

③ 使用与维修保养并举。

④ 提高设备的利用广度，充分利用设备的可能工作时间，不让设备闲置。

⑤ 提高设备的利用强度，使设备在单位时间内生产出尽可能多的合格产品。

（2）提高操作人员的技术素质是合理使用的基本保证

在使用过程中，操作工的技术水平和维护保养水平对设备的使用寿命影响最大，不仅影响设备效能的发挥，而且常因操作不当而使设备遭到不应有的损坏。因此正确使用设备必须抓住对操作人员的培训、考核环节，提高操作人员的操作、维修、保养水平。

① 坚持持证上岗的原则。为正确合理使用设备，操作工在独立使用设备前，必须进行培训，并在熟练技师指导下上机实训，达到一定熟练程度，同时参加国家职业资格的考核鉴定。考核鉴定合格并取得资格证后，方能独立使用设备，禁止无证上岗操作。

② 坚持操作工使用设备的相关纪律。一个合格的操作工，应具有良好的职业道德和较高的思想素质，掌握设备操作的工艺知识，具备一定的实践经验，并在操作中严格遵守相关纪律。

③ 坚持设备使用岗位责任制。做到设备使用定人、定岗，操作人员严格按操作规程正确使用设备，做好日常点检并记录，认真执行交接班制度和填写好交接班及运行记录。

2. 建章立制

要提高设备使用、维护水平，必须做到规范化、制度化，制定合理使用设备的《使用守则》《操作规程》《维护保养规程》《岗位责任》等规章制度，同时制定科学、先进的技术经济指标，指导、检查、评价各项业务、技术、经济活动及其经济效果，定量评价管理工作的绩效，在过程中监督、调控、激励、促进。

3. 检查监督

设备员、班组长要严格执行设备日常巡检工作和考核评分工作，不得徇私、作假，通过落实“设备日常保养”“一级保养”“二级保养”“重点设备点检”“设备精度测试”“设备保养奖惩制度”“设备事故处理”等一系列措施，做好设备的保养，加强设备事故的管理，根据“预防为主”和“三不放过的原则”（即事故原因不清不放过、事故责任者与群众未受教育不放过、没有防范措施不放过）防止事故的发生，确保企业的正常生产。

8.2　设备使用与维护的要求、规程及管理制度

（1）了解设备管理的原则。

（2）了解设备使用与维护的相关要求与管理制度。

能根据使用要求，制定设备使用与维护的规程与管理制度。

课前知识导入

设备维护保养的目的是什么？设备维护保养仅仅是机修工的职责吗？如何对设备进行管理才能减少设备事故的发生，保证设备正常高效地运转，减少停机时间，提高企业的生产能力和经济效益？

一、设备使用与维护的要求

设备的使用与维护，简而言之，即通过擦拭、清扫、润滑、调整等一般方法对设备进行护理，以维持设备的性能与技术状况。

1. 设备维护保养的目的

(1) 减少设备事故的发生，保证设备正常高效运转，减少停机时间，避免影响生产进度，间接节约公司使用成本。

(2) 保持、提高设备的性能、精度、降低维修费用，提高企业的生产能力和经济效益，延长设备使用寿命。

(3) 加强设备操作中的安全性，营造舒适的工作环境。

2. 设备维护保养的基本要求

(1) 清洁：设备内外整洁，各传动部件、运动部件等处无油污，各部位不漏油、不漏气，设备周围的杂物、脏物要清扫干净。

(2) 整齐：工具、工件、附件放置整齐，安全防护装置齐全，线路管道完整。

(3) 润滑良好：按时加油换油，油质符合要求，油壶、油枪、油杯齐全，油毡、油线、油标清楚，油路畅通。

(4) 安全：实行定人、定机，熟悉设备结构和遵守操作规程，合理使用、认真保养，不超负荷使用设备，设备的安全防护装置齐全可靠，及时消除不安全因素，不出事故。

二、设备的使用维护规程及管理制度

设备的使用维护管理是一项系统工作，它根据企业的生产发展和经营目标，通过一系列技术、经济、组织措施来实现。设备的使用、维修管理包括设备的购买、安装、调试、使用、维护维修、改造、更新，直到设备的报废整个过程。尽管内容繁多，但必须坚持设备的使用上定人、定岗制度，同时建立设备维修组织及各项规章制度，坚持严格执行设备的保养制度，做好维修工作记录，建立完善流程、考核指标等档案。

为提高设备维护水平，应使维护工作基本做到三化，即规范化、工艺化、制度化。

（1）规范化就是使维护内容统一，哪些部位该清洗、哪些零件该调整、哪些装置该检查，要根据各企业情况按客观规律加以统一考虑和规定。

（2）工艺化就是根据不同设备制订各项维护工艺规程，按规程进行维护。

（3）制度化就是根据不同设备的工作条件，规定不同维护周期和维护时间，并严格执行。

三、规范设备日常使用、维护流程

设备使用、保养流程如图 8-3 所示。

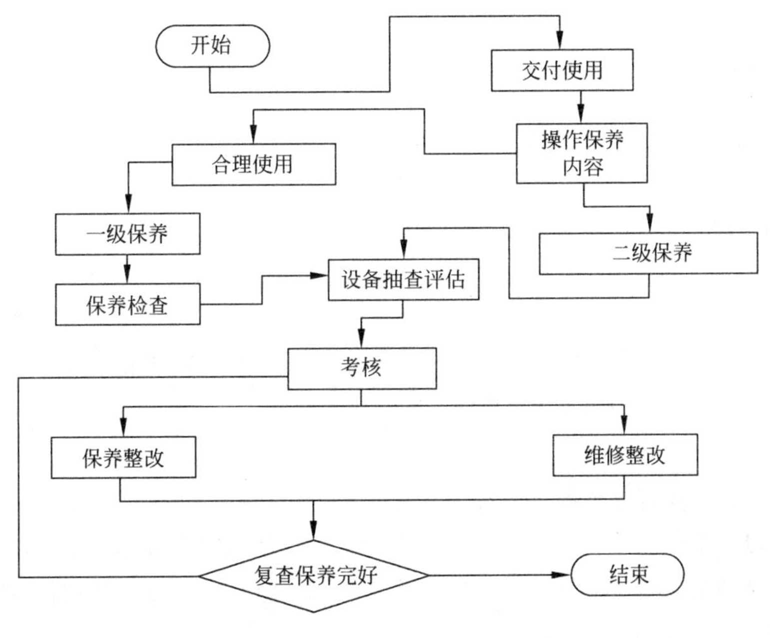

图 8-3　设备使用、保养流程

8.3　设备的计划修理

（1）了解计划修理的类别及主要内容。

（2）了解实施计划修理的方法。

能制定计划修理的实施流程和实施计划修理。

课前知识导入

设备维修是指对设备的维护、检查和修理的总称，前两节重点介绍了设备的维护保养，在设备使用中注意了“养与防”。是否设备在做好了“养与防”后就万事大吉？与“保养”并重的还有在设备发生故障时的“修理”。下面就与大家一起来了解新技术条件下的修理与传统意义上修理有哪些传承与进步。

一、设备、计划修理的相关概念

1. 设备修理

(1) 设备修理是指修复由于日常的或不正常原因造成的设备损坏和精度劣化，通过修理更换磨损、老化、腐蚀的零部件，可以使设备性能得到恢复。

(2) 设备的修理和维护保养的区别。二者由于工作内容与作用的区别是不能相互替代的，应把二者同时做好，以便相互配合、相互补充。

2. 计划修理

计划修理是预防性维修的主要表现形式，是按照计划对设备进行周期性的修理。具体周期大多以设备的开工台时而定。其优点是可以减少故障停机，将潜在的故障消除于萌芽状态。计划维修是预防维修的主要形式，即按照计划对设备进行周期性维修，包括大修(项修)和一、二级保养。

二、计划修理的实施

1. 一、二级保养

(1) 定义

一级保养：设备实际开动运行 600h 左右，以操作者为主，维修人员为辅，在规定的保养时间内，按机型规定的保养内容和要求，对设备进行一次保养，称为一级保养。

二级保养：设备实际开动运行 2400h 左右，以维修人员为主，操作者参加，在规定的保养时间内，按机型规定的保养内容和要求对设备进行一次保养，称为二级保养。

(2) 计划编制及实施程序

沪东某企业的设备保养实施程序如图 8-4 所示。

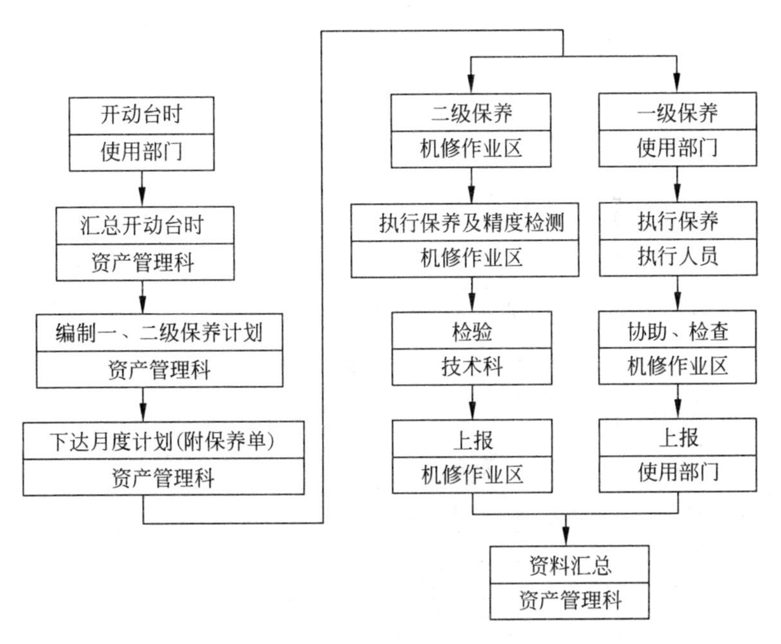

图 8-4 设备保养实施程序

2. 大修及项修

(1) 定义

设备大修理是对设备进行工作量最大的一种计划修理。大修时,对设备全部或大部分部件解体,修整所有基准件,更换或修复磨损、锈蚀、老化及丧失精度的零部件,修复和修整设备的电气、数控及液压、气动系统,修复设备的附件以及翻新外观等,使之达到全面消除修前存在的缺陷,恢复设备的规定性能和精度。

项修是项目修理的简称,它是根据设备的实际情况,对设备精度、性能劣化已难以达到生产工艺需求的部件,进行针对性地局部项目修理,或大型关键设备为了不影响生产,并保证设备的及时检修,将大修理工作量分成若干个项目,分几次修理。一般进行部分拆卸、检查、更换或恢复失效的零件,必要时对基准件进行局部修理和调整精度,从而恢复所修部分的精度和性能。由于项修停机时间短,影响生产时间少。因此,项修也属于大修理的方法之一。

(2) 计划编制

大修(项修)计划:一般为年度编制的设备修理计划,并列入企业的年度综合计划中。作为计划考核的一部分。

设备大修理计划台数和费用,应控制在主要设备台数的3%和资产原值的2%左右。

(3) 实施程序

大修理计划的实施过程:修前准备工作阶段(包括编制计划、技术、备配件、人员、安全等方面的预案),组织维修施工阶段和竣工验收阶段。

设备大修实施流程(沪东某企业)如图 8-5 所示。

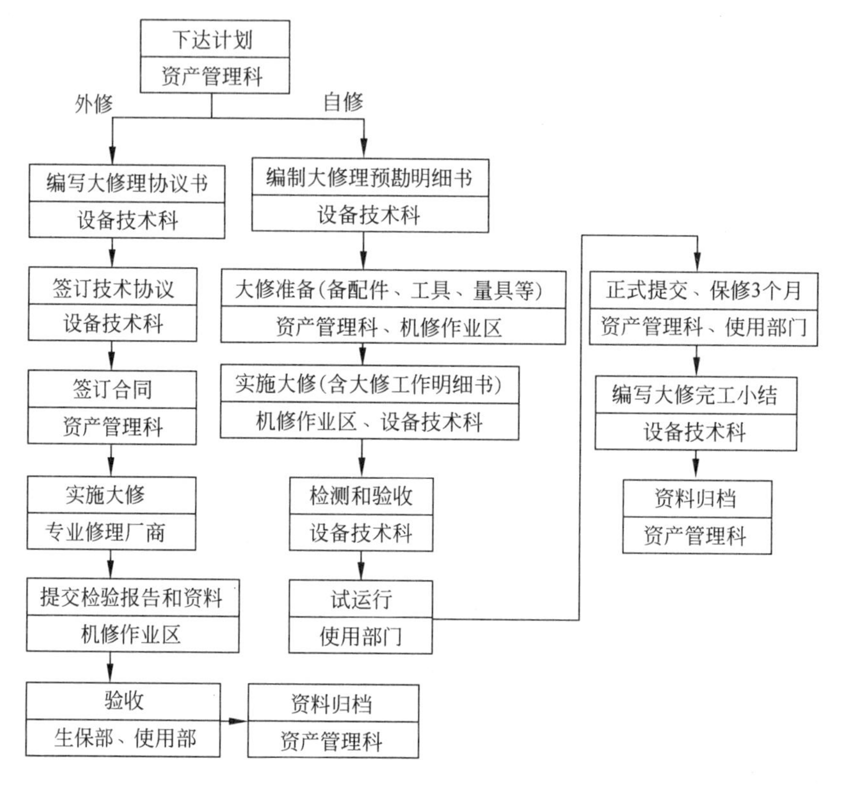

图 8-5 设备大修实施流程

8.4 设备的日常检查和状态监测

(1) 了解设备日常检查的内容与方法。
(2) 了解设备使用、维护基于可靠性的状态检测。

能对设备进行日常点检、巡检等检查。

在设备的运行过程中,保养与修理是保证设备正常使用的关键,但如何判断设备的实际使用状态呢?如何发现"故障"这座冰山下的潜在的问题?检查是确定和评估设备实际状态的措施,即对设备实际状态与额定状态的差别进行评估,以判断设备运行情况,有目

的地做好保养、修理前的准备工作。本节重点讨论基于不同维修方式的设备日常检查方法及状态监测问题。

一、设备检查的有关概念

1. 定义

设备检查是指对设备的运行情况、工作精度、磨损或腐蚀程度进行测量和校验。

2. 目的

通过检查，全面掌握机器设备的技术状况和磨损情况，及时查明和消除设备的隐患，有目的地做好修理前的准备工作，以提高修理质量，缩短修理时间。

二、设备检查的方法

随着科学技术水平的提高，设备的状态监测技术得到了迅猛发展，企业对设备的维修方式，由原来的事后维修，发展到预防维修、计划维修，乃至状态维修，与之对应的是设备的检测方式也发生了相应的变化。

1. 设备的点检

(1) 定义

为了维持生产设备的原有性能，通过人的五感(视、听、嗅、味、触)或简单的工具、仪器，按照预先设定的周期和方法，对设备上的规定部位(点)进行有无异常的预防性周密检查的过程，以使设备的隐患和缺陷能够得到早期的发现，早期预防，早期处理，这样的设备检查称为点检。

(2) 分类

日常点检：作业周期在一个月以内的点检为日常点检或称日常检查。日常点检的目的是及时发现设备异常，防患于未然，保证设备正常运转。

定期点检：作业周期在一个月以上的点检为定期点检或称计划点检。定期点检的主要目的是确认设备的缺陷和隐患，定期掌握设备的劣化状态，为进行精度调整和安排计划修理提供依据，使设备保持规定的性能。

2. 设备的巡检

设备巡检是按设备的部位、内容进行的粗略巡视，为了“观察”系统的正常运行状态，这种方法实际上是一种不定量的运行管理，对分散布置的设备比较合适。

3. 设备日常巡检与设备定期点检的区别与联系

(1) 设备巡检员是专职人员，主要负责某个生产工艺段的设备巡检。

(2) 设备定期点检主要由设备维修人员进行设备故障的修复，保证生产设备的正常运行，根据设备巡检人员提供的信息，对有故障的设备进行详细的检查和修复。

(3) 设备日常巡检和设备日常点检其实是一个岗位，主要负责巡查设备是否正常运行，检查设备有无异常现象，为维修提供更好的依据，缩短维修时间，尽快恢复设备正常运行。

设备的三级保养制度

三级保养制度是我国20世纪60年代中期开始，在总结苏联计划预修制在我国实践的基础上，逐步完善和发展起来的一种以保养为主、保修结合的保养修理制，它体现了我国设备维修管理的重心由修理向保养的转变，反映了我国设备维修管理的进步和以预防为主的维修管理方针的更加明确，是设备专业管理与群众管理相结合的有效保养制度之一。

三级保养制内容包括设备的日常维护保养、一级保养和二级保养。

三级保养制是以操作者为主对设备进行以保为主、保修并重的强制性维修保养制度。做到定期保养，正确处理使用、保养和维修的关系，不允许只用不养，只修不养。

课后习题

一、填空题

1. 设备使用、维护的主要任务是________、________、________。

2. 为提高设备使用维护水平，应使维护工作基本做到三化，即________、________、________。

3. 设备的三级保养是指________、________、________。

4. 设备点检分为________和________。

二、简答题

1. 什么是设备的日常维护与保养？有什么要求？

2. 在设备使用、维护中，操作工及维修工分别应该做什么？

3. 设备日常点检的主要内容有哪些？

单元9

先进加工技术

单元知识导入

先进加工技术是指采用更高的加工速度，加工出的产品精度更高、形状更复杂，被加工材料的种类和特性更加复杂多样，并且加工过程具有高效率和高柔性，以快速响应市场需求的加工技术，如图 9-1 所示。先进加工技术是顺应现代工业与科学技术的发展需求而发展起来的；同时，现代工业与科学技术的发展又为加工技术提供了进一步发展的技术支持，如新材料的使用，计算机技术、微电子技术、控制理论与技术、信息处理与通信技术、测试技术、人工智能理论与技术的应用，都促进了加工技术的发展。

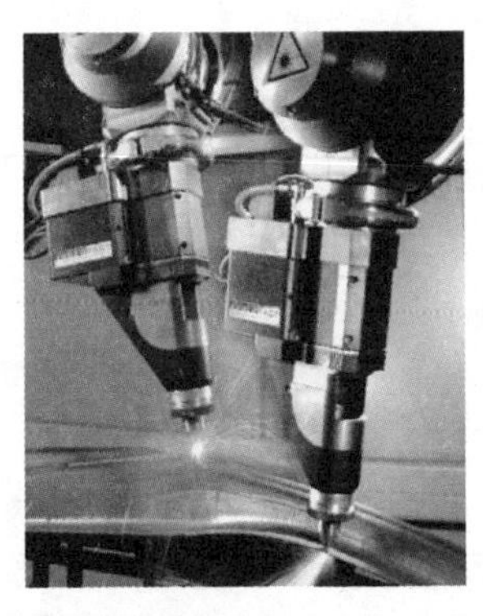

(a) 激光加工

(b) 叶片加工

(c) 3D打印

图 9-1　先进加工技术

9.1 数控电火花加工

(1) 了解电火花加工的发展历史。
(2) 了解电火花加工的工作原理及应用。
(3) 了解电火花加工的特点。

能力目标

(1) 能分析电火花加工机床的工作原理。
(2) 能概括电火花加工的特点。

课前知识导入

如何加工图 9-2 所示的零件？用传统的切削加工技术能否加工？通过本节的学习，以上这些问题都将迎刃而解。

图 9-2　电火花加工实例

一、电火花加工的产生

1943 年，苏联科学院的拉扎林柯夫妇在研究火花放电时，通过开关触点受到腐蚀损坏的现象，发现电火花的瞬时高温可使局部的金属熔化、气化而被蚀除掉，因而开创和发明了电火花加工方式，并用铜丝在淬火钢上加工出小孔，实现了用软金属工具加工任何硬度的金属材料，首次摆脱了传统的切削加工方式，直接利用电能和热能来去除金属，获得了“以柔克刚”的效果。电火花加工在“二战”时期为苏联军队的武器生产、制造和修复起到了极大的作用，并很快地推广应用到机械制造业中。在 20 世纪 50 年代，电火花加工技术由苏联引入到我国，在上海、营口、天津等地相继批量生产电火花成形机床及线切割机床。

二、数控电火花加工机械的分类及应用

数控电火花加工机床的种类较多。根据数控电火花加工机床所使用的工具电极形式的不同和工具电极相对于工件运动方式的不同，可将其分为数控电火花成形机床、数控电火花线切割加工机床、数控电火花磨削机床、数控电火花表面强化和刻字机床等。其中以数控电火花成形机床和数控电火花线切割加工机床应用最为广泛。

1. 数控电火花成形机床

数控电火花成形机床又称电火花加工机床，如图 9-3 所示。这种机床主要用于形状复杂的型腔、凸模、凹模及难加工材料的加工，同时对于微细精密加工的零件也显示出强大的加工优势，如加工直径为 ϕ0.01mm 的孔。除了普通数控电火花成形机床外，还有数控电火花加工中心。这类机床不仅具有类似刀库的电极自动交换装置，而且具有更强大的加工能力，如能实现轮廓控制及自动检测、补偿、定位(找中心)等多项功能，采用简单的电极并通过直线、圆弧插补的控制功能，即可以加工出二维曲面轮廓的工件，通过机床特殊旋转功能的主轴能够加工三维曲面，如螺旋面等。

2. 数控电火花线切割机床

数控电火花线切割机床又称切割加工机床，如图 9-4 所示。

图 9-3 数控电火花成形机床

图 9-4 数控电火花线切割机床

这类机床按照线电极(丝)的走丝速度大小又分为快走丝线切割机床和慢走丝线切割机床两种，其中慢走丝线切割机床一般属于高精度精密机床。它可以控制两个或三个坐标轴，最常用的是两轴联动。这类机床主要用于加工高硬度、复杂轮廓形状的板状金属工件，特别是冲载(或落料)模具中的凸、凹模尤其适用。

三、数控电火花加工机械的工作原理

1. 电火花加工原理

电火花加工是一种利用电能与热能进行电蚀加工的方法，其加工原理是：在加工过

程中通过电极和工件之间不断产生高频脉冲电火花放电，充放电时局部瞬间产生的高温（达10000℃以上）、高压使金属熔化或气化，从而把工件上的金属蚀除掉。

2. 数控电火花成形机床的工作原理

数控电火花成形机床的工作原理如图9-5所示。工件3与成形电极2（以下简称电极）分别与脉冲电源上两个不同极性的输出端相接，伺服进给系统使工件和电极间保持确定的放电间隙，两电极之间加上高频脉冲电压后，在间隙最小处或绝缘能力最低处把工作液介质4击穿，形成火花放电。放电通道中的等离子体瞬时产生高温使工件和电极表面都被蚀除掉一小部分材料，各自形成一个微小的放电小坑。脉冲放电结束后，经过一段时间间隔，使工作液恢复绝缘，下一个脉冲电压又加到两极上，同样进行另一循环，形成另一个放电小坑。当这种循环过程以相当高频率反复进行时，机床会不断地自动调整电极与工件的相对位置，逐渐将工件加工完成。

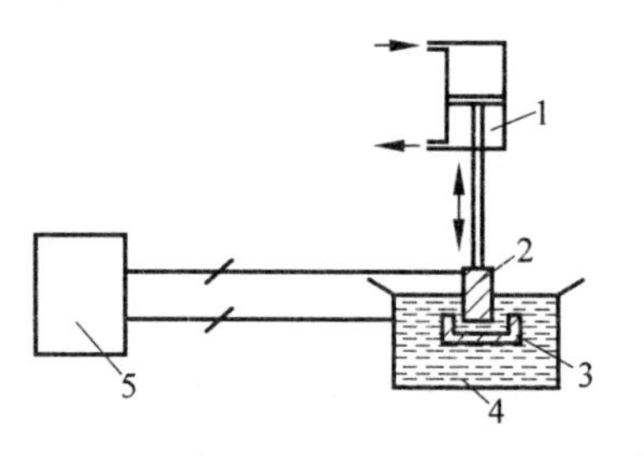

图9-5 数控电火花成形机床的工作原理

1—主轴进给系统；2—电极；3—工件；4—工作液；5—脉冲电源

3. 数控电火花线切割机床的工作原理

数控电火花线切割加工是利用金属（紫铜、黄铜、钨和各种合金）丝或各种镀层金属丝作为负电极，以导电或半导电材料的工件作为正电极，并对其进行电腐蚀加工，如图9-6所示。在加工中，一方面电极丝相对工件不断地上下运动（慢走丝是单向运动，快走丝是往返双向运动）；另一方面安装工件的工作台，由数控伺服电机驱动，在X、Y轴方向实现插补进给运动，使电极丝沿程序编制的加工轨迹，对工件进行切割加工。同时在电极丝和工件之间喷洒矿物油、乳化液或去离子水等工作液，以达到降温、消电离及除垢的目的。

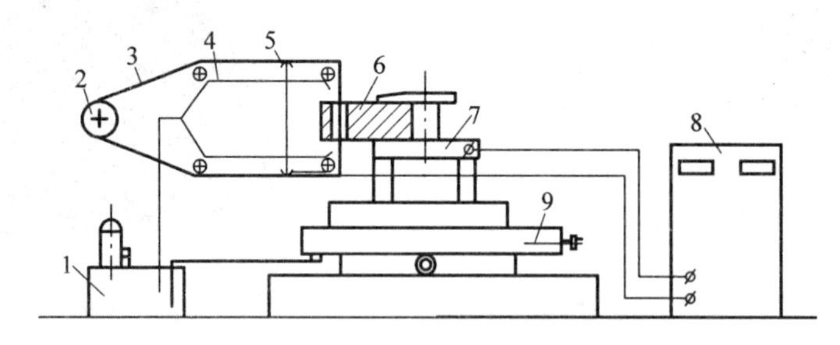

图9-6 数控电火花线切割机床的工作原理

1—工作液箱；2—储丝筒；3—电极丝；4—供液管；5—进电块；6—工件；7—夹具；8—脉冲电源；9—工作台拖板

四、电火花加工的特点及用途

1. 电火花加工的特点

（1）脉冲放电的能量密度高，便于加工用普通的机械加工方法难以加工或无法加工的特殊材料和复杂形状的工件。不受材料硬度影响，不受热处理状况影响。

(2) 脉冲放电持续时间极短,放电时产生的热量传导扩散范围小,材料受热影响范围小。

(3) 加工时,工具电极与工件材料不接触,两者之间宏观作用力极小。工具电极材料不需比工件材料硬,因此,工具电极制造容易。

(4) 可以改革工件结构,简化加工工艺,提高工件使用寿命,降低工人劳动强度。

2. 电火花加工的主要用途

(1) 制造冲模、塑料模、锻模和压铸模。

(2) 加工小孔、畸形孔以及在硬质合金上加工螺纹孔。

(3) 在金属板材上切割出零件。

(4) 加工窄缝。

(5) 磨削平面和圆面。

9.2 超声加工

知识目标

(1) 了解超声加工的发展历史。

(2) 了解超声加工的工作原理。

(3) 了解超声加工的特点及应用。

能力目标

(1) 能分析超声加工机床的工作原理。

(2) 能概括超声加工的特点。

课前知识导入

高性能合金(如高温合金、钛合金、高强度钢等)、复合材料、硬脆材料(如光学玻璃、工程陶瓷和功能晶体)等先进材料具有优异的性能,在航空、航天、军工、电子和汽车等领域得到越来越广泛的应用。航空航天领域典型的复合材料和硬脆材料结构件和零件如图9-7所示。这些结构件和零件不仅对加工精度和加工质量要求高,而且对加工效率也有很高的要求。由于这些复合材料、硬脆材料具有硬度高、脆性大和耐磨性好等特点,材料切削加工性差,零件加工要求高,很难用传统机械加工方法和加工工具进行加工。因此,如何实现难加工材料零件的高质高效精密加工已成为当前国内外关注的问题。

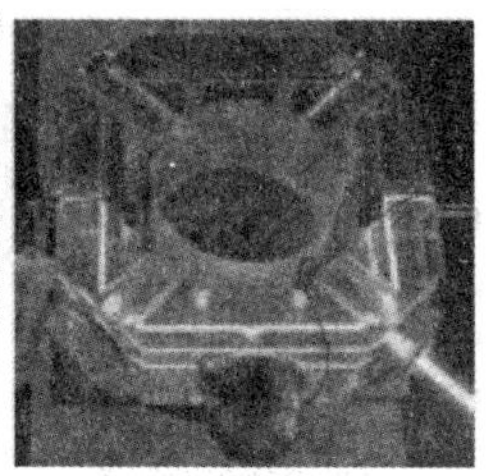
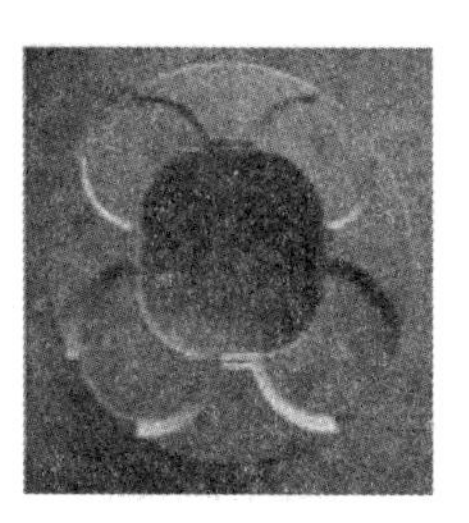

(a) 飞机复合材料结构件　(b) 铝基复材支架　(c) 激光陀螺玻璃胶体　(d) 发动机陶瓷活塞

图 9-7　典型难加工材料零件

学习内容

一、超声加工的发展历史

1. 超声加工的发展历史

超声加工是利用超声振动的工具，带动工件和工具间的磨料悬浮液，冲击和抛磨工件的被加工部位，使其局部材料被蚀除而成粉末，以进行穿孔、切割和研磨等，以及利用超声波振动使工件相互结合的加工方法。图 9-8 是超声加工机床。

图 9-8　超声加工机床

超声技术在工业中的应用开始于 20 世纪 10～20 年代，它是以声学理论为基础，同时结合电子技术、计量技术、机械振动和材料学等学科领域的成就发展起来的一门综合技术。超声技术的应用可划分为功率超声和检测超声两大领域。其中，功率超声是利用超声振动形成的能量使物质的一些物理、化学和生物特性或状态发生改变，或者使这种状态改变加快的一门技术。功率超声在机械加工方面的应用，按其加工工艺特征大致分为两类：一类是带磨料的超声磨料加工(包括游离磨料和固结磨料)；另一类是采用切削刀具与其他加工方法相结合形成的超声复合加工。1927 年，美国物理学家伍德和卢米斯最早做了超声加工试验，利用超声振动对玻璃板进行雕刻和快速钻孔。但当时超声加工并未应用到工业上，直到 1940 年在文献上第一次出现超声加工(Ultrasonic Machining，USM)工艺技术描述以后，超声加工才引起了大家的注意，并且逐渐引入到工业领域。1951 年，科恩研制了第一台实用的超声加工机，为超声加工技术的发展奠定了基础。

超声加工技术在超声振动系统、深小孔加工、拉丝模及型腔模具研磨抛光、超声复合加工领域均有较广泛的应用，尤其是在难加工材料领域解决了许多关键性的工艺问题，取得了良好的效果。

2. 超声加工的分类

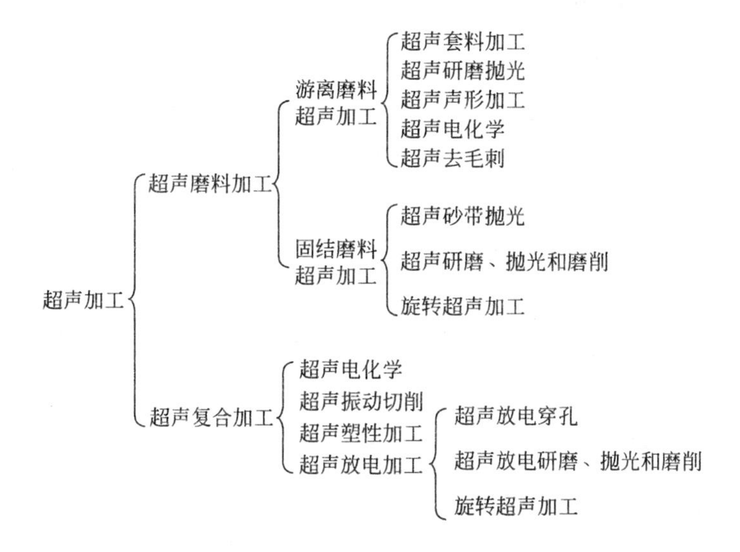

二、超声加工原理

超声加工时，高频电源连接超声换能器，由此将电振荡转换为同一频率、垂直于工件表面的超声机械振动，其振幅仅 0.005～0.01mm，再经变幅杆放大至 0.05～0.1mm，以驱动工具端面作超声振动。此时，磨料悬浮液的磨粒高速不停地冲击加工区，使该处材料变形，直至击碎成微粒和粉末，如图 9-9 所示。同时，由于磨料悬浮液的不断搅动，又由于超声振动产生的空化现象，在工件表面形成液体空腔，促使混合液渗入工件材料的缝隙里，而空腔的瞬时闭合产生强烈的液压冲击，强化了机械抛磨工件材料的作用，并有利于加工区磨料悬浮液的均匀搅拌和加工产物的排除。随着磨料悬浮液不断地循环，磨粒的不断更新，加工产物的不断排除，实现了超声加工的目的。总之，超声加工是磨料悬浮液中的磨粒，在超声振动下的冲击、抛磨和空化现象综合切蚀作用。其中，以磨粒不断冲击为主。由此可见，脆硬的材料，受冲击作用越容易被破坏，故尤其适于超声加工。

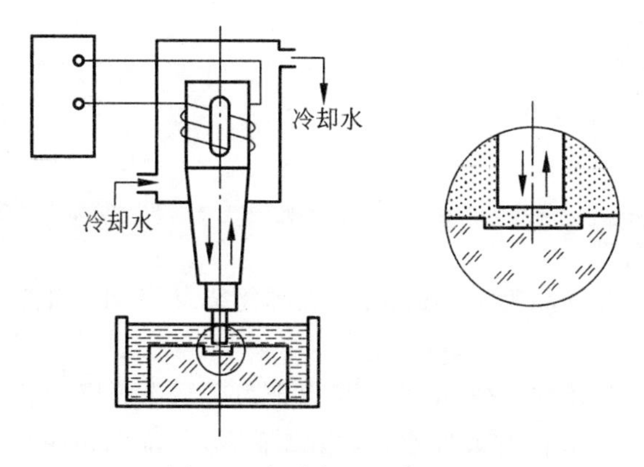

图 9-9　超声加工工作原理

三、超声加工的特点及应用

1. 超声加工的主要特点

(1) 不受材料是否导电的限制。

(2) 工具对工件的宏观作用力小、热影响小，因而可加工薄壁、窄缝和薄片工件。

(3) 被加工材料的脆性越大越容易加工；材料越硬或强度、韧性越大则越难加工。

(4) 由于工件材料的碎除主要靠磨料的作用，磨料的硬度应比被加工材料的硬度高，而工具的硬度可以低于工件材料。

(5) 可以与其他多种加工方法结合应用，如超声振动切削、超声电火花加工和超声电解加工等。

2. 超声加工的应用

超声加工主要用于各种硬脆材料，如玻璃、石英、陶瓷、硅、锗、铁氧体、宝石和玉器等的打孔(包括圆孔、异形孔和弯曲孔等)、切割、开槽、套料、雕刻、成批小型零件去毛刺、模具表面抛光和砂轮修整等方面。超声打孔的孔径范围是 0.1～90mm，加工深度可达 100mm 以上，孔的尺寸精度可达 0.02～0.05mm。表面粗糙度在采用 W40 碳化硼磨料加工玻璃时 Ra 值为 0.63～1.25μm，加工硬质合金时 Ra 值为 0.32～0.63μm。

9.3 激光加工

知识目标

(1) 了解激光加工的工作原理。

(2) 了解激光加工的特点及应用。

能力目标

(1) 能说出激光加工设备的类型。

(2) 能简述激光加工原理。

课前知识导入

图 9-10 所示的蝴蝶饰品为不锈钢制品，轮廓复杂，尺寸小，用传统的切削加工技术能否加工？

图 9-11 所示为产品铭牌，这样的产品可以把内容制作成模具后冲压。这样的方式加工成本高，生产周期长。有没有可以使制作成本低、生产周期短而又符合用户需求的新技术呢？通过本节的学习，以上这些问题都将迎刃而解。

图 9-10　蝴蝶饰品

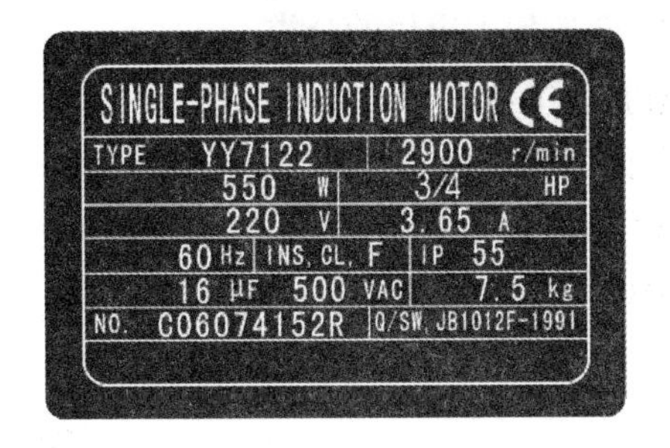

图 9-11　产品铭牌

一、激光加工发展历史

激光因具有单色性、相干性和平行性三大特点，特别适用于材料加工。激光加工是激光应用最有发展前途的领域之一。目前，在工业生产中已经随处可见激光的影子，无时不在，无处不见。传统制造业如汽车、材料加工、机械制造、钢铁冶金、石油、五金、机械重工等领域，新兴产业如航空航天、制药、光通信、半导体、光伏、电子科技等领域，都已经开始大规模应用激光加工技术，制造业正式步入“光加工”时代。

二、激光加工原理

激光是一种强度高、方向性好、单色性好的相干光。由于激光的发散角小和单色性好，理论上可以聚焦到尺寸与光的波长相近的(微米)小斑点上，可以使焦点处的功率密度达到105～1013W/cm^2，温度可达10000℃以上，在这样的高温下，任何材料都将瞬间急剧熔化和汽化，并爆炸性地高速喷射出来，同时产生方向性很强的冲击。因此，激光加工是工件在光热效应下产生高温熔融和受冲击波抛出的综合过程。

三、激光加工的优点及分类

1. 激光加工的优点

(1) 激光功率密度大，几乎所有的金属和非金属材料都可以进行激光加工。

(2) 激光束的发散角可小于1mrad，激光聚焦后光斑直径可小到微米量级，作用时间可以短到纳秒和皮秒，同时，大功率激光器的连续输出功率又可达千瓦以上，因而激光既适于精密微细加工，又适于大型材料加工。

(3) 激光束容易控制，容易与精密机械、精密测量技术和计算机技术相结合，实现加工的高度自动化，并达到很高的加工精度。

(4) 加工时不需要刀具，属于非接触加工，无机械加工变形。

(5) 在恶劣环境或其他人难以接近的地方，可用机器人进行激光加工。

2. 激光加工应用的分类

激光加工技术包括激光切割、激光打标、激光焊接、激光打孔、激光淬火、激光熔覆，激光合金化、3D打印(激光三维成形)、激光刻膜、激光划片、激光雕刻、激光内雕、激光调阻、激光刻线、ITO激光刻蚀等，应用领域非常广泛，其中，激光切割设备、激光打标设备、激光焊接设备目前应用最多。

9.4 数控机床加工

知识目标

(1) 了解数控机床的发展历史。
(2) 了解数控机床的加工原理。
(3) 了解数控机床的特点及应用。

能力目标

(1) 能简述数控机床工作原理。
(2) 能简述数控机床与普通机床的区别。

课前知识导入

图9-12所示的零件都是形状复杂的零件，图9-12(a)所示的转向球头虽然具有围绕中心轴线回转的共同特征，但在普通机床上加工难度大，效率低。图9-12(b)所示的螺旋叶片除端面和孔等加工要素外，重点是加工叶片，这在普通机床上根本无法加工。因此，必须采用数控机床来加工，才能保证其生产率、产品质量和精度等。什么是数控机床？它的工作原理是什么？与普通机床相比有哪些特点？回答这些问题是本节的主要学习内容。

(a) 转向球头

(b) 螺旋叶片

图9-12 形状复杂零件

一、数控机床基本知识

1. 数控的定义

数控即数字控制(Numerical Control),是数控程序控制的简称。

数控的实质是通过特定处理方式下的数字信息(不连续变化的数字量)去自动控制机械装置进行动作,它与通过连续变化的模拟量进行的程序控制(即顺序控制),有着截然不同的性质。

由于数控中的控制信息是数字化信息,而处理这些信息离不开计算机,因此将通过计算机进行自动控制的技术统称为数控技术,简称为数控。这里所讲的数控,特指用于机床加工中的数控(即机床数控)。除此之外,数控还广泛应用于测量、量化试验与分析、物质与信息的传输、建筑以及科学管理等领域。

2. 数控机床定义

数控机床是一种通过数字信息控制的机床,是按给定的运动规律进行自动加工的机电一体化新型加工装备。

3. 数控机床发展历史

机械制造行业中,人们一直在探索如何实现机械加工自动化。1942 年计算机的出现,为人类提供了实现机械加工自动化的理想手段。用数字控制技术进行机械加工自动化的思想是在 20 世纪 40 年代首次提出的。1952 年,美国的 PARSONS 公司与麻省理工学院成功研制出世界上第一台三坐标数控铣床,它综合应用了计算机、自动控制、伺服驱动、精密检测以及新型机械结构等多方面的技术成果,是一种新型的机床,可用于加工复杂曲面零件。该铣床的研究成功是机械制造业中的一次革命,使机械制造业的发展进入了一个崭新的阶段。

二、数控机床的组成及工作步骤

1. 数控机床的组成

数控机床由程序存储介质、输入输出装置、数控装置、伺服系统、检测反馈装置、机床本体组成,如图 9-13 所示。

(1) 程序存储介质

在数控机床上加工零件时,首先根据图纸上的零件形状、尺寸和技术条件,确定加工工艺,然后编制出加工程序,加工程序存储在某种存储介质中,如磁盘等。

(2) 输入输出装置

存储介质上记载的加工信息须由输入装置输送给机床数控系统,机床内存中的零件加工程序可以通过输出装置传送到存储介质上。输入输出装置是机床与外部设备的接口。

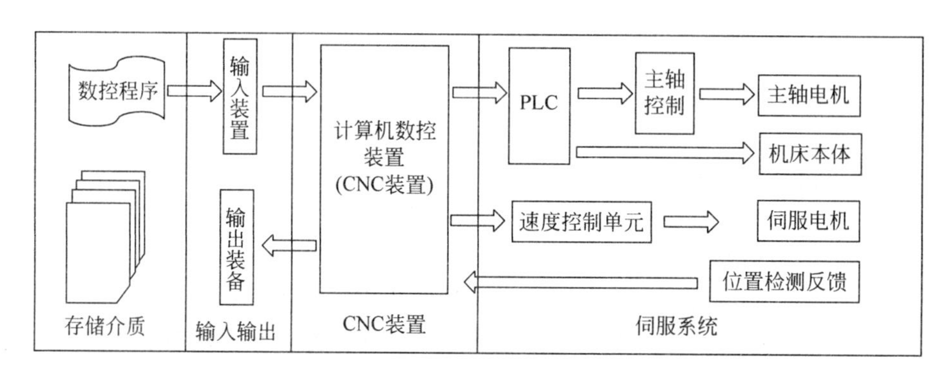

图 9-13 数控机床的组成

(3) 数控装置

数控装置是数控机床的核心,它接受输入装置送入的数字化信息,经过数控装置的控制软件和逻辑电路进行译码、运算和逻辑处理后,将各种指令信息输出给伺服系统,使设备按规定的动作运行。

(4) 伺服系统

伺服系统包括伺服电机、各种伺服驱动元件和执行机构等,是数控系统的执行部分。其作用是把来自数控装置的脉冲信号转换成机床移动部件的运动。

(5) 检测反馈装置

检测反馈装置的作用是对机床的实际运动速度、方向、位移量以及加工状态进行检测,把检测结果转化为电信号反馈给数控装置,通过比较,计算出实际位置与指令位置之间的偏差,并发出纠正误差指令。

(6) 机床本体

机床本体是加工运动的实际机械部件,主要包括主运动部件、进给运动部件(如工作台、刀架)和支承部件(如床身、立柱等),以及冷却、润滑、转位部件,如夹紧、换刀机械手等装置。

2. 数控机床的工作步骤

在数控机床上加工零件通常经过以下几个步骤,如图 9-14 所示。

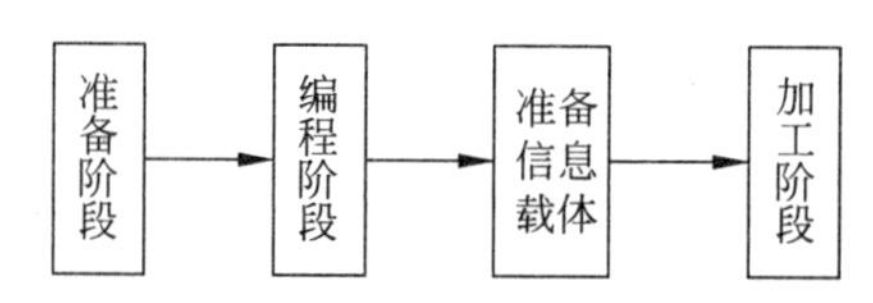

图 9-14 数控机床的工作步骤

(1) 准备阶段

根据加工零件的图纸,确定有关加工数据(刀具轨迹坐标点、加工的切削用量、刀具尺寸信息等),根据工艺方案、夹具选用、刀具类型选择等确定有关其他辅助信息。

(2) 编程阶段

根据加工工艺信息,用机床数控系统能识别的语言编写数控加工程序,程序就是对加工工艺过程的描述，并填写程序单。

(3) 准备信息载体

根据已编好的程序单，将程序存放在信息载体(如磁盘等)上。目前，随着计算机网络技术的发展，可直接由计算机通过网络与机床数控系统通信。

(4) 加工阶段

当执行程序时，机床数控系统将程序译码、寄存和运算，向机床伺服机构发出运动指令，以驱动机床的各运动部件，自动完成对工件的加工。

三、数控机床的特点

数控机床与普通机床区别见表9-1。

表9-1 数控机床与普通机床的比较

数控机床	普通机床
操作者可在较短的时间内掌握操作和加工技能，编制程序需花较多时间	要求操作者有长期的实践经验
加工精度高，质量稳定，较少依赖于操作者的技能水平	高质量、高精度的加工要求操作者具有较高的技能水平
加工零件复杂程度高，适合多工序加工	适合于加工形状简单、单一工序的产品
易于加工工艺的标准化和刀具管理的规范化	操作者以自己的方式完成加工，加工方式多样，很难实现标准化
适于长时间无人操作和加工自动化	是实现自动化加工的准备环节必不可少的，如材料去除及夹具的制作等
适于计算机辅助生产控制	很难提高加工的专门技术，不利于知识的系统化和普及
生产率高	生产率低，质量不稳定

9.5 3D打印技术

(1) 认识3D打印技术。
(2) 了解3D打印原理。
(3) 了解3D打印特点。

能简述3D打印工作原理。

课前知识导入

3D打印技术是快速成形技术的一种，它是一种以数字模型文件为基础，运用粉末状金属或塑料等可粘结材料，通过逐层打印的方式来构造物体的技术。如图9-15所示，目前，越来越多的3D打印产品应用在人们的生活中，3D打印机是怎么打印出产品的？3D打印技术都能用来做什么？通过本节的学习，这些问题将得到解答。

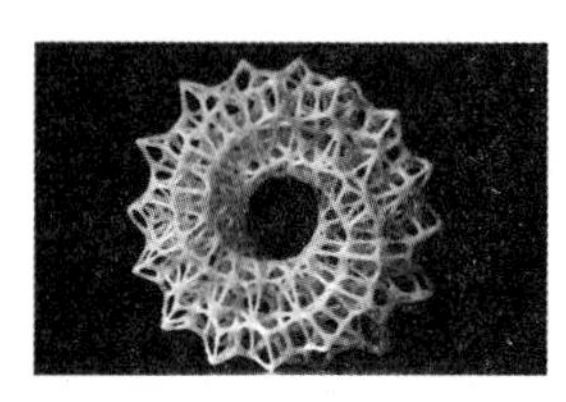  

图9-15　3D打印产品

学习内容

一、3D打印技术的发展

3D打印技术出现在20世纪90年代中期，打印机内装有液体或粉末等“打印材料”，与计算机连接后，通过计算机控制把“打印材料”一层层叠加起来，最终把计算机上的蓝图变成实物。

1986年，Charles Hull开发了第一台商业3D印刷机。

1993年，麻省理工学院获得3D印刷技术专利。

1995年，美国ZCorp公司从麻省理工学院获得唯一授权并开始开发3D打印机。

2005年，市场上首个高清晰彩色3D打印机Spectrum Z510由ZCorp公司研制成功。

2011年6月6日，发布了全球第一款3D打印的比基尼。

2011年7月，英国研究人员开发出世界上第一台3D巧克力打印机。

2011年8月，南安普敦大学的工程师们制造出世界上第一架3D打印的飞机。

2012年11月，苏格兰科学家利用人体细胞首次用3D打印机打印出人造肝脏组织。

2013年10月，全球首次成功拍卖一款名为“ONO之神”的3D打印艺术品。

2013年11月，美国德克萨斯州的3D打印公司“固体概念”(Solid Concepts)设计制造出3D打印金属手枪。

二、3D打印技术的原理

3D打印机使用喷头按计算机规定路径移动并喷出打印材料，完成一层打印后再继续打印上面一层，这样层层叠加，最后得到由各个横截面层层重叠起来的零件整体。

目前，3D打印技术比较成熟的打印方法有熔积成形法、激光烧结法、立体光固化成形法和分层实体制造法，其中前两种方法较为常用。

1. 熔积成形法

熔积成形又称熔丝沉积，它是将丝状热熔材料加热融化，通过带有一个微细喷嘴的喷头挤喷出来，沉积在制作面板或者前一层已固化的材料上，温度低于固化温度后开始固化，通过材料的层层堆积形成最终成品。

2. 激光烧结法

采用激光有选择地分层烧结固体粉末，并使烧结成形的固化层叠加生成所需形状的零件。其整个工艺过程包括 CAD 模型的建立及数据处理、铺粉、烧结以及后处理等。

3D 打印技术不但具有设备简单、材料价廉、材料类型广泛、工作过程无污染和成形速度快等优点，而且制作速度比其他技术快 5～10 倍，成本远低于其他快速成形技术。

三、3D 打印设备及原材料

1. 3D 打印设备

3D 打印技术使用的主要设备是 3D 打印机，如图 9-16 所示。使用这种设备必须先通过计算机建模软件建模，然后将建模文件输入 3D 打印机并进行打印设置，3D 打印机就可以打印出计算机建立的模型。

图 9-16　3D 打印机

目前，市场上主要的 3D 打印机品种是喷墨 3D 打印机、粉剂 3D 打印机、生物 3D 打印机三大类。

（1）喷墨 3D 打印机

常见的喷墨 3D 打印机打印方式有两种：一种方式是利用喷墨头在一个托盘上喷出超薄的液体塑料层，并经过紫外线照射而凝固。此时，托盘略微降低，在原有薄层的基础上添加新的薄层。另一种方式是熔融沉淀成形，在打印机头里面将塑料融化，然后喷出丝状材料，从而构成一层层薄层。

（2）粉剂 3D 打印机

粉剂 3D 打印机是利用粉剂作为打印材料。粉剂在托盘上被分布成一层薄层，然后通过喷出的液体粘合剂而凝固。

（3）生物 3D 打印机

使用来自患者自己身体的细胞，首先“打印”器官或动脉的 3D 模型，接着将一层细胞置于另一层细胞之上，不断重复这一过程，直至打印完成新器官。

2. 3D 打印材料

3D 打印材料是 3D 打印技术发展的重要物质基础，在某种程度上，材料的发展决定着 3D 打印能否有更广泛的应用。目前，3D 打印材料主要包括工程塑料、光敏树脂、橡胶类材料、金属材料和陶瓷材料等，除此之外，彩色石膏材料、人造骨粉、细胞生物原料以及砂糖等材料也在 3D 打印领域得到了应用。

四、3D 打印技术的特点

3D 打印技术作为一种全新的数字制造技术，正给制造业带来重大的革命。尽管其普及应用尚存在诸多技术问题，但是相对于传统制造技术而言，3D 打印技术拥有许多独特之处。

(1) 无须机械加工或模具，能直接从计算机图形数据中生成任何形状的物体。

(2) 材料损耗小，可打印出形状复杂的工件。

(3) 与传统加工方法制造的零件相比，打印出来的产品的质量要轻 60%，并且同样坚固。

(4) 生产成本低、原材料和能源的使用效率高，可根据需求量身定制产品。

(5) 可实现精确的实体复制。

逆向工程技术

产品设计过程是一个从无到有的过程：设计人员首先构思产品的形状、性能和大致的技术参数等，然后利用 CAD 技术建立产品的三维数字化模型，最终将这个模型转入制造流程，完成产品的整个设计制造周期。这样的产品设计过程称为“正向设计”。逆向工程则是一个“从有到无”的过程。简单地说，逆向工程就是根据已经存在的产品模型，反向推出产品的设计数据（包括设计图纸或数字模型）的过程。

通过数字化测量设备（如坐标测量机、激光测量设备等）获取的物体表面的空间数据，经过逆向工程技术的处理获得产品的数字模型，进而输送到 CAM 系统完成产品的制造。因此，逆向工程技术可以认为是“将产品样件转化为 CAD 模型的相关数字化技术和几何模型重建技术”的总称。

1. 逆向工程技术的应用领域

(1) 在没有设计图纸或设计图纸不完整以及没有 CAD 模型的情况下，对零件原型进行测量得到零件的设计图纸或 CAD 模型，并以此为依据制造出相同零件。

(2) 当设计需要通过实验验证才能定型的工件模型时，通常采用逆向工程技术。比如设计飞机机翼，为了满足空气动力学的要求，首先要求在初始设计模型上进行各种性能试验，建立符合要求的产品模型，最终的实验模型将成为制造这类零件的依据。

(3) 修复破损的艺术品或缺乏供应的零件，可以借助逆向工程技术。

2. 逆向工程的工艺流程

逆向工程以已存在的产品或模型作为研究对象，将获得的三维离散数据作为初始素材，借助专用的曲面处理软件 CAD/CAM 系统构造实物的 CAD 模型，输出加工指令驱动机器制造出产品，其工艺流程如图 9-17 所示。

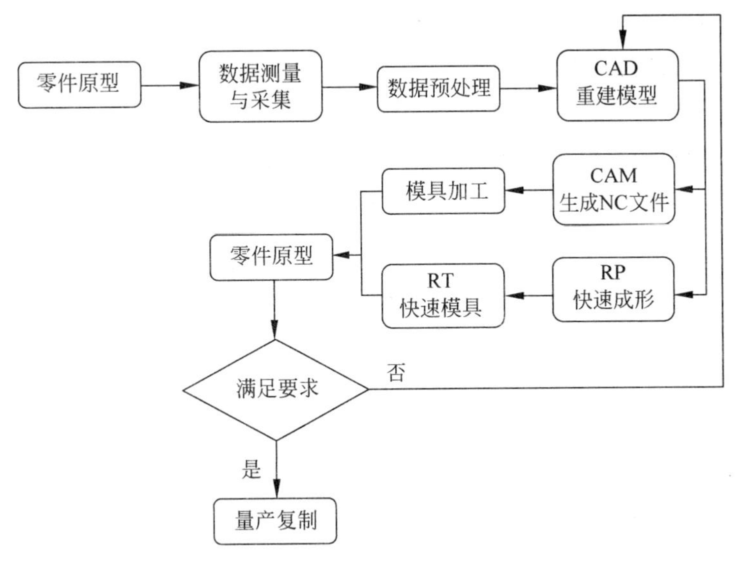

图 9-17 逆向工程流程图

课后习题

一、填空题

1. 数控机床由程序存储介质、输入输出装置、________、________、检测反馈装置、________组成。

2. 激光是一种强度高，________、________的相干光。

3. 数控电火花线切割机床按照线电极(丝)的走丝速度大小可分为________和________两种。

二、选择题

1. 超声加工主要用于各种(　　)的加工。

A. 软质材料　　B. 硬质材料　　C. 硬脆材料

2. 粉剂 3D 打印机是利用(　　)作为打印材料。

A. 墨水　　B. 粉剂　　C. 塑料

三、简答题

1. 简述电火花加工的原理。
2. 电火花加工的特点有哪些？
3. 电火花加工的用途有哪些？
4. 什么是超声加工？超声加工的分类有哪些？
5. 简述超声加工的特点。
6. 简述激光加工的原理。
7. 激光加工的特点有哪些？

8. 什么是数控机床？
9. 数控机床的组成部分有哪些？
10. 数控机床的特点有哪些？
11. 简述3D打印的工作原理。
12. 3D打印技术的特点是什么？

参考文献

[1] 杨叔子. 机械加工工艺师手册[M]. 北京：机械工业出版社，2002.
[2] 马贤智. 实用机械加工手册[M]. 沈阳：辽宁科学技术出版社，2002.
[3] 张晓琳，唐代滨. 车削加工技术[M]. 北京：高等教育出版社，2015.
[4] 范家柱. 机械加工技术[M]. 北京：高等教育出版社，2015.
[5] 张学仁. 数控电火花切割加工技术[M]. 哈尔滨：哈尔滨工业大学出版社，2004.
[6] 伊万斯. 解析 3D 打印机[M]. 北京：机械工业出版社，2014.
[7] 曹凤国. 激光加工[M]. 北京：化学工业出版社，2015.
[8] 曹凤国. 超声波加工[M]. 北京：化学工业出版社，2014.
[9] 陈宏钧. 典型零件机械加工生产实例[M]. 北京：机械工业出版社，2010.